中国古代科技生动百科

夏眠 等　编著
于浩　绘

北京理工大学出版社
BEIJING INSTITUTE OF TECHNOLOGY PRESS

图书在版编目（CIP）数据

中国古代科技生动百科 / 夏眠等编著 ; 于浩绘 . --
北京 : 北京理工大学出版社 , 2024.3
ISBN 978-7-5763-3098-4

Ⅰ . ①中… Ⅱ . ①夏… ②于… Ⅲ . ①科学技术—技术史—中国—古代—儿童读物 Ⅳ . ① N092-49

中国国家版本馆 CIP 数据核字 (2023) 第 220369 号

责任编辑：徐艳君　　文案编辑：徐艳君
责任校对：刘亚男　　责任印制：施胜娟

出版发行 / 北京理工大学出版社有限责任公司
社　　址 / 北京市丰台区四合庄路 6 号
邮　　编 / 100070
电　　话 / （010）68944451（大众售后服务热线）
（010）68912824（大众售后服务热线）
网　　址 / http: //www.bitpress.com.cn

版 印 次 / 2024 年 3 月第 1 版第 1 次印刷
印　　刷 / 三河市九洲财鑫印刷有限公司
开　　本 / 787 mm × 1092 mm　1/16
印　　张 / 23.5
字　　数 / 418 千字
定　　价 / 159.00 元

序

近年来，总结和传播我国古代科学技术遗产进入了一个崭新的“春天”，各类相关出版物如雨后春笋般涌现。《中国古代科技生动百科》（以下简称《生动百科》）正是在这一背景下应运而生的。

2016 年，由中国科学院自然科学史研究所牵头，组织国内一些专家学者编纂了《中国古代重要科技发明创造》（以下简称《发明创造》），系统梳理和总结了我国古代具有重要影响的科学发现与创造、技术发明及工程成就三类，共计 88 项。该书出版后，受到业界的广泛好评。但是该书的行文风格是从学术脉络上梳理文献，加上每项科技的介绍多为数百字，只有学术叙事，没有故事情节，因此在普及性上受到很大制约。

如今北京理工大学出版社组织了一个专业团队，参考《发明创造》与其他专业著作总结的条目，特别面向少年儿童，用浅显易懂的语言、生动有趣的图片、丰富灵活的形式，重新撰写了中国古代的科技成就，形成了这本《生动百科》，其特点主要有：

一、语言浅显，风趣幽默。面向少年儿童的科普读物，首先语言要浅显，这样小朋友才能读得懂；其次语言要风趣，这样小朋友才能看得下去。这本《生动百科》弥补了目前市场上同类图书的缺陷，用小朋友喜闻乐见的形式，在故事中娓娓道来。单看每项科技的副标题，就令人感到别具匠心、引人入胜，比如“中国珠算——小‘糖葫芦’大用处”，这里既有珠算的“形象”，又生动地概括了它的功用，一举两得。

作者团队充分挖掘了古代发明创造相关的人物故事，把知识点情景化，不但有助于小朋友理解相关知识，而且有利于引导他们从历史的视角体察这些发明创造产生及传播的进程。

二、版块丰富，拓展知识。文章较长时，小朋友在阅读中一般很难专心致志。《生动百科》专门设置了“历史遗迹”“知识窗”“中外科技对比”这些功能版块，一方面丰富了阅读内容，避免了阅读较长文章时造成的视觉疲劳；另一方面作为正文的有益补充，延伸和拓展了小朋友对我国古代科技创造的认知。特别是“中外科技对比”版块，引入了世界视角，既可以明晰某项发明创造的时空坐标，又可以了解国外科技的相关进展。

三、每章后面，收有一篇相关的理论典籍，承载着中华民族先祖对各类科学的体悟和思考，是中华民族文化与科技留下的历史烙印，在为中国古代科技树碑立传的同时，也为国际社会了解中国古代灿烂文化做出了贡献，是中国人文化自信的重要来源。

《生动百科》的作者大多来自河北大学科学技术史专业的研究生，书中内容涉及我国古代农业、天文历法、生物医药、数学、物理、化学、冶铸、地理、水利交通、纺织、建筑等各个方面，又附有贴切的插图、脉络清晰的科技大事年表，是名副其实的插图本古代科技“生动百科”。

愿小朋友在阅读这本书时，日有所得，日有所进，终有所获。

科技史博士、科普作家 史晓雷

2023.10.16 于长沙

目录

一 农业

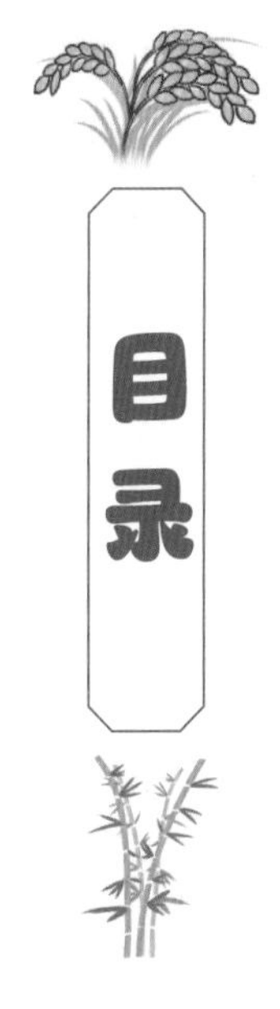

二 天文、历法

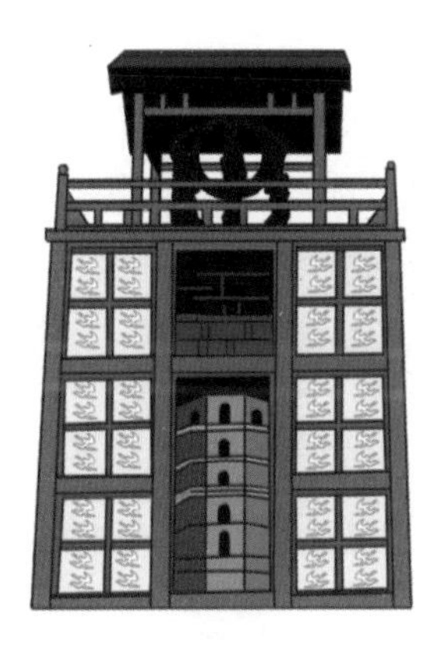

三 生物医药

四 数学

五 物理

六 化学

七 冶铸

八 地理

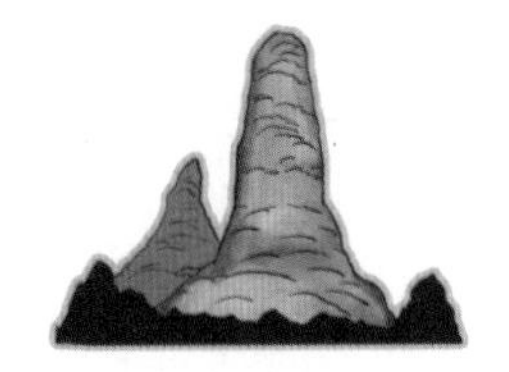

九 水利、交通

十 纺织

十一 建筑

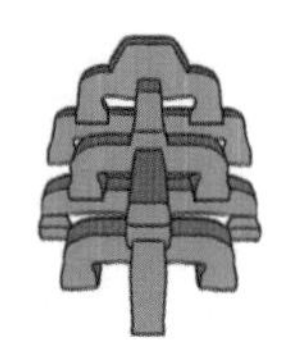

十二 其他

吃出的智慧

最早，人类是靠着大自然有什么就吃什么生存的，可随着人口数量的增加、居住环境的逐渐稳定，没有稳定的食物来源成了人类面临的最大问题。

面对随时饿肚子和外出捕猎的风险，古人在学会使用工具后，就有了想吃什么，就自己动手养殖什么的想法。

这个想法，就像一束光，逐渐为古人照亮了一条通往新世界的大路，人类的眼界从此开阔起来。

从 1 万多年前开始，在经历了漫长的采集、渔猎生活后，古人从获得的大量野生动植物中，一个个试吃、试养，逐渐学会了自己种植美味的粮食，饲养温驯的动物，从此过上了不用外出，就能随时吃饱、吃好，想吃啥就有啥的幸福生活。

家有余粮，吃好喝好，繁衍后代，就是再自然不过的事情了。从此，中国古人率先迎来了农耕文明，这对人类社会的发展影响深远。

1. 水稻栽培——一株野草的逆袭

7000多年前，河姆渡先民辗转来到长江流域。

那时的长江流域，气候温暖湿润，却也暗藏生存危机：潮湿多雨，沼泽密布，水患频发，光靠捕猎和采集很难填饱肚子。

眼看能找到的食物越来越少，先民不由得开始犯愁：生存还是灭亡，这是个大问题！

然而天无绝人之路，负责采摘果实的妇女在沼泽中发现了一种野草，它们的种子不仅能填饱肚子，味道还挺好。

最重要的是，这些野草每年秋天都能收获很多种子。

于是她们琢磨着：没人照看的野草都能收获这么多种子，如果我们像对待孩子一样精心照顾它们，是不是能收获更多的种子呢？

此时的她们还不知道，这种野草就是野生稻。

想象很美好，可野生稻天生野性难驯不听话啊，有的喜欢“葛优躺”，有的“站没站相”，还有的动不动就“脱发”……辛辛苦苦种了一年，产量虽比野草时期高了一些，但还是吃不饱。

大伙儿又犯愁了：这可咋整呢？得，还是靠自己吧。不听话是吧，那就让它听话！

栽培水稻第一步：站直了，别趴下。

躺倒的水稻与土壤接触面积大，不仅会降低产量，还会导致稻穗腐烂，或者被田里的动物吃掉。可怎么才能让它们站起来呢？

先民发现，水稻长得太高，稻秆就细，容易倒伏。于是他们在选种时，会尽量选择个头矮小、稻秆壮实的水稻种子。经过一代代繁育，水稻喜欢躺平这个毛病算是改掉了。

栽培水稻第二步：不“脱发”。

野生水稻成熟后，为了繁衍后代，稻粒会主动脱离稻穗，掉落在地，籽粒很难保存。为改变野生水稻的这个生长特点，先民就挑选那些不容易脱粒的种子，经过一代代的选种、培育，终于解决了水稻脱粒的问题。

栽培水稻第三步：提高产量。

先民偶然发现了水稻的一个大秘密：在水稻快要成熟的时候，把田里的水排掉，水稻以为是干旱来临，为了传宗接代，它们会拼命长出更多的稻穗，结出更多的种子，产量自然就增加了。

经过一代代人的努力，先民终于成功驯化了野生稻，让一株株平平无奇的野草逆袭成了世界上最重要的粮食作物之一——水稻。

因种类不同，当时人们对水稻的称呼也不同，比如有“秜（ní）”“秜（lǚ）”“粳（jīng）”“籼（xiān）”等。

历史遗迹

20 世纪 70 年代，在浙江余姚河姆渡发现距今约 7000 年的稻作遗址，出土了大量的碳化稻谷、米粒、稻田遗址、农具等。后来又陆续发现了更多更早的稻作遗址：距今 9000 多年的湖南省澧县彭头山遗址；距今约 1.4 万年的湖南省道县寿雁镇玉蟾岩遗址，这里有目前世界上发现最早的人工栽培稻标本；距今约 1.2 万年的江西省万年县的仙人洞与吊桶环遗址；距今约 1 万年的浙江省浦江县上山遗址。

这些遗址的发现，在震惊世界的同时，也有力地证明了水稻种植起源于中国。

关于水稻由野草逆袭成为人类的主要粮食作物，还有一个有趣的故事。

传说，大禹历经十三年消除水患后，顾不上休息，让人把水稻种子分发给百姓，让他们种在低洼潮湿的水田里。

上古时代的粮食品种不像现在这么丰富，很多品种只在某个地方才有，如果遇到水灾旱灾，就会大量减产甚至颗粒无收。

大禹就让他的部下伯益、后稷，把一个地方特有的谷物种子（以稻、粟为主）分发到另一个地方，这样既克服了作物品种单一的问题，又能预防天灾带来的粮食减产。

在大禹的治理下，粮食收成越来越好，人口越来越多，部落实力也越来越强盛，他还建立了我国历史上第一个国家——夏，也让中国逐渐从原始社会过渡到了奴隶制社会，开启了中华文明的新篇章。

公元前4000—公元前3000年，水稻从我国云南和南部沿海传入印度和东南亚等地，后来由探险家带回希腊和地中海地区，并逐渐传到欧洲和北非地区。

距今约3000年前，中国的水稻分几路传入朝鲜半岛，再传入日本。

14—15世纪，葡萄牙人将水稻带到巴西，西班牙人将水稻传入美洲中南部。

直到20世纪，澳大利亚新南威尔士州才出现人工种植的水稻。

经过一代代人的探索和总结，人类逐渐掌握了水稻的种植方法。

开春天气回暖，要抓紧时间翻耕土壤，碾碎、压平土块，为播种做准备。下稻种前要浸种，这样不仅能加速种子发芽，还能杀灭虫卵。

把浸泡好的种子播撒在松软的田地里后，还要随时注意观察种子的发芽情况。俗语说“秧好半年粮”，这些小苗苗可是关系着一家人的生计呢。

当然，相对于布秧或育种，及时拔草、施肥也很重要。

等秧苗长到四五厘米高，就要拔出秧苗，移栽到整理好的水田里。

插秧时要注意秧苗间距，不能太密，也不能太稀。

需要注意的是，不能在中午插秧，因为炎热的阳光会把娇嫩的小禾苗晒死的。

移栽好之后，要及时除草、灌溉、施肥、灭虫，一直持续到秋天，水稻成熟。

秋天是收获的季节，当稻穗变成沉甸甸的金黄色，农人就开始忙着收割。他们将收割后的稻穗堆成草垛，铺在稻场

去掉稻壳的水稻叫大米，中医认为可以补中益气，健脾养胃，米粥更是具有补脾、和胃、清肺的功效，特别适合小孩、老人食用。

稻谷的外壳叫糠壳，它和稻草都是古代农家重要的动物饲料，人们用它来喂养牲畜家禽。

上，用连枷拍打，让稻谷从稻穗上脱落。

这时的稻谷还带着硬壳，不能食用。经过舂捣、清理空壳、碾去稻壳这几个步骤，稻谷才能变成白白胖胖的大米。

把大米装进粮仓，是农人一年中最幸福的时刻。

他们沐浴更衣，虔诚地感谢神灵庇佑，希望明年也能风调雨顺，有一个好收成。

农人冬天也不能闲着，要整治土地，为来年的春耕做好准备。比如“烧田埂”，也就是焚烧多余的水稻秸秆，形成肥料，为来年的水稻提供养分。

春耕，夏耘，秋收，冬藏，千百年来，中国的农人遵循着祖先们总结出的自然规律，代代传承，创造了辉煌的农耕文明。

水稻能成为五谷之首，是因为智慧的古人早就发现水稻浑身都是宝。

它们还是传统建筑材料，混入泥土中能让房屋更加牢固。普通农民修不起瓦房，就把稻草铺在屋顶上遮风挡雨。

著名的唐代诗人杜甫就曾在诗中写道：八月秋高风怒号，卷我屋上三重茅。这个“茅”就是稻草。

稻草也能用来编织草绳、草鞋、草帽、稻草人等日常用品，既经济又实用。

“民以食为天，食以稻为先”，水稻是远古先民与严苛自然努力抗争的重要收获。

水稻成功种植后，农业发展起来了，先民的小日子过得更踏实，也更稳定了。

如今，水稻已经是三大主要粮食作物之一，世界上有超过 50% 的人口将它作为主食。

知识窗

经过几千年的选育，今天的高产水稻每株能收获 200 多颗稻谷，有的还会更多。

今天水稻已经成为世界上最重要的粮食作物之一，地球上有超过三分之一的人口以稻米作为主要食物，联合国曾将 2004 年定为“国际稻米年”。

为了保障中国人民的“饭碗”，“杂交水稻之父”袁隆平院士一生致力于研究、应用、推广杂交水稻技术，发明了“三系法”杂交水稻，成功研制出“两系法”杂交水稻，为中国和世界的粮食供应做出了杰出贡献。

中华民族的“种地”技能就此点亮。

在此后的几千年时间里，这个技能不仅被我们写进了基因，还被带到了太空。

文 / 彭皓

2. 猪的驯化——野味变美食

古代的猪叫豕（shǐ），所以我们的汉字“家”，本意是有猪才有“家”，这是古代中国家庭养猪的写照，说明早期猪在人们的生活中扮演着非常重要的角色。

现在农村里还有“杀年猪”过大年的习俗，再在门口贴上“五谷丰登”“六畜兴旺”的对联，那就完美了。而这六畜之首，便是我们这里要说的猪。

知识窗

“六畜”是指六种家畜，分别是猪、牛、羊、马、鸡、狗。

猪之所以如此重要，是因为几千年以来，猪肉一直是大部分中国人餐桌上不可或缺的美食。统计数据显示，中国是世界上猪肉生产和消费的第一大国，2022 年居民家庭人均能吃 26.9 千克的猪肉。

那么，作为在狗之后被驯化的家畜——猪，何时成了人们的心头肉呢？

这就要从猪的先祖野猪开始说起了。

大约 8500 年前，猪的老祖宗要想生存，全靠先天的野外求生技术。那时候的它们，可不像现在这样吃住不愁，“饭来张口”，也不像现在这样“好吃懒做”。

在东北，有一句“一猪二熊三老虎”的俗语，因为在一些老猎人看来，森林中最危险的不是凶猛的老虎，也不是体型硕大的熊，而是彪悍的野猪。

可想而知，猪的老祖宗当

初有多厉害。

那时，在长江流域，就有一群长得像牛一样健硕、四处觅食的野猪。它们平时多靠吃些树叶、树根、杂草、野果过活，偶尔也会利用自己锋利的巨齿，在打架后吃些肉食战利品改善生活。

青铜（野）猪尊

拥有厉害鼻子的野猪发现，自从这里有人类长期住下后，他们做饭时一阵阵香味飘得老远，馋得它们直流口水。

一些胆大的，或者为了吃饱肚子敢舍命的野猪，就会趁人不注意，冒险过来偷吃几口剩饭渣。噫，这味道还真不错！于是，也就有更多的野猪跟着来抢食。

看到这种情况，凭借成功驯化狗的经验，人类开始主动向野猪“示好”，或者留些厨余垃圾——泔水，或者在远处放点儿剩菜叶、五谷杂粮的边角料，有了“鱼饵”，围捕就容易多了。

野猪

那些捕捉来的野猪，暴躁易怒、野性难驯的，当即成了人们口中的美味；性情温和一些，不那么抗拒人类往自己脖子上套绳索的，就多留些日子看它的态度； 而一些没有家长看顾，逃脱不了的幼崽猪，哇哇哭几声后，经过人们的喂养，就慢慢安心留了下来。这些留下来的猪，颇有“大智若愚”的意味。

于是，人类精心照顾那些幼崽猪，把粟和豆这类主粮留给它们，伙食条件比在野外要好。毕竟它们可塑性好，值得大力“驯化”。

大猪则要搭配马齿苋、薯、芋、菜叶等猪草，还要鼓励它们多加生养，平时也很注意教育它们少咬门、拱土墙破坏东西。

虽然刚开始猪的野性难驯，警惕性强、性子还烈，但一想到喂肥了就宰，蒸、煮、炖、烤随

意吃肉的幸福感，我们的先祖便一直坚持了下来。

时间长了，有吃有喝的猪又懒又脏。除了吃食或饿的时候溜达几圈，其他时候多是打盹睡觉，从不“打扫”庭除。

一片草地，一堆烂菜叶子，一些剩菜剩饭，半桶糟糠麸皮，都成了猪离不开的最爱。

双方逐渐接受了彼此，一起居住生活，双向奔赴美好和谐的互助生活。

公元前5000年左右，各地的先民像是事先达成了默契一样：一边耕种，一边还得空驯化了野猪。

经过一代代的漫长驯化，丧失野性的猪慢慢收起了长长的獠牙，缩回了自己的长鼻子，硬得像钢针一样的毛发也和性子一样变得柔和起来了。它们的体形开始圆乎了，身体柔弱了，彪悍的战斗力也一去不复返了。

在距今约8500年的贾湖遗址，发现中国家猪驯化的最早证据。

在距今7000~6500年河姆渡遗址中出土的猪纹方钵，整个器形呈长方形，四角弧圆，平底，陶钵呈黑灰色，外壁两侧各刻有一个形象逼真的猪形图像，在“猪”的腰间，还特意标出了圆形的星饰。

在距今约5000年的红山文化遗址中，出土的代表作玉猪龙，头像猪首，整器似猪的胚胎，代表了猪在早期人类生活中的重要地位，也反映了古人对猪的驯化史。

在约3000年前的《诗经》中，多次出现关于猪的描述。比如“执豕于牢（圈），酌之用匏（páo，酒杯）”“言私其豵（zōng，小猪），献豜（jiān，大猪）于公（公家）”。

养猪作为农业畜牧的一个部分，对保障人们的物质生活有着积极的作用。

那么，中国古人最早为什么把目光投向了野猪呢？主要有以下几个原因：

第一，容易“生养”。猪一年能生两三窝，一窝少则七八个，多则十几个。而且生长期短，一年左右就能长成大块头，肉质能量高，营养美味还好做，是绝大部分人喜欢的肉食。

第二，好喂养。猪是杂食动物，几乎不挑食，干的干吃，湿的湿吃，不管荤素，能填饱肚子就好，吃啥都能适应。

第三，不爱“惹事”。四肢短小的猪，一向比较“宅”，这和定居下来的人类生活习惯一样。只要吃饱了肚子，它们几乎不顶撞主人，不给主人招惹麻烦。

这自然成了人们驯化野生动物的首选，也是成为人们心头肉的原因之一。

在漫长的野猪驯化过程中，自从猪乖乖听话不再往外跑后，一年大多数时候，田地里牧草多，以放养为主，再搭配点泔水就成。

只有到了冬天，需要把家里的稻壳、稻秆等饲料拿来给猪吃，不然就得瘦掉膘了。

大约商周时期，在猪长到两个月后，古人就会对公猪进行阉割，以利于猪长膘。

在此过程中，为了提高猪的产量和品质，人类不断对猪进行引进、杂交、改良，提高猪种选育水平，这就慢慢有了现在的家猪。

有人也开始给猪修建专门的住处——猪圈（juàn），当时称为“圂”，从此，猪有了属于自己的小“单间”。这也说明猪在人类生活中的地位开始悄然发生变化。

只不过还是放养得多，毕竟圈养费钱又费食物，一顿落下就会惹得猪哼哼唧唧地没完，这可是件很烦人的事儿。

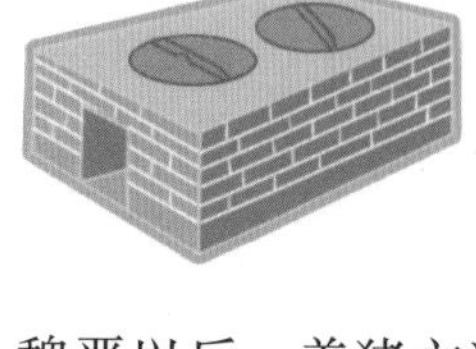

魏晋以后，养猪方法改为放养与圈养相结合。这样的饲养方式，一来节省成本，可以让猪吃口新鲜的；二来也能让猪冬天不挨饿。而且放养的猪，身体更健康，肉质也更筋道。

随着吃的肉多了，人类慢慢发现，养的时间长了，猪的个头长得慢了，肉质也开始变老难吃了。小乳猪或者一两年左右的猪，肉质鲜嫩好嚼，是最好吃的。

在距今7000~5000年的河姆渡遗址和距今6700~6000年的半坡遗址，出土了大量猪骨，经研究对比，这些猪骨更加接近家猪的骨骼形态，说明当时古人已经对野猪进行了驯化。

在汉代的农书《氾（fán）胜之书》中，已有关于当时中国养猪方式方法的详细记载。

随着生活水平的提高，先民对美食的需求更加普遍，猪除了作为填饱肚子的肉食，一度也成为人们炫富的资本，在祭祀、宴会上，都不忘“请”猪上桌。

此时，还出现了对家猪在不同生长阶段的精细化饲养管理。人们还不断把野猪和家猪进行配种，以保持家猪的生育能力和品种。

汉朝时，人们发现，在种麻时，将猪的大量粪土沤熟，再施到田地里，这样一来，重新获得“能量”的庄稼，产量就会显著提高，人们的庄稼自然丰收了。自从人们发现猪粪便的积肥作用后，更加促进了家猪圈养方式的大规模推广。

从西汉开始，养猪逐渐成了人们增收致富的热门副业。那时，还出现了一些养殖专业户。谁家里要是能养上几百上千头猪，那他们的财力和身份，绝对和千户侯有得一比了。

唐宋时期，家家靠养猪增收，人们把一身黑装的猪当成金坨子，称为“乌金”“黑爷”。有贵宾来了百姓杀猪招待，已经是一件稀松平常的事。

在古代，由于猪在人们日常生活中的重要性，有些地方将猪作为崇拜对象，或者将其作为本部族的图腾，希望能够获得猪神的庇佑。在现代社会中，仍有一些少数民族认为猪是他们的祖先，忌食猪肉。

随着养猪经验日益丰富，猪不仅是我国先民最重要的家畜和固定肉食来源，而且可以用猪的肥膘炼制动物油脂做菜，用猪皮做皮革制鞋，用猪鬃毛做毛笔等，这些都属于附属经济收益，这更为大力发展养猪业提供了动力。现在，猪肉价格还是影响全民物质生活水平的重要指标呢。

文 / 郑越

3. 粟的栽培——了不起的小谷粒

在乡村小道或田野里，随处可见一种像狗尾巴一样的杂草，这就是狗尾草。《诗经·小雅》中“不稂(láng)不莠(yǒu)”的“莠”，就是指这种狗尾草的祖先，也就是粟的始祖。

我们的先祖在尝过各种植物的果实后，慢慢发现，别看这种草其貌不扬，但它的谷粒，不管是烤着吃、煮着吃，还是干吃、稀吃，都很美味，容易消化，还扛饿。最重要的一点是，只要给它点阳光和水土，它就能野蛮生长。

可惜的是，谷粒小，数量少，好吃的东西总是不经吃！

于是，他们有意识地将这种野生狗尾草不断驯化、选育，想让它的个头长得更高，身体变得更强壮，结的籽实更多、更饱满。

大约7000年前，在黄河边上居住的先民，最先将这种狗尾草的祖先完全驯化，并且开始成片种植和栽培。这可完全是土生土长的农作物，也是中国原始农业中最早驯化的谷类作物之一，因此，被古人当作百谷之长，称为“稷”。

此外，人们还把谷子、黍等一切小籽粒谷物总称为粟，也就是我们现在常说的小米。在夏商时期，作为主粮的粟在人们心中的地位超然，当时整个黄河流域的文化都被称为“粟文化”。

当然，去皮后的粟，也叫小米。即使在今天，传统的北方人早上喝一碗黄澄澄的小米

粥，再就点咸菜，胃一下子就熨（yù）帖了呢。

中外科技对比

大约公元前4500年，粟经长江流域，传入中亚、印度，并向西传入阿拉伯、小亚细亚、俄国等国家和地区，开创了欧洲原始农业的先河。

公元前2000年左右，粟经黄河流域向东传入朝鲜半岛、东南亚等地。

说到稷，人们自然会想到距今4000多年前的五谷之神后稷，他是中国的农耕始祖，还被尊为“稷王”“农神”“谷神”，这可是开山祖师级别的，比现今粉丝心中的偶像地位高多了，为什么这么说呢？

据说出身皇族的他，因为从小下田地干活，喜欢上了种植麻、菽（shū）等农作物。长大后，他已经是耕作各种粮食作物的行家能手，周围的农户经常向他学习种植之法。

尧听说后，就让他当了农官，专门教导民众学习耕种技术。他丰富的农业知识让百姓受益很大。为了表彰他的功劳，继任者舜封他为后稷，“后”是君主的意思，“稷”是百谷之长，并且是官方认可的司农之“神”。

后世的人，认为后稷是最早开始种植稷和麦的，这样了不起的人物，当然值得尊为五谷之神了。可见，不管是现在还是以前，人们都很崇拜神。

而古人将国家称为“社稷”，“社”是土地神，而“稷”就是谷神。可见，在民以食为天的中国，粟在人们心中的重要性。

我们一般用“五谷”来泛指粮食作物，而古人所说的“五谷”，具体是哪五种谷物，各种史料的说法是不同的。

历史遗迹

根据最新考古研究发现，在北京市门头沟的东胡林遗址，发现距今约1万年的人工栽培粟和黍；在内蒙古自治区赤峰市的兴隆洼遗址，发现距今约8000年的围沟聚落，出土了炭化粟，这是目前世界上发现最早的小米实物遗

存之一。

在河北省武安市的磁山遗址，曾出土距今约7300年的人工栽培粟。

最主要的有两种：一种是指稻、黍（shǔ）、稷、麦、菽；另一种是指麻、黍、稷、麦、菽。

但不管哪种说法，黍和稷都是古代的主要农作物。

有了稳定的粮食来源，人们划地耕种，不再受流浪之苦。经过不断驯化、栽培的“五谷”，逐渐成为人们的主要粮食作物。而营养丰富的粟，也就是小米，在经历几千年的挑战后，依然是北方人喜爱的食物之一。

粟天然耐旱，也不嫌土壤贫瘠，只要给点温暖就能生长，生长期短等特性，非常适合我国北方的土壤环境。

同时，经过长期的选种、培育，粟已发展出适合不同季节、环境等需要的品种，比如有早熟、晚熟的，有带芒、无芒的，还有耐旱、耐水、耐风、抗虫、避雀的，以及容易脱粒和不同口感品质的粟种。

粟还有白、红、黄、黑、橙、紫等颜色，有的吃起来发黏，有的不发黏。

在年复一年的农田劳作中，古人总结出了很多宝贵的实践经验。

比如他们认为，种子很重要，种植的方法也很重要，也就是先天特性和后天环境都很重要。所以在栽培上，一定要谨慎对待。

西汉时，已经流行将不同季节的作物搭配着来种，也就是一年两熟的复种技术。

此外，还讲究轮作不重茬、深耕细作，及时下种、压地、间苗、除草，按时浇水、施肥等田间管理方式。

开春了，要及时选好粟种、翻地下种，正所谓“薄田宜种早”。

禾苗在生长过程中，出芽率高的要及时间（jiàn）苗，也就是要让禾苗有一定的间隔，不能挤在一起，否则长不大会影响结穗与收成。

在这段时间，还要注意及时拔草、浇水、施肥、除害虫等，以保证粟苗健康成长。

秋天时，当秸秆有七八成熟时，就该收谷了，因为这时的粟既好吃，又不会因为谷粒太熟掉落到地里。

古诗说："春种一粒粟，秋收万颗子。"只有抓紧时机迅速收割，才能避免延误时日让粟的产量和品质受损。

那些籽实饱满、大颗粒的粟，最好单独收割、晾晒、贮藏，同时做好防杂措施，这样才能保证明年粟种的品质。

粟除了用作人类的口粮，它的秸秆还可以用作牛、马、骡等家畜的优质草料，糠皮也是猪、鸡、鸭的美味饲料。

在每次收割完庄稼后，一定要及时松土、上粪，涵养田地。

如果去年种了小麦，今年就该换种粟啦，因为连续种同一种作物，地力肥力跟不上会减产。

作为世界上最古老的作物之一，粟承载着几千年的中华农业文明史。

20世纪初，粟已占美国黍类作物的90%。现在，在欧洲多地，粟的栽培已经很普遍了。

文／郑越

4. 大豆栽培——当饭，当菜，还当作酒

曾经有人投票评选中国人的种族天赋有哪些，经过无数人的投票统计，排名第一的是吃，排名第三的是种菜。

中国人不仅看到荒地就有种菜的冲动，而且还能保证把长出来的蔬菜，做得健康鲜美。追本溯源，这个天赋的养成竟然还有大豆的功劳。

早在7500年前，黄河中下游地区聚居着我们的祖先。先民发现，同样是大豆，有些豆子长得特别饱满，也特别好吃。在美味的驱使下，人们选择对这些豆子进行精心培育。5000多年前，先民逐渐把这些野生大豆变成了家养大豆。

有了家养的大豆，古人也就根据它发芽后的样子，形象地造出了一个“尗”（shū，一说shú）字表示大豆。

这个字很有意思，中间的长“一”表示地面，上面部分表示大豆茎上长出的两片豆瓣儿，中间的“丨”表示大豆的整个植株，底下的点表示大豆的根系。

后来，人们为它加了个意符“又”，发展成了“叔”字，是摘豆的意思，这和家族里表示叔叔的叔字成了同一个字。

为了避免引人误会，汉代时人们又在表示大豆的“叔”字上加了草字头，变成了“菽”字。

春秋时，大豆已经成了人

们的主要粮食作物。

在河南省新郑市的裴李岗遗址，发现了距今8000年左右的野生大豆种子，从侧面反映出当时的中国古人已经开始进行大豆的驯化。

殷商时期的甲骨文中就有关于农作物豆的记载，在《诗经》里也能经常看到它的身影，比如《小雅·采菽》中就有“采菽采菽，筐之筥（jǔ，圆竹筐）之”的诗句。

西汉的《战国策》里记载，当时百姓吃的东西，就是大豆做的饭，蔬菜做的汤。

可能有人会好奇，他们为什么不吃美味的大米饭呢？

要知道，当时的水稻可不是普通百姓能吃得起的，水稻种植和生长过程讲究，收获后还要经过脱壳、舂米一系列烦琐的手续，能吃得起的多半是王公贵族。

若是遇到收成不好，也就只有在祭祖、祭神的时候才吃得上这么一碗。

说起种地，中国人可就不困了，还总结出了一套完整的种豆经验。

早在商代就有立冬播种大豆的说法了，到了汉朝，二十四节气的说法正式形成，大豆的播种时间更是精确到了“天”。

各地的农民伯伯会根据自己所处地理位置的不同，选择2月到6月分别播种。

种地，种地，种之前当然要先整地。所谓整地，就是把土壤整理疏松一下，让它更适合庄稼生长。

起初，整地和种地的做法很粗糙，人们拿一个木棒把种子压进土里就算种地成功了。

当时的人们也不懂什么农业，这片土地的土壤肥沃庄稼长得好就多种，等土壤没有肥力庄稼长势差了，就再找片新的土地继续种。

可这样下来，既浪费土地，人们又需要走很远去找到新的耕地。于是，人们开始琢磨起如何在保持土壤肥力的情况下继续种庄稼。

商周时，人们发现大豆种下去后，对土壤的肥力要求低，甚至还能提高土壤肥力，而且还抗干旱，长得好结实多，随便一块普通的土地就能种植产量稳定的大豆。

人们就着重深耕土地，种植大豆，并且还总结出了不少类似“土壤柔和，保持透水性，保持温度”的宝贵经验。

播完种子，接下去是田间管理，主要有施肥、除草、浇灌、防治病虫害。种地这件事，中国人上到天子，下至平民都很重视，就连读圣贤书的那群“子”都详细记录了种豆心得。

不信的话，你只要翻翻书，无论是《荀子》《韩非子》还是《管子》，都记录了种豆施肥、治虫、除草等诀窍，足见诸子百家都把种豆当作一件治理国家级别的大事来对待！

如果你想要找一本“如何种好大豆”的操作手册，不如参考一下西汉晚期的一本著作《氾胜之书》。

在这本农学著作里，把大豆栽培的秘诀写得清清楚楚，比如，三月榆荚时常有雨，地势高的田地就可以种大豆了，若是种得晚了，夏至节后20天内也还来得及。

书中还细心地指导人们什么时候收豆子最好——要在“豆荚上面发青，下面发黑，豆茎由青变白”的时候，错过时辰，豆子就不好吃了！

就这样，在人们的经验积累下，大豆成了中华民族农耕文明的一部分。

秦汉以后，随着农业生产技术的发展，出现了不同色泽的豆粒，人们就在大豆名称前加上了黑、白、黄、青等字，统称“大豆”。只是，我们通常所说的大豆，就是黄豆。

大豆当主食有一个明显的缺点，那就是吃了容易胀气，还不好消化，作为主粮长期食用并不理想。

于是，人们开发出了大豆的其他各种吃法。传说西汉的淮南王就是因为偏爱豆子，发明了豆腐。

之后，豆浆、豆芽、酱油、豆腐皮等做法和吃法层出不穷，于是大豆做成了菜品和辅食。

知识窗

传说西汉时期，淮南王刘安的母亲很喜欢吃黄豆，可是有一次她病得厉害，没有力气咀嚼硬邦邦的黄豆。刘安就让人把黄豆碾成了粉末，冲水后熬成了豆乳，担心母亲觉得味道太淡，他又让人放了些盐卤进去。没想到，这豆乳凝成了块状物，母亲吃了之后心情大好，病情也很快好转。这块状物被取名为豆腐，从此流传开来。

汉武帝时，中原连年遭灾，大批农民在大迁移中来到了地域辽阔、土质肥沃的东北。随着移居来的农民世代精心选择和种植，大豆在东北地区安家落户，这就是如今大豆高产丰产首选之地的由来。

宋朝时，人们无意中发现了大豆能榨油，只不过受当时榨油技术的限制，豆油杂质多，豆腥味重，人们多用豆油来点灯照明。

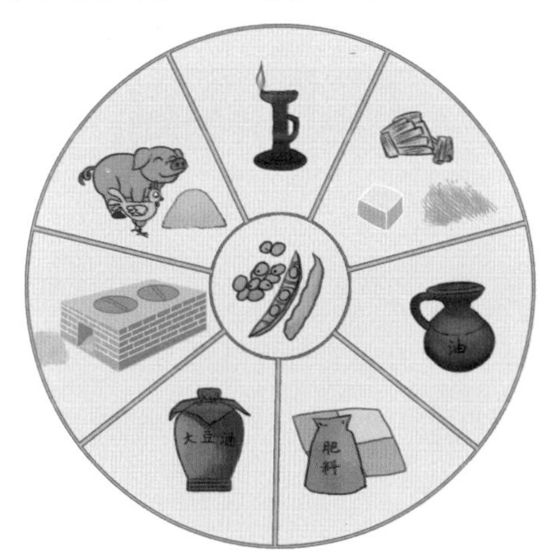

对于具有节俭传统的中国人来说，榨油以后的豆渣，也就是豆饼、豆粕，也舍不得扔掉，用它们做饲料来喂鸡、猪等家畜，或者掺上草木灰放在田地里提高土壤肥力，古人早期的自制“肥料”就这样产生了。

当然，对于豆秸，人们早就知道用它做饲料和燃料了，甚至后来还有了入药的大豆酒！

中外科技对比

最早在春秋战国时期，大豆就向东先后传入朝鲜、日本，后由日本引进东南亚一些国家。

18世纪中期，大豆陆续传入法国、英国，后来走向了世界，成为世界五大主要栽种农作物之一。

1898年，美国科学家来到中国考察和采集野生大豆，将大豆视为珍奇植物进行研究，美国人也视大豆为“金豆子”。

野生动植物的驯化，可不是把它们带回家就可以了，在被人类培养、饲养后，它们和野外的亲戚有了明显的区别。

先民在对自然认识的基础上，不断发挥农业生产的积极性，改进栽培技术，同时又保证了自然界的生物多样化，让中国人在面对各种灾难时，一次又一次地繁衍、壮大。而大豆富含的蛋白质，为中华民族的延续奠定了坚实的物质基础。

文／夏眠

5. 竹子栽培——人见人爱，花见……

如果说自然界，最喜欢竹子的动物是大熊猫，那么对竹子感情最深的人，恐怕就是中国人了。

约在7000年前，中国人就已经学会把最常见的竹子砍下来，并排连在一起，做成竹筏渡河出海。

后来，人们更是利用竹子生长速度快、繁殖力强、茎秆中空而质地坚韧等特征，制造出各种竹器，比如弓箭武器、篓箩筐篮等生活器具，还能建房制家具、做菜食用等。此外，还借用竹子来表扬人的品行……人们如此喜欢它，以至于古代还有以“竹枝词”命名的词牌名。

在中国人眼里，竹子刚直挺拔，高风亮节，有着节节高的吉祥寓意，而它的中通外直，则是虚心自谦、宁折不屈的品德体现。竹子，可以说是中国人的精神寄托和化身。

其实，竹子还有一个不为人知的秘密，那就是它有一个最好的“青梅竹马”，被誉为中国第五大发明的陶瓷！

很早以前先民就发现，把涂有黏土的容器放在火上烤一烤后，容器就不会渗水，用来盛水、装液体很方便。

想要制作陶器，需要先有篮、筐等模具，这样软趴趴的黏土才能照着模具的样子被烘烤制成器皿。最常见的模具就是用竹子编制的，又叫作竹胎陶坯。

后来人们发现，竹子不只是做模具好看，做印花更好看，于是干脆把竹子编成各种图案，印在陶器上。

这些陶器和竹子在数千年后，由我们的考古学家在各处遗址里把它们小心翼翼地发掘出来，真可谓“生则同衾(qīn)、死则同穴”。

可惜因为竹子的物质成分问题，能够保留至今的很少，也很难被发现。

竹子就这样被广泛用于社会生活的各个方面，和中国人成了朝夕相处的好朋友。

人们发现，竹子外皮的那层竹青特别容易刻画，划过的地方会变成白色，容易获得，拿来记录事情很方便。这就又解锁了竹子的一个新功能：记事本。

在距今3000多年前，人们已经开始栽培竹子，在《诗经·淇奥》中就有“瞻彼淇奥，绿竹猗猗”的诗句。

那时的人们，开始用刻刀在狭长的竹片上刻字记事，再用麻绳按顺序一个个穿起来，竹片就成了中国最早的书本。

这些竹片，就是我们现在所说的竹简。成语“竹报平安”，就是因为用竹简写的家信叫作“竹报”。

自此，竹子成了中国人载录事情，保存和传递知识的载体，读书人越多，对于竹子的需求量就越大。

中外科技对比

毛竹造纸的最早文字记载见于唐代，李肇在《国史补》卷下说：“纸则有越之剡藤、苔笺，蜀之麻面……韶之竹笺。”当时南方竹产丰富，因此竹纸得到迅速发展。这比欧洲1875年才开始用竹造纸早了1000多年。

据宋代赵希鹄的《洞天清录》记载，王羲之、王献之父子的真迹，多是用会稽竖纹竹纸。

关于用竹子造纸，在明代宋应星的《天工开物》中做了详细记载，并附有竹纸制造图。

长相独特、节节分明的竹子，它的高洁、正直、坚贞等君子品质，成了人们的审美标杆。人们以竹为美、以竹为乐，借竹寄情。

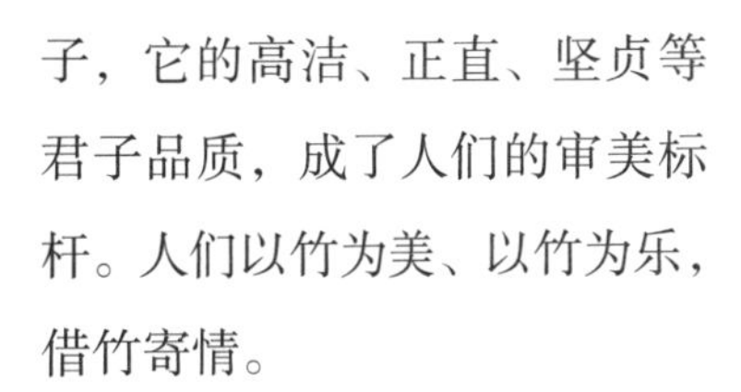

竹子拥有过的、地位最高的粉丝是周天子，也就是周穆王姬满。

他派人在自己的领地玄池边，种了一大片竹林用于观赏。这也是当时的中国人已经学会种植竹林的最好证明。

知识窗

传说中，舜帝的两个妃子娥皇和女英，得知舜帝在湘江附近病逝的消息后，抱头痛哭了九天九夜。她们的眼泪洒落在九嶷（yí）山的竹子上，竹竿上出现的点点泪痕，有紫色的、白色的，还有血红色的。从此以后，这里的竹子就被称为“湘妃竹”。

湘妃竹也成了中国园林中的常客。《红楼梦》中林黛玉居住的潇湘馆外，便是湘妃竹，林黛玉在诗社的雅号，也是浪漫的“潇湘妃子”。

天子喜欢竹园，下面的诸侯、贵族、百姓自然纷纷效仿。

人们喜爱竹子的程度，可以用一句古话“宁可食无肉，不可居无竹”来形容。一时间，南方竹园兴起，人们大规模建造竹林。

有的地区不仅有专门的竹产区，还有专门的竹农，甚至朝廷还有专门的部门竹监司，和专门的官员司竹监负责管理官方的竹园。如何种出更好看的竹子，就成了热门话题。

宋朝以后，竹子从士大夫的庭院，走入了平民百姓家。在一代代人的努力下，总结出了培养竹子的诀窍。

首先，要选一块好地。禾本科的竹子喜欢排水好、松软肥沃的土壤。

其次，五六月是最好的种植季节，古人甚至选了农历五月十三日作为“竹醉日”专门来栽种竹子。

既然要种，就要选优秀的竹妈妈来作为母种，这称为“取母竹”。

人们在实践中慢慢发现，在我国西南方才能种出好竹子，那里的嫩竹根比较优秀。种植时，要连茎带根挖才好。

挖好深坑后，需要每隔三四尺种一株竹苗。种下去后，更要好好保护，要及时排水、除草、修剪枝叶等。

原在南方生长的竹子中，一些抗干旱、耐寒性强的，也被移植到了北方。

人们还写了许多关于种植竹子的著作，比如《竹谱》《农政全书》《种艺必用》等，详细记录了种植竹子的经验。

在距今7000~5000年的河姆渡遗址，出土了竹子的实物，那是一种小竹管做成的“竹哨”，能发出鸟鸣声。

在距今6700~6000年的半坡遗址中，出土的陶器片上明显带有竹编织物的印痕，说明当时竹子已为人们所研究和利用。

在距今2500年的东周墓葬中，出土了竹简、竹盒、竹席、竹筐、竹篓、竹枕、竹扇、竹算筹、毛笔、竹弓等竹器，说明当时竹器的使用已经十分广泛和丰富。

俗话说花开见喜，但对种竹子的人来说，最害怕的就是竹子开花了。因为竹子只要一开花，就代表它走到了生命尽头。

最要命的是，竹子们仿佛说好了，不论远近，不论分布，要开花，大家就一起开，大有“不求同年同月同日生，但求同年同月同日死”的气概，怪不得古人都喜欢用竹子来代表气节呢！

不过，聪明的古人根据经验总结，发现竹子开花可能有两种情况。

第一种，是竹园年代已久，由竹根盘结引起的。只要把竹园分段，让它的根能舒展开来就可以避免了。

第二种，则是因为地下水泡烂了竹根。解决的方法就是在竹根上覆盖一层河泥，让竹根向上蔓延，也能恢复健康。

当四季青翠的竹子老去时，人们会及时砍掉老竹，留下新竹，壮的母竹和它的小竹都不砍伐，这样竹林才能生生不息。

随着种竹技术的精进，竹园再也不是历代皇帝的专属了，文人、士大夫都不约而同地选择了与竹子相伴。魏晋时期“竹林七贤”的那种率直任诞、清俊通脱的行为风格，更成了魏晋风度的精绝代表。

作为最早研究、利用和栽培竹子的国家，竹文化早已融入了中国人的衣食住行和精神生活。用竹、画竹、咏竹，在中国人的建筑、园林、音乐、诗词、绘画、造纸、竹器制作等中，竹子成了中华文明不可分割的重要组成部分。中国可以说是“竹子文明的国度”，就连以竹子为食的熊猫，也成了中国的国宝和走向世界的可爱名片。

文 / 夏眠

6. 茶树栽培——求你教我种茶叶吧

传说神农氏发现五谷，教百姓种植后，还亲身尝遍百草，搞清楚了每种草的作用，为人们减轻病痛。

有一天，神农氏突然感到一阵头晕目眩，站都站不稳，恐怕是刚试吃草中毒了。晕乎乎的神农氏扶着一棵树坐下，手里摸到几片叶子，顺手塞进嘴里咀嚼起来。没想到，不适感很快一扫而空，精神振奋。

神农氏赶紧把这树叶拿回去研究，还将它命名为“茶”，神农氏也因此成了中华茶祖。

这虽是神话传说，但足以说明，中国最早的茶，并不是饮料，而是专门拿来解毒的药物。他们从野生的茶树上采摘几片较嫩的叶子，先是生嚼，春秋时期开始加水煎煮成汤汁饮用，能生津止渴。

从目前资料来看，周朝时期的先民，最早开始人工种植茶树。

后来，茶叶一度成为必不可少的祭品。

直到2000多年前的西汉时期，我国西南地区的蜀地，才有文字记载人们种茶、制茶，并逐渐养成饮茶的习惯。

可那时候的茶叶作为当地特产，还属于稀罕物，只能作为贡品，进贡给远在京城的天子！汉朝的巴蜀，也是有记录以来的第一个茶叶生产中心。

随着唐朝人逐渐爱上这种清冽的饮料，茶园种植规模越

来越大，慢慢朝东部移动，到了宋元时期，又朝东南移动，茶园就这样逐渐遍布全国，有经验的茶农走到哪里都是香饽饽。

虽说全国各地都有茶园，但茶树可是会挑地方生长的。各地的茶农发现，茶树最喜欢有一定高度的山区。云雾多、雨量充沛、光照和温度适宜，对茶树的生长有利。

江苏宜兴、四川雅安，作为久负盛名的古茶区，就是其海拔高度、气候、土壤等自然条件非常适宜茶树种植。

同大豆、竹子一样，茶叶也喜欢地力肥沃、透气性好的土壤，先民甚至发现不同土壤会影响茶叶的品质。茶树若是生长在光照充足的山的阳面，土壤是红色的，那么茶叶是黄白色的，没有香味；若是生长在阳光没那么厉害的山的阴面，土是黑色的，茶叶则色、香、味俱佳！

“茶圣”陆羽更是在前人研究的基础上，把茶叶种植的诀窍挖掘到了极致，连土壤都被分为了三等，每一个等级对应不同品质的茶叶，后人根据陆羽的标准，发现武夷山非常适合茶叶生长。

事实证明，武夷山真的成了产茶胜地，出产的大红袍更是千金难求。

唐代茶学家陆羽，写有一本关于茶叶的百科全书《茶经》，里面不仅详细记载了茶树种植、茶叶分类，还设计了24种茶具。

相传，陆羽不仅能品茶，还能品出泡茶用的水。

有一年，陆羽在扬子江边考察，当地刺史邀请他品尝用江中心南零水泡的茶。陆羽喝了一口说不是南零水，原来是小吏用了江水代替。重新取水泡茶后，陆羽才满意。

从此以后，陆羽品茶鉴水的名声就更响了，各地的茶农和官员纷纷献宝，方便陆羽品鉴和撰写《茶经》。

茶树喜欢温暖湿润的环境，江南地区就成了茶树的偏爱之地。每到春暖花开之时，一边品茶，一边吟诗作赋，就成了风雅人士的标配。茶香，便这样悄无声息地融入了中华文化的脉络里。

茶的清冽和酒的豪放对应，人们逐渐用茶来指代谦和自持的君子，用酒来比喻路见不平、拔刀相助的侠客。茶就这样成了儒家文明的一部分，同其一起朝四周拼命散播着茶香。茶文化就这样兴盛起来。

茶的一面是君子，另一面则是“大掌柜”！在中国历史上，茶叶一直是对外贸易的主角，甚至一度成为和黄金一样的硬通货。

当然，茶的色、香、味好坏，除了种植环境、种植方法，还与采摘时间、晾晒烘干手法、存放方法、冲泡方式等有关，这一道道烦琐的工序，在人们感受到轻啜慢品的享用之乐后，为它所治愈和折服，并逐渐为之沉迷起来。

知识窗

茶从药食到日常，从吃茶到喝茶，到底包含多少知识呢？

一、茶叶知识。茶叶可从干燥度、新鲜度两方面进行鉴别。比如新绿茶色泽深绿光润，红茶乌黑且有光泽；茶干闻之有茶香，无霉闷异味。茶的品类、产地、季节、储存、制作不同，色香味自然不同。

二、泡茶知识。包括茶具、水质、水温、时长、茶水比例、冲泡次数等。

此外，饮茶也要讲科学，比如茶可解毒、清心、提神等，但药后、空腹，身体有某类疾病、不适的人不宜饮用。同时，在茶类选择，饮茶时间、数量、冷热等方面都有讲究。

自西汉开辟丝绸之路起，贸易繁荣。从中原大地经海上运到西域的主要商品，除了丝绸、瓷器，便是茶叶了。西域诸国也被中原独有的茶香征服，愿意用金银、珠宝、香料、马匹等来交换茶叶。唐宋时期，尤其繁荣。

云南的茶马古道亦然，居住在青藏高原的居民也热烈地爱着茶叶，愿意用羊皮、牛犊、马匹交换一丁点儿茶叶。他们

将茶叶看作“一日不可或缺”的生存必需品，一条条以茶叶贸易为主的交通线被以各种方式开辟出来。

各个民族都开发了自己的喝茶习惯，高原和草原上的民族，喜欢把茶叶加入奶里煮沸，得到古代中国版的原汁原味的奶茶！江南地区的文人雅士更喜欢用泉水泡茶，甚至用花瓣上收集的露水烹茶、雨水泡茶。

对茶叶的喜爱，最夸张的要数欧洲人了。在咖啡诞生之前，欧洲人疯狂地爱着茶叶，他们通过荷兰、西班牙、葡萄牙的商船，用一箱箱的白银交换中国的茶叶。在欧洲，茶叶就是贵族的标配，有无数人想要学习中国人的种茶技术，却一个接一个地失败了。

18 世纪以后，茶叶成为英国的饮料之王，英国人想饮茶，就必须从中国进口。这可不是好事，他们想到的解决方法就是从中国拿到茶种，在自己的属地上种茶树。

于是 1848 年，一个叫作罗伯特·福钧的英国人穿上中国人的衣服，戴上一条长辫子，来到武夷山乡下的徽州茶区。他向当地茶农学习栽种技术，收集茶种，采集土壤与岩石信息，还带走了几个制茶工人。就这样，在英属殖民地，印度的阿萨姆邦成功种出了茶叶。印度因此成为世界茶叶大国。

中外科技对比

印度不晚于 10 世纪就接触到中国的茶叶，从云南传播过去的茶籽在阿萨姆地区落地生根，历经 800 多年的进化才得以适应阿萨姆地区的土地与环境。但因地处边地，未在印度流传。

自 1834 年起，因为英国的茶园计划，英国才从中国非法获取茶籽、茶树、技术及人才，传入印度阿萨姆邦后开始大量种植茶叶，阿萨姆邦从而一跃成为印度最大的茶叶种植区。

而茶的英文“tea”，其发音最早就是来源于福建闽南地区的方言。

茶不仅成为中华民族文化的一部分，也是百姓日常生活的一部分，饮茶历史便是中国的历史。中国人不但最早发现、栽种并利用了茶树，还拥有世界上最多的茶叶品种。随着茶叶传播到西方，茶文化也成了西方历史和文化的一部分。

现在，茶叶早已成为人类共同的瑰宝，世界各地的栽茶技艺、制茶技术，以及饮茶习惯等都来源于中国。

文 / 夏眠

7. 柑橘栽培——我的子孙遍布全国

柑橘，其实是橘、柑、橙、柚、枳等水果的总称。在很多很多年前，柑橘在野外自由生长时，品种还没有这么丰富。

人类在采集野果时，自然而然地会优先选食那些美味可口的果子，不能食用的果核则直接扔掉。而那些扔在地上的果核遇到合适的土壤和水分，便会长出新果树。最早在云贵高原发现的野生柑橘，就是经历了这样的进化过程，后来被人类筛选出来进行重点栽培。

知识窗

柑橘类水果，常见的有椪柑、柠檬、金钱橘、箭叶橙、墨西哥莱檬、脐橙、柑橘、红橘、青柠、八朔等。

距今2000多年的东周时期，经过人工栽培的柑橘就被作为贡品进献给当时的周天子，讨得周天子的欢心。只不过，此时的柑橘多为“橘”，很少见到橙和柚。

战国时期，柑橘已经成了普通老百姓喜闻乐见的水果。大诗人屈原还专门为橘子写了一篇名作《橘颂》，把柑橘狠狠地夸奖了一番。

当时，四川南充和长江中下游的吴国、楚国都出产柑橘，只不过这段时期，人们还没有积累足够的人工培植经验，市面上看到的柑橘，多半是野外采摘和人工培育混杂着的。不只如此，人们对于柑橘还有不少的误解。

位于黄河流域柑橘盛产地的赵国，有个相国叫蔺相如，他带着和氏璧去见虎视眈眈不

怀好意的秦王，这就是成语“完璧归赵”的出处。

当时有一个小插曲，秦王想要给蔺相如一个下马威，故意让人在宴会上带了一个赵国的小偷经过。

蔺相如听到这个小偷是赵国人，并不生气，反而认真地对秦王说：“我听说，橘子生长在淮南就是味道甘美的橘，生长在淮北就变成苦涩的枳。赵国人在赵国能安居乐业，到了秦国就偷鸡摸狗，这到底是谁的问题？”满脸尴尬的秦王，赶紧扯开了这个话题。

蔺相如的这番话，表明当时经长江而下，淮南、淮北都有橘树栽培，只是虽然人们发现枳和橘相似，但还没有认识到这其实是两个不同的品类，所以才有了橘树到了淮北就只能结枳的误解。

不过别担心，随着中国人对于柑橘驯化程度的加深，这些误解都一一解开了。

驯化柑橘可不容易。大概从汉朝开始，我们的祖先花了约800年时间来积累栽培柑橘的科学技术和实践经验，柑橘的种植地区也在不断扩大。汉武帝时期，史学家司马迁只在中国蜀汉之地看到大的柑橘园。

三国时，地理学家沈莹在吴国温州见到了橘园。到了晋代，四川的阆中、广东岭南都有柑橘的种植。

此时，人们对于柑橘树的病虫害问题也有了一定的防治经验，还知道可以用橘叶来治病。

想一想，酸酸甜甜、汁水饱满的果肉，喜人的橙色表皮，自带特异芳香的气味，不论老幼，有谁能不喜欢吃呢？受欢迎就有市场，种了自然不愁卖，只要地理位置适宜，种植的人当然多了。

作为地道的汉中郡城固县人，汉武帝时期的张骞通西域后，就把我国的柑橘品种带往欧洲各地，同时，也把国外好的柑橘品种带回了我国，这可对我国本土的柑橘改良和丰富起了很好的作用。自此“中国

柑橘之乡”的柑橘更加甘甜多汁了。

中外科技对比

15世纪，葡萄牙人从中国的台湾、福建、广东带回了橘、柑、橙等柑橘类果树品种，在那里，被称为“东方柑橘”，之后传遍欧洲大陆。

隋唐时期的人们，不只满足于扩大种植面积，更偏重于总结栽种、储藏、运输的各种经验。隋文帝爱吃柑橘，四川人就发明了用蜡封住柑橘的柄部，延长柑橘保存时间的办法。

宋代的文豪欧阳修告诉人们，把橘子埋在绿豆里，不仅可以保鲜，还能用凉性的绿豆中和热性的橘子，这样吃更健康。作为吃货家族成员的大诗人苏辙，会告诉亲友哪些橘子的个头特别大。

总之，从他们身上，能见到当时的人们已经开始对柑橘优中选优，挑选优良品种进行重点培育了。南宋出身将门的韩彦直撰写了世界上第一部关于柑橘的专著《橘录》，里面记载有27种柑橘。

随着柑橘品种的渐渐丰富，虽然人们当时还不知道橘和枳属于芸香科柑橘属的不同种，但人们明白，它俩是从不同类型的果树上长出来的！

如果你能穿越到明清时期，就会发现，那时候柑橘的产区和现在并没有太大的区别。不仅如此，橘农还有了柑橘的分类标准，这个标准被李时珍写入了《本草纲目》，直到现在还沿用着呢。

此时，人们更是把柑橘玩出了花样。从果肉直接食用、果皮晾干入药，到后来的泡酒、种子榨油，再到后来做成园林景观和盆景栽种，作为新年或者结婚的礼物赠送，只有你想不到的，没有橘子办不到的！

即便现在的广东，也很流行在新春佳节时互相“送橘”的风俗。小辈给长辈拜年时，长辈会将红包或者柑橘赏给小辈作为祝福；走亲戚串门时，各家也会准备一些红橘作为恭贺新禧的礼物。

为什么人们会互赠柑橘呢？原来，在民间人们习惯上常把“橘”写成“桔”，而“桔”和“吉”又很相近，于是取其谐音叫“大桔”。新春时节人们“送橘”，以求来年大吉大利、吉祥如意，小小的柑橘也就成了人们的护身符。

更有一些地方在布置新人婚房时，会在床铺上撒下橘子，因为橘子多瓣，预示着新人早生贵子，多子多福。

明初时，一个叫作智惠的日本和尚到我国浙江天台山上香，途经温州时，带了一些柑橘种子回国，在日本九州鹿儿岛的长岛村成功育苗，随后在日本发展推广了这种无核蜜柑，这就是现在遍及日本的“温州蜜柑”。

1821 年，英国人来我国采集标本，把金柑带回了欧洲。

1892 年，美国从我国引入椪柑，名为中国蜜橘，英语把柑橘称为 Mandarin，原意是中国珍贵的柑。

柑橘对中国人来说，不只是一类水果，更是一种吉祥和美好的寓意。它是历代文人和橘农辛勤劳动的结晶，也在文人的努力下形成了柑橘独特而又丰富的历史文化资源。作为我国农业文化的一个分支，柑橘丰富了我国农业文化的内容，也为未来柑橘产业的发展提供了基础。

同时，柑橘也是中外文化沟通的桥梁。

文 / 夏眠

8. 分行栽培——大家每年轮着来

说起种地，大家可能觉得很简单，不就是挖开土，把种子埋进去，再把土填上吗？或者，直接把种子撒在田地里后，适当灌水。的确，先民最早就是这么做的，后世的学者把这叫作“刀耕农业”。

直到今天，我国依然有一部分少数民族，比如独龙族、怒族，还保留着这种原始的农业遗风。

知识窗

传说在中国的西南一带，一位叫作卜老耶旺的老人有几块田，田里的苗长得很好。不料，他的两头水牛跑到田里打斗，把秧苗踩得稀巴烂，把老人气坏了。没想到，等到秋收时，被水牛踩过的那片稻田反而长得特别好。

第二年，卜老耶旺就又把水牛放到田里打斗，没想到又迎来了大丰收。村民一看，便用这个方法来分行移插。后来为了纪念老人，就有了斗牛的习俗。

现在的学者考据这个传说，认为这两次意外都是因为水牛无意中踩出了行，这与分行栽培中提倡的条播做法相吻合，也证明了分行栽培技术和移栽技术是同时发明的。

“刀耕农业”种出来的植物比较随意，爱怎么长就怎么长，乍一看还以为是一片杂草地呢，既浪费了土地，又让庄稼互相争夺阳光和通风，导致庄稼长势不好。

拔除杂草时，也会因无处下脚踩坏作物苗。为了克服这些缺点，先民想了个办法：让庄稼规规矩矩地生长，于是在公元前 6 世纪，出现了最早的分行栽培技术。

先秦时期，农民就知道播种的时候，要划分好行，这个行叫作“役”，禾就种在役里。这些和我们早上出操一样整齐的庄稼，不仅美观，还可以保持通风，不互相争夺养分，长势自然喜人。农民也能在田间行走，方便拔草、施肥，不会踩踏到庄稼。

农民把地分行，然后把行里的土挖开，堆到一边，渐渐地堆起来的土也成了高高的一行，这便是垄。所以，垄作法就是分行栽培。被挖开的用于种庄稼的那一行，叫作沟。

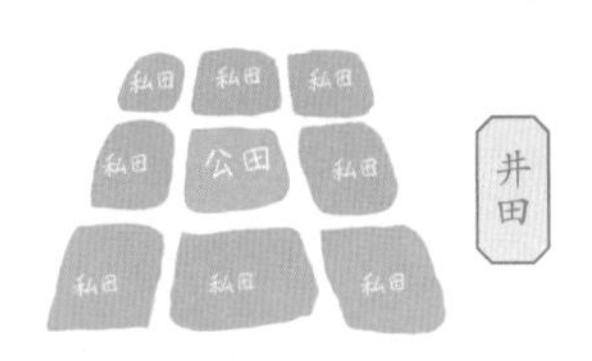

西周和东周时期，实行的是井田制。一块田划作九份，看起来就是井的样子。中间那块就做公田，外面的是私田，农民需要先耕作完公田，再耕作属于自己的私田。这个井的划分，也是分行耕种的功劳。

春秋时期，井田制逐渐崩溃，垄作法却被农民保留了。为了方便播种，农民还发明了各种农耕工具，比如耕犁。

耕犁最早由耒耜发展而来，石器时代就有用石头做的犁了，商代则是用青铜，春秋战国以后，就出现了铁犁。到了汉朝，可不得了了，耕犁加了部件犁壁，它能翻土、能碎土，还能起垄做垄，是耕田的一把好手。

既然分行，那最好保证行间距一致，方便播种、施肥、收割等。用人的肉眼和手工划分行间距经常出错，聪明的先民就使用固定的工具来播种，这个播种机器叫作耧车。它不仅能保证播种时行间距相同，还提高了播种效率，当时一天能种一顷地呢！

耧车是全世界最早的种子条播种机，比英国的条播机早了 1500 多年呢。

唐朝人们创造了新的曲辕犁，操作时犁身可以摆动，灵活方便，农民能随时调整深度、幅度，哪怕在小面积的地块上耕作也很实用。曲辕犁在华南地区推广后，传播到了东南亚。

17 世纪，荷兰人在印度尼西亚的爪哇岛看到有移居来此地的中国农民使用曲辕犁，便将它带回了荷兰。于是，曲辕犁以荷兰为中心，在欧洲传播开来。

农具发展了，农民对于土地的认识也在发展。俗话说薅羊毛不能只薅一只羊，种地也是。去年种庄稼的分行今年不种粮，去年踩踏的分行今年种粮食，这便是春秋战国时期的“畎亩”。

这样做，既能够保持土壤的肥力，又能合理安排耕作的面积，“管好自己的一亩三分地”就成了广大农民最朴实的心愿。

公元前1420年，埃及人在尼罗河流域耕种时，也注意到了庄稼需要分行栽培。他们使用一种T字形的棒拴在牲口的角上。可是这样的犁，一旦牲口跑起来，就会卡住它的喉咙，降低耕作的效率。所以，在当时的埃及，犁主要还是依靠人力拉动的。

而欧洲人直到1731年才使用分行栽培作物技术，比中国晚了约2400年。

到了秦汉隋唐，无论是天子还是农民，都非常重视耕作质量。政府颁布了各种法令保障农业生产：畎亩逐年替换，垄沟和垄台交替耕作，保证土壤的肥力，合理安排播种时间等。和土地耕作同时发展的，还有上面提到的那些农具。

宋元后，垄作法更是被农民了解得明明白白。

中国地大物博，南北差异很大，适合北方旱地的垄作法在遇到南方的湿润气候以后，也变了模样，增加了整地排水的技术。南方的庄稼是稻麦两熟，增加排水功能的垄作法，让即便是南方的水乡泽国，到了收获季节，也能掀起金色的麦浪！

垄作法的产生和发展，是劳动人民长期探索自然的丰硕成果。自古以来，中国人讲究天时、地利，所以才有了二十四节气和分行耕种，这都是中国人朴素的自然哲学思想的体现。

逢山开路，遇水搭桥，这样有困难就想办法解决的习惯，也是垄作法能在中国南北传播开来的原因。它为农业增产做出了重大贡献，闪耀着中华民族的智慧光芒。

文 / 夏眠

9. 温室栽培——冬天吃瓜，夏天赏梅

秦始皇是中国历史上的第一个皇帝，他统一了六国，统一度量衡，声名赫赫。

传说当年，秦始皇想召集诸生却苦无办法。于是，派人在秦岭北侧的骊山坑谷里种下瓜。那时候正值天寒地冻的冬天，喜欢温暖的瓜是无论如何也长不出来的，可偏偏就在骊山长了出来，还结了果。

读书人听说这件天下奇事，纷纷前往骊山一探究竟，一下子都被秦始皇抓住了。关于这个是什么瓜，有人说是甜瓜，有人说是菜瓜，但肯定不是西瓜，因为西瓜是近千年后从西域沿着丝绸之路传入中国的。

可大冬天的，什么瓜能在骊山生长呢，莫非秦始皇真有魔法？非也，非也，其实是骊山下有一股温泉，地热温暖了当地的土壤和空气，形成了适宜植物生长的小气候环境。

这给了人灵感——只要有热源，在一个封闭的环境中，冬天也能吃上夏天的瓜果。温室的雏形就这样出现了。

上面所说的如果只是个故事，那么到了不晚于公元前1

世纪的汉代，皇帝的口味和达官贵人对食物的高要求，就让温室成了现实。

负责汉宣帝饮食的官员叫作“太官”，太官知道皇帝喜欢吃新鲜蔬菜，可是大冬天上哪儿去找呢。他采用的办法是，在菜田上建一座小屋，冬季在里面烧火提高温度，这样就能吃上新鲜蔬菜了。

当时利用这种人工温室种植的，多是葱、韭、菜、菇一类的。这是历史上明确记载的第一批温室蔬菜，当然也不是普通人享用得了的，它们统统被当作贡品献给了天子、皇亲国戚和权臣。

据《汉书·召信臣传》记载，汉代官员召信臣曾向汉元帝进奏：“太官园种冬生葱韭菜茹，覆以屋庑，昼夜燃蕴火，待温气乃生。”认为它是“不时之物”“有伤于人”，因此上疏朝廷，禁止种植。这是世界上关于温室种植的最早确切记载。

另外，在西汉桓宽整理撰写的重要史书《盐铁论·散不足》中，称汉朝的富人也能吃到“冬葵温韭”。这里所说的“温韭”，就是以温室技术培育的韭菜，说明汉朝温室栽培蔬菜的技术已传到民间。

可惜的是，在当时，有不少保守的大臣认为反季节是“逆天而行”，如果大规模推广一定会带来灾难。因此，即便汉宣帝时期就有了温室栽培技术，却因为受到抵制而没能推广开来。

虽然反对声高，但温室种植还是以顽强的生命力活了下来，并且得到了进一步发展。到了东汉，人们改进了在屋子里烧火的方法：建屋子就算了，竟然还要烧火，效率低还要人看着，这多麻烦呀。当时已经有了烧炭通过管道为皇宫供暖的做法，这不正好拿来给蔬菜栽培用嘛！

工匠们在小屋底下挖火道，通过火道里的热气来给小屋子加温，这种方法叫“郁养强熟”。

或者在菜地里挖上几个土坑，利用坑内温度比地表温度高的原理，对蔬菜进行催芽，这种“穿凿萌芽”的方法，让不少蔬菜在冬天也能发芽成长，而且成本低廉，操作简单。

北宋大文豪苏东坡先生，曾亲眼见到有人利用马粪释放的热量在温室种植黄韭，这在冬天缺少新鲜蔬果的北方特别受欢迎。这种利用生物发酵的原理来提供热量的做法，说明当时的温室栽培技术得到了进一步改进。

南宋的人们，把温室栽培开发出了更加新奇有趣的用法。都是植物，既然蔬菜可以用温室来种植，花朵也可以呀！于是就出现了人工控制开花时间的“堂花术”。

知识窗

南宋时，杭州郊区马塍的花农，种植时先把田地挖成一条沟，再用纸等材料在沟上面糊一个密不透风的“密室”。室内的沟上，用绳子和竹笆做床架子，床上铺一定厚度的肥土，土上栽种各种花卉。沟下用粪土堆积，掺入各种肥料、硫黄，这些肥料发酵后会散发热气。要是天气冷了，还要往肥料里加热水，增加热量，加快发酵速度。这样一来，种在温床上的花卉就纷纷开放了。

花农利用蒸气提高室温让花期提前，牡丹和桃花都能提前开放。通过举一反三，人们还掌握了降温的方法，若是想要秋天的桂花早开，那就用山洞里的凉风来吹。

吹着凉风，桂花就会误以为到了秋天，提前开放了，这可是花卉栽培史上的一项重要突破啊！

如此诗情画意的温室栽培，立刻受到了文人雅士的欢迎。明清时期，京城的文人都会在新年里互赠牡丹。若是没了温室栽培技术，恐怕文人们只能在寒冷的季节里互相赠送梅花了。

然而，最可惜的是，虽然温室栽培技术在不断得到创新和推广，但无论是哪一种方法，温室培育的成本都不低，反季节的蔬菜、水果、花朵都不是普通百姓能消费得起的。

晚清诗人李静山在《增补都门杂咏》里发过一番感叹：“黄瓜初见比人参，小小如簪值数金。”

说明即便是在晚清，想要在隆冬时节或者早春二月吃到新鲜的黄瓜，那也要付好多钱。哪怕是一根和发簪差不多大小的黄瓜，都要用黄金去买，价格比人参还夸张呢。所以，这温室栽培的成果，当时只能供富人专享。

3世纪左右，为了让皇帝提比略吃到他喜欢的蛇瓜，古罗马人创造出了温室：他们在木箱里装上土种蛇瓜，放木箱的房间装上云母薄片，这样进入屋子里的太阳光热能被蛇瓜吸收，还能保持室内的温度。但这项技术并没有流传下来。

西欧的温室栽培出现在18世纪初，比中国晚了1000多年。

美国第一任总统乔治·华盛顿花钱给自己在弗吉尼亚州的维农山庄建了一个玻璃温室，专门用来种植凤梨，招待他的客人。1880年，美国正式有了温室栽培。

日本在19世纪三四十年代，才有了“纸屋”，可能是受中国堂花术传播的影响。

作为果蔬和观赏植物的一种主要栽培方法，我国的温室栽培技术是基于本国的气候状况独立发展起来的。

在没有地中海那样充足日照、温和多雨的条件下，我国的温室栽培充分利用了地热能、生物发酵的原理，为我国培育反季节蔬菜水果提供了丰富的经验。

只可惜，受成本影响，它在古代没能成为普通百姓可以应用的技术，这也从一定程度上限制了它的发展。

直到近代，因为科学技术的发展，温室栽培的成本大大降低，反季节的新鲜蔬菜瓜果、植物，也成了普通人一样能消费得起的商品啦！

文 / 夏眠

10. 水碓——超级打工人，什么都能干

你知道吗？我们现在日常看到、吃到的大米和面粉，白白嫩嫩的，直接就可以用来做饭食用，可在被加工之前，它们不长这样。无论是水稻还是小麦，果实的最外层都裹有一层硬壳，需要处理一番，才能变成我们平日里吃的粮食。

早在新石器时期，先民掌握了种植粮食的技术后，要如何获取可食用的部分，就成了摆在他们面前的大问题。后来，先民就地取材，用石头、木头这样较硬的材料做成了研磨器来研磨粮食，这就是中国发现的最早的杵臼，包括碓臼 (duì jiù) 和杵 (chǔ) 头两部分。

它的样子和咱们现在家里用到的捣蒜泥的蒜臼子差不多，只不过用来研磨粮食的是超级大号版的。在当时，这杵臼可是各个村子必备的谷物加工工具。

秦汉时期，先民觉得用双手握着又沉又硬的杵头捣啊捣，实在太辛苦了，粮食没捣出多少来，两条胳膊却累得抬不起来了，于是就改良杵臼，发明了践碓。

历史遗迹

《易经·系辞下传》中，为最早的杵臼这样点赞过："断木为杵，掘地为臼，臼杵之利，万民以济，盖取诸小过。"意思是：切断木头制成杵，在地上挖个洞做成臼，杵臼的便利，使天下百姓都得到了好处，

这大概是取法小过卦而来的。小过，是卦名。

践碓利用了杠杆原理，一头绑着杵头，另一头有踏板，当脚踩在踏板上时，杆子带动杵头一上一下以杵撞击臼里盛放的谷物以脱去谷壳。因为是用脚踏碓，就被称为践碓、足碓，是汉朝及以后较为常见的农具。

可有的先民又觉得，用脚一下一下地踩踏也很累人，如果有什么东西能代替自己来舂米，把时间和力气节省下来，不就可以更好地休息、种地了嘛。

这个东西真被人找到了。

有聪明人在践碓上安上了一个轮轴，轮轴可以靠驴骡、牛马这样的牲畜拉动，这就是畜力碓。可是，驴骡和牛马还得用来拉货、耕地呀，要是不得空可怎么办，有没有更好的代替品呢？

有！水流不就是嘛。用水流的力量推动水轮转动，水轮带动杠杆起伏，杵头就能周期性地撞击需要加工的粮食了。

就这样，用水力作为动力，让舂米效率大大提高，劳动强度也大大降低，为百姓带来巨大福利的水碓，历史上加工粮食最厉害的机器就诞生了！当时有人感慨说，如果之前的践碓让舂米效率提高了十倍，那么畜力碓和水碓就让舂米效率提高了百倍。而且，水碓已经有了自动化的意味。

西汉思想家桓谭《新论》提到，“伏羲之制杵臼，万民以济。及后世加巧，延力借身重以践碓，而利十倍杵舂；又复设机关，用驴骡牛马及役水而舂，其利乃且百倍。”这里讲的“役水而舂”，就是指水碓。

香港文化博物馆馆藏的汉代“绿釉舂米坊模型”，是迄今发现最系统、最先进的，反映我国汉代作坊舂碓、扬谷、磨粉联合加工谷物作业场景的明器。

1955年，在四川省眉山市彭山区出土了一块东汉的明器模型“舂米画像砖”。

前一个是用水力驱动三个碓杆的，说明这是一处含水碓的作坊，这与东汉时期有关水碓的文献资料一致；后一个是用脚碓舂米的方式。

在江西景德镇，直到现在还有在使用水碓粉碎矿石的。

水碓最早的受众群不是农民，而是军队。

俗话说："兵马未动，粮草先行。"汉武帝在位时，驱逐匈奴，收复陇西，控制朔方，设立郡县。为了巩固边疆，朝廷派出了大量军队驻扎，沿途的军粮供应是很令人头疼的事儿。

此时，水碓就成了好帮手，在北方的主要水域设置水碓后，舂粮之声日夜不绝于耳，后勤保障部队用功少，军粮足。

由于水碓的奇效，不少王公贵族、地方门阀纷纷将水碓当成了敛财工具，毕竟建造水碓的成本很高，需要拦截河道、筑造堤坝，还要建造房屋防止日晒雨淋，普通百姓哪里来这么多钱呢。况且，河流资源极其宝贵，需要很大的势力才能够保证水碓的建造。

只是，不合理地拦截河道，会导致农田干涸，粮田受损，因此历朝历代的政府为了打击豪强，保护百姓，都会限制和拆除水碓。归根结底，政府是为了保障皇粮国税。

知识窗

晋惠帝时期，皇后贾南风把持朝政，和楚王司马玮合谋发动了政变。叛军为了取胜，挖开了首都洛阳近郊的河道。河流改道，水流不足，洛阳城附近沿河建造的水碓全部瘫痪，造成了洛阳城内粮食的严重紧缺。

为了保证军粮的供应，官军强令洛阳城中一品以下的非军方官员、13 岁以上的百姓和王公大臣的奴婢用手舂米，加工军粮。即便如此，人力也完全比不上水碓的效率。洛阳一带粮食价格暴涨，1 石米的价格飙升至 1 万钱以上。

即便如此，水碓还是以它超强的效率顽强地保留下来，还不断地出现更强大的更新版。

西晋一位将领兼学者叫作杜预的人，总结归纳了水碓的经验，开发了一款叫作连机碓的加工设备。两个以上的水碓叫作连机碓。当时，最常见的是四个水碓。

比起水碓一路输入一路输出，它实现了一路输入多段输出，相当于一个人长有多条胳膊来舂米，效率又提高了好几倍。

据说，当时哪里的连机碓开始普及，哪里的米价就会下跌，毕竟加工成本在米价中的占比大大降低了。这样的宝贝当然成了所有人的心头好，一

时间，连机碓传遍我国。一直到清末民初，才被国外引入的碾米机取代。

水碓除了加工粮食，偶尔也承担了副业，比如用来造纸。相传，改进了造纸术的蔡伦，就用水碓打浆，制成造纸的原料。

虽然没有切实的证据证明蔡伦是最早的水碓应用者，但宋代以后，水碓确实成了造纸的工具，遍布各地产纸区的江河溪流。

唐朝以后，水碓的用途逐渐多样化，需要捣碎的物品，除了造纸原料、稻谷、药物、香料，坚硬的矿石、金属也不在话下。

根据《凤阳县志》的记载，明代嘉靖年间，曾铣领导匠人们一年打造了4万多套盔甲。这些盔甲哪怕全是普通的青甲，也要有500多万片甲叶，每片甲叶都需要锻打几百回。如果只是靠人力，是绝对达不到这样的生产效率的，但是水碓就能够做到！

1世纪的罗马帝国有大量的水力机械被用于加工粮食。罗马帝国灭亡后，这些机械也不复存在了。

11世纪后，欧洲出现了水力锤，类似中国的水碓。在很长一段时间里，水力锤也用于捣碎矿石。

16世纪开始，水力锤被应用在金属工具和武器的制造上。水力锤的普及，让欧洲的板甲得到了普及，板甲成了贵族骑士之外普通士兵也能买得起的东西。

水碓是我国古代劳动人民在劳动实践中创造的加工粮食的农具，它凝结着古代劳动人民的智慧，也是我国农业生产力发展的标志。它解放了人力，提高了生产效率，无论是在粮食生产加工，还是在造纸、金属锻造等方面都大大节省了成本。

当然，水碓遭遇的限制和改进，说明一件发明只要真正为百姓所用，就能发挥出最大的能量，也能不断进行自我更新和发展。

同时，水碓的发明，证明了我国的农业文明和科技发展未曾出现过断代，面对天灾、人祸，中华民族表现出了坚强的韧性。

文 / 夏眠

11. 扇车——吃下的是稻，出来的是米

如果你在水碓的杵头边观察，就会发现金黄色的稻谷在杵头的连续捣打下，分为了米白色和黄色两部分。白色的是我们平日里吃的大米，口感细腻又好吃；黄色的是它的皮壳，又叫作糠，口感粗糙且难吃！

这两个东西你中有我，我中有你，可人们只想要米，不想要糠，如何才能把它们轻松分开来呢？

就在人们拿着米糠思考时，一阵小风刮过，也顺带吹走了手里的糠。用手顺风轻扬一把米糠，米留下了，糠却飞到远处去了。原来是因为米是实心的，糠只是一层皮儿，米比糠要重，将米糠在风中扬起后，重的米下沉，轻的糠飘到远处去，这不就分开了嘛。

于是，人们就会在有风的时候，将谷物抛至空中进行米糠筛选。可这样一来，就得受制于天气情况。风和日丽、风力适度的天气还好，可一旦遇到大风大雨，这方法就立马失效了。

要是能人为控制风力大小和起风时间就好了！这样就再也不会完全处于“等风来”的状况了。

不晚于1世纪时，在这种“连续可控人造风”的实际需求下，最早的离心鼓风机——扇车诞生了。扇车通过产生的风力来达到脱粒成谷、脱壳成米的目的，因此也叫风车、风扇车、扬车、扬谷器等。它的工作方式很简单：

前面站一个人用双脚踩在践碓的踏板上舂米，等把稻谷舂好后，连皮带米一起慢慢倒入后面的方形漏斗里。倒入时，另一个站在后面的人转动扇轮，这样一来，糠皮就会在气流的作用下飞到远处去，而有一定分量的米就会沉落在地上，轻轻松松实现了米、糠、秕粒等杂物的分离，让清选后的粮食变得纯净。

从此，扇车被广泛推广使用，成为谷物加工中最重要的工具。

河南省洛阳市东关出土的东汉晚期带陶扇车的作坊明器模型，车上有一装卸粮食用的长方漏斗形高栏，栏的两侧各有两条斜腿，便于装卸粮食和固定高栏位置。风箱为长方形，左端两壁上有圆形曲轴孔。封闭式扇车中一类采用筒形封装，木质结构，可以移动。颜师古注《急就篇》就认为“扇”指这类筒形封装扇车。这说明在汉朝，人们就已经掌握了成熟的扇车工艺。

扇车通常是由木头制成的，主要由车架、外壳、风扇、喂料斗、出风口和出粮口构成，进风口在轴的侧边，出风口在前方，出风口和扇轮之间就是分离室。最奇妙的是喂料斗下方还有调节门，用来控制谷物的流速，不可谓不周到。

最先出现的扇车是旋转式的，实质上就是一架手动鼓风机，用于清选粮食。到了西汉末年，中原地区的扇车随处可见，还根据需求的不同，分出了不同的款式。

既有封闭式的扇车，也有半敞式的扇车。半敞式扇车的扇轮夹于两箱板之前，轴位于中间高度或者放在箱顶，这类扇车从西汉末年到元代一直都在使用。封闭式扇车更是使用广泛，近代仍有部分地区在使用。

中外科技对比

中国在西汉时已使用扇车，欧洲约 1400 年后才有类似的风车。

1556 年，德国矿冶学家阿格里科拉在其著作中绘制了多部离心式扇车，用于巷道通风，但进风口都在箱体外侧，而非侧面的轴旁，这说明他对于扇车的认识依然处于中国汉朝的早期水平。

18世纪初，传教士们来华传教，发现了中国农民使用的扇车，把它带回欧洲。经过逐步发展，欧洲发展出了多种类型的离心式鼓风机。

早期的扇车是长方形的，由于在箱体内与风轮轴平行的箱体壁组成的两面角内会产生涡流，阻碍风轮的运转，所以摇动风扇轮时会很吃力，通常由男人来干这份力气活儿。

后来，人们经过观察研究，把箱子改成了圆筒形，还增加了好几个出粮口，不仅加快了分离稻谷的速度，还兼具了多级清洗功能。从出粮口出来的大米或小麦，干干净净、整整齐齐。

这样的发明可不是几年十几年的积累，而是上百年的钻研。从西汉《急就篇》到宋代王安石的记录，再从元代的《农书》到明代的《天工开物》，都对扇车的制作方法做出了详细的记录，甚至还贴心地画出了机械设计图纸。

从这些记载里，我们也能清楚地看到，最初的扇车经过时间的洗练，在各地的农民手里有了不同的改进。

除了分离谷米和谷糠，有人还发现扇车的扇轮可以连续鼓风，既然如此，夏天不就可以拿来纳凉了嘛！于是，唐玄宗就派人建造了水力驱动的扇车用来纳凉。真是一物多用、一举多得。

扇车的发明和应用，表明中国人在2000多年前已经能够在生产实践中利用离心原理，同时也拓展了谷物清选加工的方式，提高了劳动生产率。更重要的是，古代人民利用风能的创举不仅促进了中国农业的发展，其机械化程度对世界农业也产生了极其深远的影响。英国科学史学家李约瑟认为：扇车是由中国传向西方的重要机械和技术发明之一。

文 / 夏眠

12. 翻车——省心省力来灌溉

说到翻车，你会想到什么呢？是“出了车祸”，还是“某件事情失败了”？在古人的眼里，翻车只有一个解释——一种用于灌溉和排水的引水工具。

在很多古装电影和电视剧里，都有这样的场景：一架水车斜放在河水里，农人踩踏翻车，源源不断地从低处的河里取水到高处的地里，用来灌溉农田。

这就是翻车。

翻车的发明者叫毕岚，原是一名汉代的宦官。2 世纪的东汉时期，外戚与宦官轮流把持朝政，政局混乱。这位名叫毕岚的宦官非常“另类”，虽然他也热衷于争权夺利，但是在此过程中，他解锁了一项隐藏的天赋技能——发明和制造机械。

然而，有趣的是，毕岚发明翻车的初衷跟农业一点儿关系也没有。

古代的道路是用泥土和石子铺的，可不像现在这样平坦、整洁，下雨的时候泥泞不堪，不下雨的时候尘土飞扬，即使是皇帝出行也得灰头土脸，这让当时的汉灵帝很不开心。

皇帝不开心，伺候的人也开心不起来。为了让皇帝开心，毕岚开始琢磨怎么解决这个问题。把所有的路重新修一遍？这得花多少钱啊！不行，不行。派人去把路上的灰尘扫干净？这得多少人啊！不行，更不行。这也不行，那也不行，这可咋整呢？

今天的我们，已经无从得知毕岚是从何处得到的灵感，或许他是汲取了民间的智慧。总之，他发明出了一种抽水工具，能将水从河流沟渠中抽到路面上，用水洒地，起到降尘的作用。这种降尘方式直到今天仍在使用，尤其是公路、建筑工地和矿山，效果非常显著。

毕岚发明的这种抽水机被命名为翻车，后人又称它为“龙骨车”。

翻车是一种刮板式连续提水机械，利用齿轮和链条的传动取水。可是，翻车是怎么从“御用洗地机”变成“民间灌溉机”的呢？

中外科技对比

龙骨车在宋元时期被传入朝鲜、日本、越南等国家，日本江户时代在京畿地区的农村，翻车已经得到普及。

18 世纪，龙骨车传到欧洲。

20 世纪八九十年代，有学者发现泰国也在使用龙骨车，至于是什么时候传过去的，目前还没有更多的资料。

时间线推进到东汉末年，曹操统一北方，随着战火平息，百姓逐渐安定下来，开始新的生活。但是连年战乱造成人口和劳动力大量减少，对农业的发展造成了很大影响，尤其是抽水灌溉这种需要大量劳动力的工作。

为了生产出更多的粮食，农民迫切需要更加先进的农耕技术和农耕工具。

一位名叫马钧的机械制造专家对翻车进行了改良。出身贫苦的他，设身处地为百姓着想，增加取水量，简化结构，让翻车变得既轻便又省力，即使是小孩子也能轻松驾驭。而且还能随意移动，哪里没水了，就根据需要搬到那里，非常方便。

更让人惊叹的是，马钧改造的翻车已经有了一点儿自动化的影子，非常省力。将翻车放在水流湍急的地方，只需要很少的人力或畜力驱动就能持续取水，极大地节约了人力，提高了农业耕作效率，迅速受到欢迎，一跃成为全国的“顶流”，田间地头随处可见。

在另一处的蜀国，诸葛亮也对翻车进行了改造，并广泛推广使用，因此这里的人们也称水车为“孔明车”。

木制的翻车容易腐朽，能完整保留至今的并不多。在宁波市北仑区甬仙酿造工艺博物馆里，收藏着一架民国时期的翻车。

在国家博物馆陈列着一架东汉时期龙骨翻车的模型，是根据《魏略》和传统水车复原的。

在宋朝农业取得长足发展的同时，翻车也更加普及，还出现了多人踩踏的脚踏翻车、牛力驱动的翻车，提水效果更好了。

北宋大文豪苏轼特地为水车写了一首《无锡道中赋水车》，诗中写道：“翻翻联联衔尾鸦，荦荦确确蜕骨蛇……”很形象地描绘出了水车的形象。

南宋诗人陆游也在《春晚即景》一诗中写道：“龙骨车鸣水入塘，雨来犹可望丰穰。”

翻车被称为龙骨翻车或龙骨水车，除了因为龙骨叶板，或许还因为中国古人对龙的信仰吧。

宋元时期，出现了水转翻车。水转翻车不仅用链条替换了龙骨叶板，还使用了多组齿轮传动，利用水力驱动水轮，不需要人力和畜力，可以说是古代的“全自动抽水机”。水转翻车节约了劳动力，能够日夜不停地工作，极大地提高了农耕效率。但水转翻车需要的条件苛刻，无法普及。

明代的《农政全书》《天工开物》《鲁班经》等书中都对翻车有详细的记载。

翻车不仅能取水，还能排水。下雨内涝的时候，就从抽水机变成了排水机，是不是很神奇呢？

知识窗

无论哪种驱动方式的翻车，都是由上下两个链轮和传动链条等主要组件构成的。

链传动是机械传动的一种重要形式，但那时还没有发明链条，龙骨叶板就充当了链条的角色。

翻车的车身是一个长一丈到两丈、宽一尺左右的矩形木槽。槽的两端各有一个链轮，也就是转动轮轴。槽的前端安装大链轮，也叫上链轮，是主动轮；槽的尾端装着小链轮，也叫下链轮，是从动轮。龙骨叶板环绕两个链轮转一周，板叶就是刮水板。当动力驱动轮轴转动时，大链轮带动链条和刮水板往复循环，源源不断地将水刮入槽内，沿着槽流进农田。

现在海岸、港口常见的疏浚河道的斗式挖泥机，运用了同样的原理，可以说是翻车的拓展版。

翻车是中国古代著名的提水工具，也是世界上出现最早、流传最久远的农业灌溉机械。

毫不夸张地说，翻车是当时世界上最先进的农田生产工具之一，甚至在电动水泵早已普及的今天，有些地方的乡村仍然在使用它，甚至基本构造没有什么改变，真的是一件不可思议的事。

文 / 彭皓

13. 大风车——借帆使力的好帮手

说到风车，你会想到荷兰童话般的大风车，还是可以拿在手里当玩具的彩色小风车，或者是现代巨大的风力发电机叶片呢？

说到这里，你是不是想到一个问题：我们都知道中国古代有龙骨水车，但是，为什么没听说过中国古代有风车呢？

风车是一种不需要燃料，以风力作为能源的动力机械，确切地说，它应该叫作风力机。

中国是世界上最早利用风能的国家之一。中国古人为了利用风作用在物体表面的力量，发明了风帆。

距今3000多年前，古人就已经留下了关于使用风能的文字记录。有学者认为，甲骨文中的“凡”字，其实就是“帆”字。

东汉时，帆的制作技术已经基本成熟，并且在民间流行起来，留下了不少关于风帆的明确文字记载。

三国时期出现了多帆的船，能够利用每个帆受到的风

的分力作为动力。其中有一种用植物叶片织成的硬席帆，叫“邪张”，通过调整它的帆角，可以利用侧向来的风推动船行驶。

明朝的木帆船就更厉害了，能逆风而行。

知识窗

风吹向风车，风作用一个力在风车扇叶上，同时扇叶对风施加一个反作用力，反作用力就带动风车，让它转动起来。扇叶的倾斜角度越大，转动时产生的旋转力就越大。

风车的扇叶面积越大，受风面就越大，转动速度越慢，但扭力较高，所产生的反作用力就越大，例如风力发电机。

这是符合牛顿第三定律的，即当物体 A 施加一个力在物体 B 上时，物体 B 同时会对物体 A 施以一个大小相同、方向相反的反作用力。

或许你会问：说了这么多跟帆有关的事，跟风车又有什么关系呢？嘿，你还别说，风帆跟咱们中国古代的风车还真有关系。

中国帆船大部分都是布帆，由分布密集的横杆支撑着，被称为“四角硬质平衡纵帆”，通过升降布帆和收紧放松帆脚索，不仅能调节风的作用面积，还能调整帆的角度，从而更好地利用风力行船。

古人受到启发，将船帆直接用在风车上，由此制造出了中国独有的风车——立轴式风车。

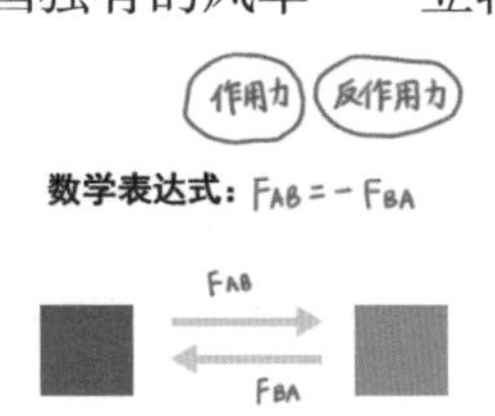

欧洲风车的轴是横着的，平行于地面。而立轴式风车的轴是竖着的，垂直于地面，所以被称为“立轴式”。因为它转动起来像走马灯似的，因此也被称为“走马灯式风车”。

中国最早的风车记载出现于南宋刘一止的《苕溪集》：“初疑蹙（cù）踏动地轴，风轮共转相钩加。”“风轮”就是风车的风轮，“钩加”指的是风车与翻车之间的传动。

据考证，此诗是约 1140—1150 年的作品，这说明最晚 12 世纪，中国已经出现了风车。

作为明代的两位著名科学家，徐光启在《农政全书》中记载：高山旷野的地区，用风轮从水井中取水灌溉田地；宋应星在《天工开物》里写道：扬郡（今天的扬州等地）用风帆驱动龙骨翻车，排出田地里的积水。

历史遗迹

直到 20 世纪 50 年代，我国很多农村地区仍然有大量立轴式风车。在电影《柳堡的故事》中，它们屹立在田野上，非常抢镜。这些画面的拍摄地在江苏省宝应县，这里的风车历史悠久，可以追溯到明代。扬郡就在这里。

1656年，一个来自风车王国荷兰的使团路过宝应，看到这些风车非常震惊。其中一位名叫约翰·尼霍夫的使者在《荷使初访中国记》一书中讲述了此事，书中还收录了使团成员创作的描绘立轴式风车的画作。

虽然立轴式风车历史悠久，但“惜墨如金”的古人对它的记载却很简略。今天我们所知道的这些信息，来自清代一位著名的学者兼商人周庆云的著作。

从他的记载中我们得知，立轴式风车由木材制成，车高约8米，直径10米，体积庞大，主要部件是8面帆船那样的布帆，和一根垂直于地面的大轴，帆分布在垂直轴的四周。

立轴式风车在使用时，能根据风向自动调节帆的方向。风吹帆动，帆带轴转，激发平齿轮带动水车的竖齿轮，由此带动水车转动取水，实现了风能和水能的相互转换。

风大的时候，一台风车能够同时带动两台甚至三台水车，真是节能小能手啊！

在我国沿海和长江流域一些风力资源丰富的地区，人们主要用它来带动龙骨翻车或其他劳动工具，提水灌溉或取海水制盐。

随着技术的发展，到了清代，立轴式风车逐渐被效率更高的其他风车取代，例如卧轴式风车。

顾名思义，卧轴式风车的轴是“卧”着的。但它不是完全平行于地面，而是斜卧，也叫“斜杆式风车”。

这种风车主要分布在我国东南沿海地区，因为外表和原理都与荷兰的塔式风车相似，因此也被称为“洋风车”或者“洋车”。

中外科技对比

公元前7世纪初的波斯（也就是现在的伊朗），人们将芦苇绑在一起做成风叶，用风力驱动，用来取水、研磨粮食，这就是世界上最早的风车。

这种风车的使用有一个非常重要的条件——需要一年四季都有强劲的风，并且风向非常固定。

欧洲地区是温带海洋性气候，盛行西风，风向固定，符合这个使用条件，因此欧洲人建造了大量固定的塔状风车，就是我们印象中的标志性风车。

但是这种风车不适合中国。中国是季风气候，冬夏季风向不固定，风力差异也很大……

不适合，就让它适合！勤劳智慧的中国人不会放弃这种宝贵的绿色能源，他们通过观察、研究、实践，设计出了一种特别的风车——带风帆的风车。

除了少数铁制的零件，主体仍是木制结构。为了延长风车的使用寿命，在制作时，木制零件要打腻子，涂上桐油。

卧轴式风车有 3 面至 6 面风帆，使用时通过调节缆绳，调整帆与风轮的夹角，利用风帆与风气流垂直方向的分力让风车运转。

20 世纪 90 年代，有研究人员对这种风车进行测试，才挂了两面风帆，就已经能够驱动翻车运转取水了。

实验表明，当风力为 4~6 级时，风车运转得最好。风力太小，风车转得慢，带不动翻车；风力太大，风车又转得太快，翻车只怕真的要“翻车”了。

卧轴式风车的帆不能根据风向自动调节帆的方向，需要操作者手动调节卧轴，让风轮正对风向。但它占地面积小，使用方便，比立轴式风车更灵活，对风能的使用率也更高。

除了卧轴式大风车，古代还有一种卧轴式玩具小风车，用高粱秆做轴，用绿色和红色的纸做叶片，遇到风就滴溜溜地转动起来，直到现在也很受小朋友们的喜爱。

研究者认为，中国风车是由扇和帆演变而来的，制造出了立轴式风车，后来结合立式水车、卧式水车、走马灯等流体推动的旋转装置，又受到外来技术影响，发展出卧轴式风车。它一路借帆使力，成了人们的好帮手。

虽然中国不是使用风车最早的国家，但中国风车具有鲜明的中国元素，结构和原理跟西式风车完全不同。

第一，风车的帆直接来自传统的船帆，能够根据风向自动调节方向，节省人力。

第二，中国古代大风车驱动的龙骨翻车是东亚地区体型最大、结构最复杂的传统风力提水机械，实现了风力和水力这两种绿色能源的完美转换，被誉为“一个具有巨大利益和使用价值的发明”。

文 / 彭皓

科技著作《齐民要术》

早在没有文字记载的远古时代，中国古人就掌握了农业种植技术，什么时候耕地下种，怎么浇水、施肥、收获、保留良种，心里跟有本账一样记得清清楚楚。

至于驯化牲畜、栽树种菜、酿酒制醋等农业科技，也都已了然于胸。

中国古人逐渐发现，这些实践知识在口口相传中，难免出现差错，还是将它们一条一条地用文字记录下来保准儿。

早在战国时期，我国已有几本农书专著出现，只可惜早已散失了。目前已知最早的，是西汉晚期的《氾胜之书》，但后来也失传了，如今只能从一些书中摘录的内容去了解它了。

6世纪三四十年代的北魏时期，作为耕读世家出身的贾思勰，在子承祖业的同时，对学习和研究农学知识也非常感兴趣。

当上官员后，受“吃饭是天下第一件大事”的大环境影响，以及骨子里对农学的热爱，他在工作之余，四处游历考察，认真研究了黄河中下游的各项产业技术。

遇到一些经验丰富的老农和行业专家，他还会虚心请教，这些丰富的实践知识，为他的后期写作积累了第一手资料。

后来，他早早退休回了山东老家，做起了农学专家。

他一边务农，一边专心把

自己多年来积累的农业生产实践经验整理成文字，这便是后世成为农学范本的《齐民要术》。

“齐民”指平民，“要术”指谋生方法，意思是平民的谋生方法。

农耕是手段，把农产品制造成能吃的食物才是目的。因此，这本书也可以解读为一本讲述老百姓如何谋生的方法。

他在书中总结了当地的农业生产新经验、新成就，从种田前的耕地、整地等特殊要求，到其间的浇水、施肥，再到收获、储藏等，他对这一系列过程进行了详细、系统的叙述，后来被称为“中国古代农业百科全书”。

作为一部综合性的“大农业”书，它的内容涵盖农、林、牧、副、渔等行业。

知识窗

中国古代五大农书，除了《齐民要术》，《氾胜之书》是作者氾胜之对当时黄河流域的农业生产经验和操作技术的总结，原有18篇，现为其残存本。

另外三本如下：第一本《农书》，为南宋陈旉所写，分上、中、下三卷，现存第一部的内容是关于南方水稻种植区农业生产技术的；第二本《农书》，是元代王祯写的一部综合性农书，共37集，首次以图文形式呈现；第三本《农政全书》，由明末的杰出科学家徐光启撰写，大致分为农政措施和农业技术两部分。

全书分十卷，共92篇。在每卷的最前面附有目录，以便查找使用。

书的开头，收有作者的《自序》，这是全书的总纲和向导，说明了写书的原因、目的、思想体系、写作方法和主要收录内容等，以此说明发展农业生产科技的必要性和方式。

正文的前三卷，主要讲农作物生产各方面的经验，比如耕田、收种、种谷，以及80多个谷类作物，和蔬菜、瓜果等经济作物的种植方法。

第四卷，主要讲园艺和12类果木等经济林木的种植方法。

第五卷，是栽桑养蚕和14类果木，以及5种染料植物的种植、生产方法。

第六卷，是畜牧业和渔业，主要是9种常见家畜、家禽饲养方法，和人工养殖鱼类的方法，还附记有医治家畜疾病的很多方法。

第七卷至第九卷，主要讲农产品加工和农副产品制造产业，比如油、盐、酱、醋、糖等调料，以及9种曲、40余种酒的制作技术，20多种美食的制作方法，还有一些文具和日常生活用品，比如瓮的生产方法。

第十卷，算是附录性的资料，记述了中原地区以外，尤其是南方许多有实用价值的植物100

多种，野生可食用植物 60 余种。

每篇文章，基本是按照解释物名、正文重点论述、最后引用文献资料补充说明来编写，这种编写体例是贾思勰首创，也是这本书能成为后世范本的原因。

秉承因时、因地、因物制宜的思想，他一再提醒人们，农业生产一定要尊重自然规律。

除此之外，他的秋耕要深、春夏要浅、初耕要深、再耕要浅这类劳动人民的长期经验总结，具有早期的辩证思想。

作为中国杰出的农学家，书中他对土壤和植物的认识、细致养护土地、注重生态环境的理念都很先进，对现代农业生产也有十分重要的启示价值和借鉴意义。

当然，作为一本全新的理论专著，他除了整理收录自己所在时代的直接经验，还参考借鉴了历代的重要专业技术，以及结合资料学习总结出了一些间接经验，这些都是书的重要组成部分。

此外，书中关于很多农作物的不同叫法、种苗以及有参考和借鉴意义的资料等的出处标注，系统严谨，都是它能成为中国古代五大农书之首的重要原因之一。

想选种、耕田、改善土壤肥力、防治病虫害的，想增收致富从事副业的，想靠小本生意赚大钱的，都可以在这本书里找到解决方法。

他在书中还特意提到，种田的不如做手艺的，做手艺的不如做买卖的，所以老百姓要想发家致富，最适合从事的，应该是各种农副食品加工，而不是农业种植和养殖。

从中可见他的爱民之心，当然，这种思想在当时经济并不发达的条件下，也是非常超前的。

这本书还有较高的学术价值。书中的面点发酵法和“九酝酒法”，在中国面点史和酿酒史上具有重要意义。

作为 1500 多年前的一部农学著作，它系统总结了 6 世纪以前，中国历代劳动人民积累的宝贵农业生产经验，它是中国现存最完整的一部农学名著，也是目前世界农学史上最早的农学专著之一，对后世的农业生产有着深远的影响。

文 / 郑越

生存通关秘籍

早在人类之前，就有了日月星空，只不过绝大部分的动物都不曾关注过它们。直到人类出现后，不知是谁，当他第一次抬头凝望星空，并且记录下第一颗星星时，人类眼里的世界与动物看到的世界从此不同了。

因为只有人类会有那样的好奇，去探索未知的世界。

经过一代又一代的积累，先民发现，天上日月星辰的变化是有规律的。更神奇的是，地面上的山脉走向和河流方向、草木动物的生长也是有规律的。先民把天上和地上的规律一结合才发现，哇！彼此之间竟然都有联系！

看日月星辰，能知道什么时候种庄稼，什么时候换衣服，什么时候吃哪种食物……原来它们不只会发光发热，还暗地里给人类送来了生存的通关秘籍啊！

14. 圭表——太阳是万能的

在世界各地的每一个古老传说中，一定会有一个强大的太阳神。

非洲的古埃及神话中，不同时期，信仰的太阳神不同。“拉”最初是众多太阳神之一，后来和其他太阳神一起构成复合神，比如拉－阿图姆。

在欧洲的古希腊神话中，太阳神是赫利俄斯。

而在亚洲的古巴比伦有太阳神沙玛什，中国上古神话中有太阳女神羲和等。

全世界的古人像是事先约定好了一样，让每一位太阳神代表着热情、希望、力量以及正义。

太阳每天东升西落，时间是有规律的，方位也是有规律的，要是能用来当作计时工具，再合适不过了。

在世界各地，大家似乎也一致认同：“我们都把太阳拿来当计时工具啊！”

要知道，我们的祖先在没有发明时钟之前，就懂得日出而作、日落而息的道理。

慢慢地，人们发现，自己的影子会随着季节和日出日落的时间而变化，有长有短。既然如此，那是不是只要量一下地面上的影子，就能知道现在是什么季节，还有多久天黑了呢。

这个聪明的办法立刻被大家接受，只不过让一个人在太阳底下站着太难了，尤其是夏天，非中暑晕过去不可。既然需要的是影子，那么柱子的影子也可以，不是嘛！

距今4000多年前，我国中原地区的人们就已经利用太阳的影子计时了。人们在地面上竖起一根笔直的标杆，这个标杆就叫作“表”。也有人把

它叫作“竿”“碑”“槷”（niè）等。

古代常用身高八尺来形容人，既然表是用来代替站在地上的人，所以它也和人一样，有八尺高。

因为要站得笔直，所以还要检查表是不是垂直地面的，一来二去，古人竟然完成了对勾股定理的证明。

后来，人们就靠着看表的影子判断节气、时刻，成语“立竿见影”就出自这里。

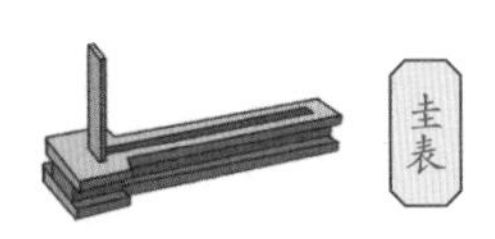

为了更加准确地度量时间，人们对柱子不断改造、更新，不晚于春秋时期，古老的工具——圭表出现了。

圭表比起表，多了一根横放在地上当作测量地面上影子长度的尺子，这条平放的带有刻度的尺子叫作“圭”，它和竖立的柱子“表”互相垂直。于是，圭表的两个部件“圭”和“表”完美组合固定下来，成为我国最早的天文仪器。

圭表既准时又笔直，于是被古人奉为诚信守时的代表，要发誓时，就把盟书刻在石圭上表示会言而有信。

太阳可以计时，那么月亮、星星可不可以呢？经过仔细观察，人们发现，都可以！古人也真的发明了月晷和星晷。

星晷是通过定位北极星，旋转指针指向北斗七星的勺子口来判断时间的。

月晷是根据月亮的变化来计量时间，但因为月亮的运行时快时慢，所以月晷测量时间的准确度比较差。

为了克服这个困难，人们就试着把日月星辰放在一个晷面上，也就是把日晷、月晷、星晷组合成一体，晷面上有节气线、时刻线、北纬度、黄道十二宫等，这样打造的三重表盘，能够更准确地度量时间。

我们的祖先大多生活在黄河流域，他们发现正午太阳的影子总是指向表的正北方，人们就干脆做了一个平板，一头指向北方，另一头放在表下面，还在平板上凿出刻度和尺寸来计时。

人们根据太阳影子落在尺子上的刻度和方向，就能读出立春、立冬、秋分、春分等二十四节气的具体时间了。西汉时期，二十四节气已经完全确立。

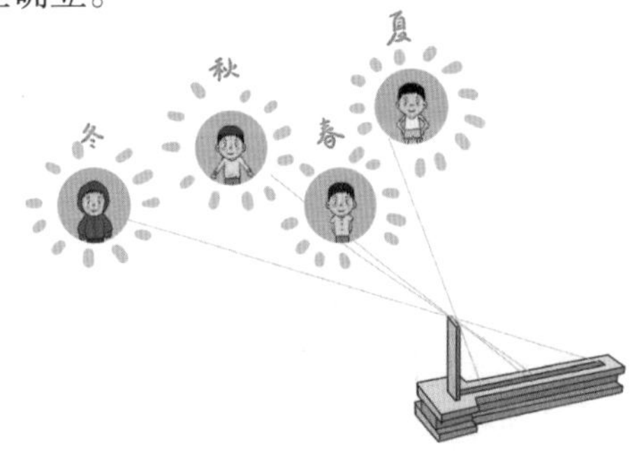

比如在冬至日，正午的太阳高度最小，影子最长；而到了夏至日，正午的太阳高度最大，影子最短。

人们经过长期反复观测、记录正午日影，确定了一年中影子最长的位置，因此也就确立了冬至日。而在两个冬至日之间的时间间隔，就是一个回归年。

1965 年，在江苏省仪征市石碑村东汉一号木椁墓中，出土了一种袖珍式、可移动的铜制圭表，其圭长约为汉尺的一尺三寸六分，表高约为汉尺的八寸。这是中国现存最早的圭表，出现的年代为约 67—137 年。

据说周朝时期制作的圭表，表高差不多是 1.84 米。因为表在地上，又叫作土圭。

汉朝因为冶金技术的发展，出现了“铜表”。表可以被改造，圭自然也能改造，于是有了石圭，两者组合成为一套天文仪器。之后出现过铜圭、玉圭等。

人们一直在努力改进圭表的测量精度，这个习惯一直延续到了元代的天文学家郭守敬这里。郭守敬非常聪明，他对圭表进行了加强改造：把圭拉长到了 31 米多，这个大号版的圭表，大大提高了测量的精度。

到了明代，另一个聪明人邢云路，更是建造了 6 丈高的表，他根据圭表，提出一个回归年是 365.24219 日，这和现代科技测量到的 365.2422 日相差无几。

受圭表启发，不知道哪个机灵鬼把平板做成了圆形，这样影子就可以在圆盘上旋转，不只可以知道夏至、秋分，还能知道每天的时间，这个装置就叫作日晷，也就是利用太阳的影子来计时。

中外科技对比

在古埃及墓葬中，发掘出一尊距今 3300 多年的日晷，上面画着的半圆分为 12 个刻度，两刻度间的夹角为 15°，这和现代的半圆仪一模一样。在晷面的中央，有一根长木棒作为晷针，通过晷针落在晷面上的日光阴影，就能确定时间。

古埃及人还发明了其他式样的日晷，比如埃及方尖碑，其本质上也是日晷的晷针。

赤道式日晷是最重要和最常见的日晷，最早是由中国发明的，也是中国古代最经典和传统的天文观测仪器。

圭表测影是中国古代天文学的主要观测手段之一，圭表作为中国最古老的天文仪器，为人们测时间、定方位、定节气等。它的出现，标志着中国的先民已经掌握了时空概念，他们通过日影，学会适应周围生态环境的周期性变化，孕育出周而复始、天人合一的理念，从而为后世灿烂的农耕文明奠定了基础。

文 / 夏眠

15. 阴阳合历——最早的表是日月

如果要评选孩子们最喜欢的节日，春节一定能位列前三名。它不仅有愉快的寒假，还有丰盛的美食，更有来自长辈的压岁钱和节日祝福。

春节，顾名思义，代表春回大地，是新的一年开启的节气。但我们还有另外一个代表春天开始的节气——立春。立春和春节，有时候会在一起，有时候会有先后，都是表示春天，为什么会有区别呢？

在古代中国，人们已经用太阳代表阳，月亮代表阴，并将观察到的太阳和月亮的运行周期来当作计时的历法，这就是阳历和阴历。

比起太阳，月亮的变化是人类肉眼可见的，

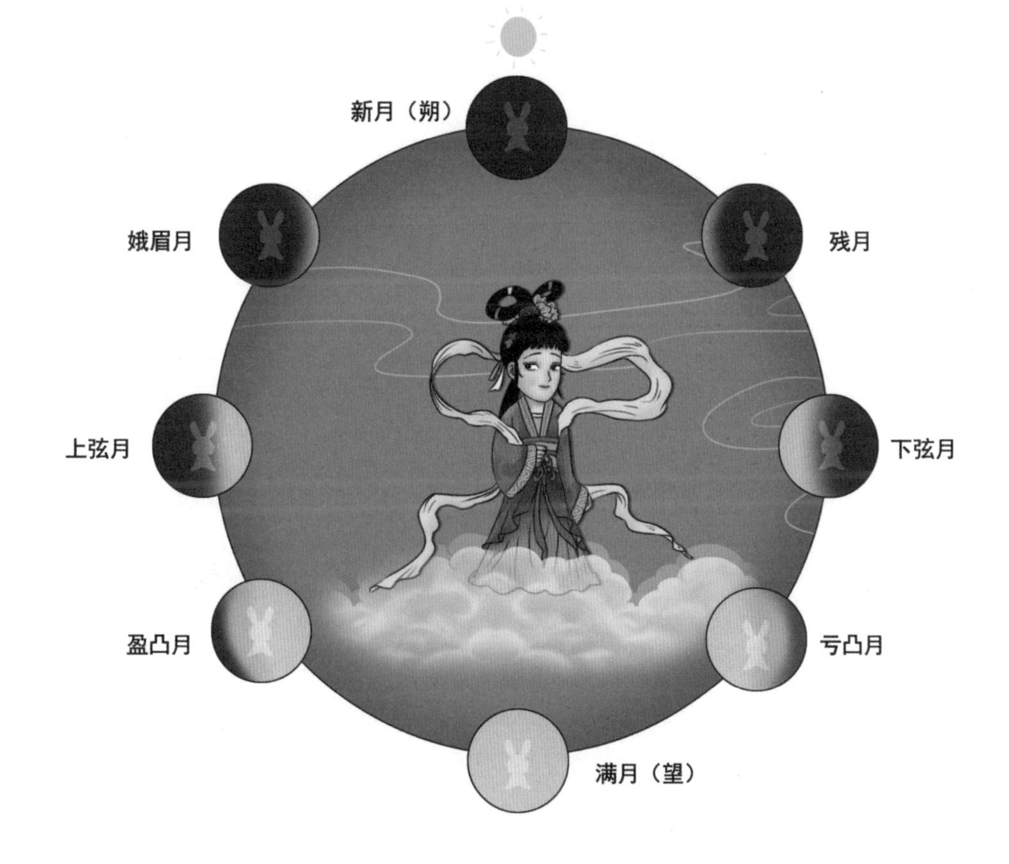

月中时是一轮满月，之后月亮日渐“消瘦”起来，到了月初就是上弦月，古人把月亮的这种变化叫作月相。

月相的循环周期大约是29.5天，人们给这个更替变化周期起了一个很好听的名字，叫作朔望月。

古人就把12个月相作为周期，刚好354天为一年，这便叫作“阴历”。这个叫法，早在4200多年前就有了。春节，便是阴历的一年之始。

阴历哪里都好，就是有点儿小误差，实际上月相的循环周期是29.530588天，古人估算的是29.5天，就是这么一点点的差距，随着时间的流逝，差距会越来越大，逐渐就和月亮的变化对应不上了。

为了符合实际的月相，古人经过长期观察，在每30年中加入11个闰年。每个闰年的十二月底多出1天，这样一来，30年里一共加了11天。这样普通年有354天，闰年就有355天。

阳历可要比阴历难以观察得多，毕竟圆圆的太阳白天一露脸儿就能亮瞎人的双眼，而晚上又不知道躲到哪里去了。

古人对于太阳的观察，是基于白昼时间的长短：冬至那天，人的影子是最长的；夏至那天，人的影子是最短的。

日积月累，人们发现，影子的变化周期大约是365.25天，这个数字接近360天。360天又可以被12整除，整除后是30天，哎呀，这不是和月相的29.5天很接近嘛！

于是，人们就把影子变化的周期分为12个月。365.25的尾数0.25天，乘4，刚好是1天，也就是说，每四年都会多出一天，那么这多一天出来的年头就叫作闰年。

这样一来，普通的年份有365天，阳历的闰年变成了366天，这个周期又叫作回归年。立春，就是阳历的一年之始。

古人对这两种历法都非常喜欢，于是就冒出一个念头：要怎么样，才能鱼和熊掌兼得，把两种历法的好处都占了呢？

这办法还真的被古人想出来了，他们设法把两种历法合并在一起，放在一本日历上，这样的历法就叫作阴阳合历，又叫作农历。

阴阳合历最早在殷商时期就已开始使用了，后来一直在不断推演中进步。西汉的汉武帝做了皇帝后，在全国推行阴阳合历，也就是后来中国人家喻户晓、人人使用的农历历法。

知识窗

中国早在夏代就已使用阴阳合历，因此也叫“夏历”。但因为测量精度问题，一直到了春秋战国时期，才逐渐形成了19年里设置7个闰月的传统，被叫作四分历。这种方法渐渐传播后，每个诸侯国都根据观天象情况对它进行改造。

战国时期，诸侯国改造的历法叫作古六历。古人发挥集体智慧，一直在把阴阳合历往更精确的地步推演。公元前3世纪，古六历被人们接受，这便是后来的农历了。

既然叫农历，当然要指导农业生产呀。想要种好地，日子必须要准，不然错过了好时候，种子不发芽怎么办？

阴阳合历如何能做到准时、准点呢？

一谈到种地，阴历的缺点就凸显出来。月亮的变化周期不到30天，所以阴历新年有时候在冬天，有时候在春天，甚至可能会在夏天，这可不太妙呀！

如果完全按照阴历来指导农民伯伯种庄稼，可就耽误大事了。

于是古人采用折中的办法，找出一个阳历回归年的天数和阴历12个月的天数两者的最小公倍数，这个最小公倍数就能同时包含阴历和阳历

的农历啦。

农历，就是通过设置闰月来调整朔望月和回归年之间关系的。

具体做法是，每19年中设置7个闰月，每个闰月会多加1天。这样每19年阴阳历的“年”之间的差别就被消除得只剩下2个多小时了。

据战国时期的文学著作《尚书·尧典》记载：“以闰月定四时，成岁。”孔传：“一岁有余十二日，未盈三岁足得一月，则置闰焉。”

另春秋左丘明《左传·文公六年》记载：“闰月不告朔，非礼也。闰以正时，时以作事，事以厚生，生民之道，于是乎在矣。不告闰朔，弃时政也，何以为民？”

阴历和阳历的完美融合，指导了中国几千年的农业生产。

从此以后，农民伯伯可以翻着日历做计划，什么时候播种，什么时候收割，什么时候储存东西过冬，时时刻刻都能做到心中有数。

世界各地的古文明好像约好了一样，除了中国，古波斯也采用了阴阳合历。公元前527年，波斯阿契美尼德王朝征服了巴比伦，吸收学习了巴比伦的历法，规定19年里有7年要增加特定的闰月。

这一举动，影响了默冬这位雅典的天文学家和数学家，他和优客泰蒙通过观察冬至点，在公元前432年引入了19年7闰年这个周期。在欧洲，这个周期又被叫作默冬章。

古犹太人创造的希伯来历，是以日落为一天的开始，以新月升起为一月的开始，每年春分后的第一个新月是一年的开始，也就是他们的春节。在希伯来历中，每19年设置7个闰月，和公历对应。只不过他们和中国用节气来设置闰月的方法不同，古犹太人直接把闰月放在了五月和六月之间，叫作闰六月。

阴阳合历作为我国古代最伟大的创造之一，采用多维度并进方式，把日、月、星辰和对地球的时间影响高度概括，总结分析，从而形成了一套完善的历法系统，也是我国农业文明发展的基石和准绳。

文 / 夏眠

16. 二十四节气——燕子来了，种地啦

风与我国古代人民的生活息息相关。

春风的到来总是温和的，草忽然绿了，花儿忽然红了，燕子忽然归来了。等燕子啄着泥巴筑巢时，我们才发现，春风已经吹过，春天已经来了；清风一起，凉风舒爽，菊花一黄，大雁往南飞，便是秋天了。

这些自然界的现象我们如今看得到，我们的祖先当初也看得到。

传说，五帝之首的少昊（hào）就设立了历官。历官通过观察，发现燕子、伯劳这样的鸟儿，在不同方向的风吹来时节，有不同的特点。燕子多半在春分归来，秋分离去；伯劳会在夏至的时候飞来，在冬至的时候飞走；青鸟（鸧鷃，cāng yàn）也会在立春的时候飞来，立夏的时候飞走；丹鸟（锦鸡）立秋时飞来，立冬时离去。鸟儿在四方风时的来去，最早成了祖先感知四季岁时最美好的标志。

少昊如此，其他的首领也不遑多让。颛顼(zhuān xū) 观察天象来记录时令的变化，还制定

了《颛顼历》；帝喾（kù）修订了《颛顼历》，让百姓能根据这个历法种地；被无数皇帝当作榜样的尧、舜，更是亲自教授百姓如何按照时节变化种地。

在河北省武安磁山遗址，出土了距今约7000年的圭盘、占蓍草器，据考古学家推测，是用于测日影的器具。

在河南省濮阳西水坡遗址，发掘出距今约6500年的殉葬人，其被摆放的位置、角度和姿势，呈现春分日、秋分日及冬至日太阳视运动轨迹。

看起来，想要在上古时期做一名受人尊敬的首领，必须要先会观时种地呀！

后来，人们逐渐不满足于只看鸟儿了，花、鸟、鱼、虫我都要看！

在商朝的甲骨文里，夏天的夏字长得像蝉，因为夏天到处都是蝉鸣声；秋天的秋字长得像蟋蟀，就是因为秋天的蟋蟀特别活跃，《诗经》里还特意把蟋蟀的行踪写得清清楚楚。

春秋战国时期，人们在春、夏、秋、冬四时的基础上，逐渐形成了八方、八节的认识。八方即东、南、西、北，加上东北、东南、西北、东北八个方向，古人认为各方有掌管风的“神”。八节指的是冬至、夏至、立冬、立春、立秋、立夏、秋分、春分，其中“立”是开始，“分”是平分，“至”是极，也就是到头了的意思。

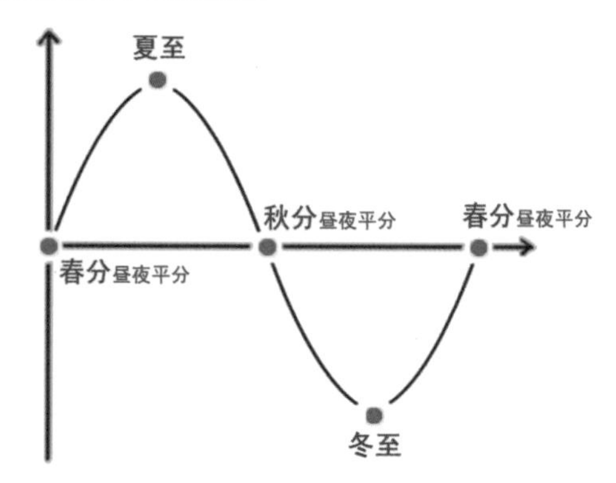

先民还感受到了每个季节不同风的强弱、温寒不同，经过他们的总结归纳，提出了八方位风，并认为什么样的节气，该刮什么样的风。

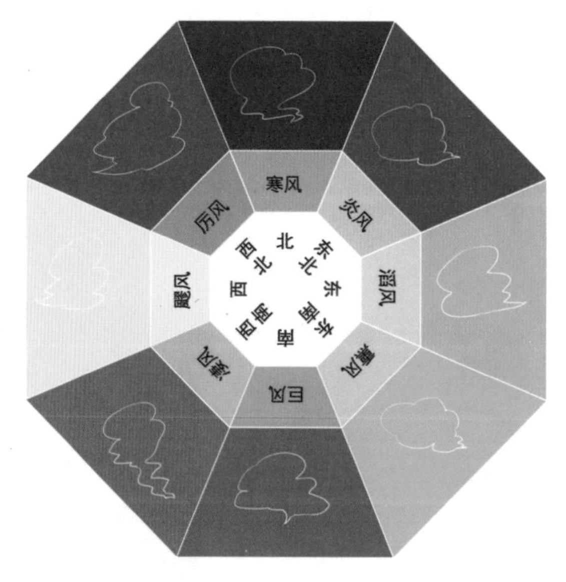

人们还发现，东北曰炎风，立春条风至；东方曰滔风，春分明庶风至；东南曰熏风，立夏清明风至；南方曰巨风，夏至景风至；西南曰凄风，立秋凉风至；西方曰飂（liù）风，秋分阊阖风至；西北曰厉风，立冬不周风至，北方曰寒风，冬至广莫风至。

这八风，是八个节气到来的季候风，年复一年，如约而至，祖先觉得这和八方八节一样靠谱，于是就把八风也加入了“我们要遵照这个来种地”的秘籍中，八风加上八方八节，刚好是二十四个。古人根据气候，将一年三百六十日平均分成八份，自一个节气开始，每四十五日也就是每三个节气后会有一风来临；每一风来临需要实施相应的自然节候，这是自成一个圆满的岁时体系，也成了构建中国古代二十四节气时令划分的基础。

到了西汉初期，民间就确立了成熟的二十四节气，只不过还不够精确。刘安的《淮南子·天文训》中就把第一个节气写作冬至，《淮南子·时则训》中又把立春作为第一个节气。

汉武帝登基后，让官方和民间天文学家一起分工协作，各自发挥特长，制订了十多种历法方案，最后优中选优，采用了邓平、落下闳制定的太初历并在全国推行。

把太阳历的二十四节气和太阴历的十二个月有机结合，就是我们前文所说的阴阳合历。太初历正式确定了中国历法的范式，搭建了阴阳历法沟通的桥梁。

从此以后，中国的天文学家就在不断地完善太初历和节气，这让二十四节气的时间不断精确。

二十四节气发明后，第一开心的，莫过于广大农民啦。他们可以不用看鸟儿、昆虫来判断时间，指导农时了，节气快到了，早早就能准备农事。预测生活日常冷暖，雨雪天气，也很及时。

在西汉晚期，人们还专门写了指导农业的书籍，列出不少作物的播种和收获经验都和节气相关，这可是影响百姓衣食住行的大事呢。

早在6世纪，二十四节气就随中国历法被传入朝鲜、日本、东南亚等国家，结合其国家实际情况与民族文化后一直沿用至今。

在越南传统历法中，保留了大部分“二十四节气”，同时变更了某些节气的时间，使其更加适用于越南的实际情况。越南虽然官方使用阳历，但在民间还是有部分人使用传统阴阳历，特别是农民，仍然遵循着节气来安排农耕生产。

第二开心的，莫过于作为美食家的我们了，因为二十四节气大多还对应着不同的饮食习惯，立春吃春饼、立夏吃立夏饭、立秋吃茄子、立冬吃羊肉，用食物和味蕾记住每个节气，恐怕是最适合馋嘴猫的方法了。

知识窗

中国的二十四节气制定后，在552年南北朝时期传入日本。

690年日本开始使用中国的历法。二十四节气深深影响了日本，无论是生活的器物，还是日本的俳句诗歌，都带着二十四节气的季语，后来形成了独特的风物诗。

在使用将近1000年的二十四节气之后，日本在1685年改用了以贞享历为代表的和历，它是以中国历法为基础修订的，直到现在，春分日还是日本的公众假日。

公元前57年到667年，朝鲜处于三国时期，一直使用中国的元嘉历。

朝鲜王朝每到秋天，都会派“冬至使节”到明朝的首都，领取第二年的历法。1433年，在中国历法基础上，朝鲜王朝开始本土化自己的节气。

1324年，越南引进了授时历，经过6次修改，形成了越南的节气。

二十四节气是传统农耕文明的产物，它的产生、发展和传播都适应了农耕时代的经济生产方式和社会生活需求。它是农业生产活动的基本时间指针，也是民众日常生活的重要时间节点，早已成为民众日常生活中不可或缺的一部分。

文 / 夏眠

17. 天象记录——天降异象啊，陛下

如果看古装剧，经常会见到这样的情节：一位大臣慌张地赶来，扑通一声跪倒在地，对皇帝说："陛下，天有异象！"

皇帝一听，当即面色大变，一边连连问怎么回事，一边还会让大臣想办法，要怎么做才能让上天原谅自己的错误。

很早以前，我们的祖先对神秘的自然非常敬畏。这样的心理延续了下来，即便是高高在上的皇帝，也要敬畏自然和神灵。

所有人都相信，如果皇帝做错了事，那么上天会给出预兆；如果皇帝不改，那就会降下大灾难作为惩罚。因此，人们对于"预兆"特别敏感，一旦发现，一定会火急火燎地告诉皇帝。

没想到，这种略带点"迷信"色彩的预兆，却成就了中国连续、完整的天象记录。天空中出现的各种天文现象，比如星辰变幻、日月轮转等都被中国人忠实地记录了下来。

因此，国际上形成了一个不成文的习惯：如果要找连续400多年的天象记录，就去找勤勉的中国人！

大约5000年前，祖先就开始了天象记录。在颛顼时期，已经有专门负责观测和记录天象的官员了。

殷商的甲骨卜辞中，就有关于日食、月食和新星的记录。

春秋战国时期，鲁国的编年史《春秋》里记录了37次日食，还有彗星和流星雨的记录。

知识窗

据春秋战国时期的史书《竹书纪年》记载，公元前2133年，在今河南省境内落下了陨石雨，人们记录了时间、数量、位置，这是世界上最早的陨石雨记录，之后人们对于陨石雨的记录更加细致。

《春秋》记载了公元前645年12月24日，在今河南省商丘城北的一场陨石雨："陨石于宋五"，即有五颗陨石从天而降落到宋国。《左传》解释说："陨石于宋，五，陨星也。"这是判断陨石雨是天上的星陨落而来，这一点，国外直到18世纪才意识到。

日月食在古人看来太过壮观，每次都会兢兢业业地描述，久而久之，有人总结规律，形成了一套独特的预报日月食的方法和理论。

秦朝建立后，政府直接拨款让一帮人专门盯着天空。汉朝的太史局、唐朝的司天台、清朝的钦天监都属于此类机构。汉朝的人很了不起，不仅观察到了日月食、流星雨，还记录了太阳黑子活动，当时的天文学家把它称为"黑气"。

到了西晋称为"黑子"，这个称呼一直沿用至今。

不过也有人认为，古人认识到黑子的时间比这还要早。太阳有一个别称，叫"三足金乌"，金乌是指金色的乌鸦。

三足金乌

目前认为，古人观察到了太阳黑子的剧烈活动，这些黑子看起来就好像是一只黑色的乌鸦站在太阳里。于是，人们把站在太阳里的乌鸦当作太阳的象征。

在湖南省长沙市马王堆汉墓出土的织物中，就有三足金乌的图案。

类似的还有月亮上的蟾蜍和兔子。我们都听过月亮上有嫦娥，有兔子，还有蟾蜍的传说，那为什么是兔子和蟾蜍呢？

这和三足金乌一样，古人观察到月亮表面的阴影，实在太像蟾蜍和兔子，于是就把蟾蜍和兔子当成是月亮的化身了。

从汉朝开始，在历朝历代官方编纂的史书里，都会有记录天象的专门篇章，通常叫作《天文志》《天象志》《五行志》，这让中国古代的天象记录能延绵数千年而不断绝。

同时，也方便了后人再遇到类似天象时，查询古代的史书，并且补充新的数据。

知识窗

20 世纪 50 年代，中国科学家席泽宗整理研究中国典籍，整理了一份关于新星的资料，编成《古新星新表》，共收入 90 颗星的资料。

之后，他又和天文学史界的代表人物薄树人共同发表了中、日、韩三国古代的新星记录和射电天文学关系的论文，把我国古代的天文记录正式融入现代的射电天文学中。

其中最有名的莫过于哈雷彗星了。早在公元前 613 年，就有人发现有颗星星往北斗星的方向一扫而去了。哈雷彗星每次光顾地球，我国都会记录下来，一次都没有错过。

这些在古人看来会飞的星星，是极其珍贵的，就连陪葬的时候都惦记着带上它们。在马王堆汉墓中出土的帛书里，有 29 幅彗星图。这是目前世界上发现的最早的彗星图，距今 2300 多年的古人通过长期观察，才把彗星图绘制下来。

可能有人好奇，现代科学这么发达，看古人的这些记录有什么用处呢？

这作用可是太大了！我们能够通过中国的天象记录，完整地记录天体运动和变化的过程。如果没有这些记录，那史官也好，天文学家也好，看到的只有星星现在的样子，而不知道它过去的样子。

只有总结过去的规律，才能预测未知的将来。科学是延续的，过去的记录会成为今天缔造科学大厦的基石。比如，从商代开始到 17 世纪末，中国史料上记录了 90 多颗新星、超新星事件，这些事件为射电天文学的发展提供了十分珍贵的历史资料，而射电天文学又为现代恒星演化理论提供了印证。

中外科技对比

四大文明古国中，古巴比伦人也特别擅长天文学和数学，他们不仅记录了日食、月食，还用沙罗周期来预报日食发生的时间。

通过观察星空，古巴比伦人把黄道带分为 12 个星座，由此创立了黄道十二宫。可惜的是，这项天文学研究并没有延续下来，后来，这个文明古国更是逐渐自我消亡了。

中国早在4000多年前就有星象的文字记录，时间长、连续性强、完整性和准确度高，哪怕在官方正史里找不到的，也能在地方志里找到补充。它们是中国乃至世界上极为宝贵的科学遗产，不仅具有学术意义和历史意义，也促进了现代科学研究的发展。

文 / 夏眠

18. 地动仪——即便是天罚，臣也想测

我们吃的食物要依赖土地和气候环境，住的房子要由大地承载，所以地震、狂风暴雨等自然灾害的强大破坏力和神秘性，深深震撼了人类。由于古人对大自然的了解有限，所以古人非常敬畏自然。

自然界稍微有一点儿活动，人类便诚惶诚恐，认为这是“地龙翻身”。皇帝还特别设置了官员，让他们解释这些自然现象。

久而久之，人们把这些远超乎人类认知的自然现象，当作神明的暗示。如果人类的君王有失德的地方，或者哪里出了大奸大恶的人，那么上天便会降下灾祸，以此警告君王。

灾祸通常是暴雨、洪水、地震、山崩、海啸，因为在古人的印象中，这些能够造成无数人流离失所的灾难，代表上天的雷霆之怒。如果君王再不改正的话，可就要民不聊生，降下天罚了。

秦汉时期也不例外。西汉时期，各种自然灾害频发，汉武帝时期就爆发过一次大地震，吓得汉武帝忙不迭地大赦天下，以达到昭告上天的效果。

汉宣帝时期，大地震后，他连夜写了一份《罪己诏》，意思是：全是我的错，请不要责罚我的臣民。不仅如此，他还举行了隆重的祭天仪式，祈求上苍的原谅。可见，古人对于大自然未知力量有多敬畏。

到了东汉，地震多发，震区涉及数十郡，汉顺帝吓得赶紧下诏。面对一群满口胡说的方士，身为国家天文台的负责人，当时担任灵台太史令的张衡站了出来，他表示：“陛下，哪怕再妖，我们也能分析它！”

张衡带着42名工作人员，开始研究地震。经过反复观察和思索，张衡意识到一件事，也可能是当时世界上唯一认识到这件事的人：地震区和地裂区并不是一回事。

两者相近，都属于灾祸，但地裂以上下颠动为主，地震以水平摇晃为主，地震造成的灾害要远高于地裂。在此认知的基础上，132年，张衡发明了地动仪。

地动仪的主体结构像一个大酒桶，由精铜打造，上面有隆起的圆盖，桶身上刻有篆文和山、鸟、兽等图案。圆桶分为八个方位，分别对应着正东、东南、正南、西南、正西、西北、正北、东北八个方向。

知识窗

地动仪的内部有一根大铜柱，叫作“都柱”，这是相对不动的。由都柱向周围引出八条通道，称为“八道”。地动仪内部还装有机关，和体外的龙身相连。一旦发生地震，地动仪就会震动，机关便被触发，龙口打开，铜丸就会落在相应方位蟾蜍的嘴里，发出清脆响亮的撞击声，掌管人便知道是哪里发生了地震。

每个方位都有一个头朝下、嘴里衔着铜球的龙头，龙头的下方有八个铜制的蹲在地上的蟾蜍，每个都抬起头张着嘴巴，随时准备接住龙嘴里掉下来的铜球。

张衡告诉大家：“只要哪个方向的球落在了蟾蜍嘴里，哪个方向就有地震。”

此话一出，无人相信。地震是天意，区区一介凡人，竟然能得知天意？

134年的一天，洛阳城内，灵台的工作人员像往常一样忙碌，突然一声清脆的声音传来，一颗铜球从西面的龙嘴里掉出，落在了蟾蜍的嘴里。

看管人员立刻上报了这个重大消息，朝廷里的大臣面面相觑，烛火微微闪烁，茶水纹丝不动，哪里有什么异象？大家对张衡的怀疑更深了，可张衡不为所动，眉头紧锁地眺望着西方。

没过几天，一匹快马载着信使从西方赶来：在一千多里外的陇西大地，也就是现在的甘肃省天水地区发生了地震，房屋倒塌，死伤者无数，急盼朝廷的救援。人们开始为张衡的高超技术所信服，也开始有些相信天意是可以感知到的。

在人类对地震束手无策时，地动仪采用科学的办法观测，让人类第一次可以认识地震和地动的关系。最重要的是，它的出现，开创了一条“如何在运动系统当中测量自身运动”的科学途径。

可惜在张衡去世后，地动仪遭到了人为破坏，这项发明的图样也失传了，因此，1800 多年前的地动仪到底是什么模样，早已无据可查。后世不断有人根据当时留下的一些简略文字记载，想要复原地动仪。

1875 年，日本的服部一三绘制了地动仪的复原图。

1883 年，英国地质工程师米尔恩把《后汉书》里关于地动仪的记载翻译成英文，复原了模型。

1889 年，德国波茨坦天文台用水平摆重力仪观测到了日本熊本县的地震，这一发现不但证实了地震波的存在，还获得了远距离观测的记录。

直到此时，西方才把张衡的地动仪称为“中国验震器”，并且把 132 年作为人类首台地震仪器诞生的年份。

我国古代科技史学家王振铎复原出地动仪后，无数学者前去考察，包括我国地震学奠基人、中科院院士傅承义。

但他在实地考察后，对测试结果十分失望，不出所料，毕竟复原出的只是外貌。

132 年由张衡研究发明的地动仪，是世界上第一台地震仪。

意大利人路吉·帕米里于 1856 年制造了第一台地震仪，从而开启了用仪器记录地震的历史。地动仪比西方国家的地震仪要早 1700 多年。

后来，日本地震学家关也熊表示这个设计不合理。到了 2009 年，中国地震局教授冯锐重新复原了地动仪模型，能够辨识横波和纵波，不会和以前的模型一样，就连关门声这样的纵波都能让龙吐珠。

文 / 夏眠

19. 干支——本命年穿红，是因为这

我们中国人一出生便有了属相，属相由 12 个动物组成，每十二年轮回一次。和自己同属相的那一年，叫作本命年，这一年人们会穿上红色的衣裤，系上红绳或者腰带，用来驱邪避晦气。

本命年的民俗源远流长，它的起源竟然和一颗星星有关，这颗星星是木星。

在距今 5000 年左右，还没有天文望远镜，我们的祖先抬头观察浩瀚的星空，把银盆一样倒扣的天空叫作周天。靠着直尺和圆规，先民把周天分为十二等份，并把它叫作十二干支，每一分支都和春夏秋冬、季节变换、星宿运动联系起来。

距今 2300 多年前，就在观察周天时，先民发现了一颗神奇的星星，取名为岁星，岁即是年的意思。

这颗岁星就是我们知道的太阳系的第五颗行星，也是个头最大的木星。

先民对于岁星又爱又恨，爱的是岁星的运转周期是 11.86 年，无限接近十二等份的一周天，也就是绕太阳转一圈刚好约需十二年；恨的是岁星竟然是倒着走的！太阳和月亮都是东升西落，就它不走寻常路，竟然是从西往东的。

周朝初期人们思来想去，就想了一个好办法——找个替代品不就行了吗？他们想象出了一颗和岁星相反轨道的行星，叫作太岁，并用太岁的运行轨迹来记录时间，这便是中华民族最早记录时间的方法——太岁纪年。

清华大学收藏了约 2500 枚战国中晚期的竹简文物，文字风格像是楚国的。经考证，这些竹简应是随着主人埋入地下的，就连西汉史学家司马迁都没见过它的真身。

在这批竹简中，详细记录了太岁纪年和天干地支的信息，证明干支纪年和太岁纪年是中国人原创的智慧结晶。

就这样，先民根据太岁的运动规律，创造了子、丑、寅、卯、辰、巳、午、未、申、酉、戌、亥十二支，还给十二个太岁年取了不同的名字。

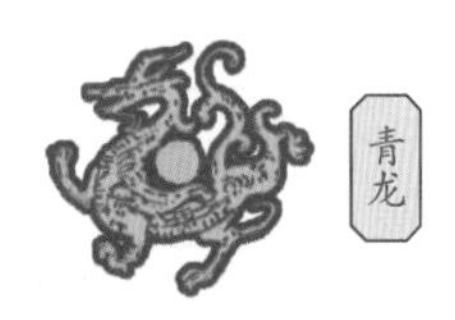

也许受到太岁纪年的影响，先民接着把一天分为十二个时辰，一个时辰等于现在的两小时，时辰的名字也参照了上面的十二支。

大约战国末期或西汉初期，天文学家又为太岁纪年增取了十个名称，即甲、乙、丙、丁、戊、己、庚、辛、壬、癸，以表示岁阳。

中外科技对比

3000 多年前，古巴比伦人也把天空分为十二份，在长久的天象观察中他们发现，每个春分日的黎明，太阳总是伴随着一只“小白羊”升起。他们还发现，日出的位置竟然每隔一段时间就会变，有时会伴着像牛的几颗星星升起，有时会伴着像其他动物的一组星星升起，这便有了白羊座、金牛座等叫法。

古巴比伦人按照月份记录星空的变换，这个变化刚好是太阳在天球上的运动轨迹，这也是西方十二星座的由来。在严格意义上来说，它的真正名字叫作黄道十二宫，这和中国同时期的太岁纪年竟然惊人地吻合。

后来经过学者的统一，太岁和岁阳统一起来，天干地支手拉手成了纪年的工具。

与此同时，人们发现不同的动物有着不同的作息时间，既然如此，不如用动物来代表时辰。

老鼠是昼伏夜出的动物，在子时，也就是晚上 11 点到次日凌晨 1 点活跃，故老鼠的生肖叫作子鼠。

牛是天不亮就要开始工作的农民好帮手，所以一般在丑时反刍，指凌晨 1 点到 3 点，故牛的生肖叫作丑牛。

依此类推，对应凌晨 3 点到 5 点的寅时叫作寅虎……对应晚上 9 点到深夜 11 点的亥时，叫作亥猪。

白天有 7 个时辰，从卯时到酉时，相应地，晚上有 5 个时辰。我们的先祖，就是依据这个时辰来安排日常生活和工作的。

依此类推，十二生肖悄然而生，完美对应了太岁纪年中的十二年。到了本命年，人们常说“命犯太岁”，需要穿戴喜庆的红色衣物来冲一冲晦气，这个太岁便是我们前面提到的岁星了。

冥冥之中，原来我们日常所说的生肖，是和干支联系在一起的。干支又和岁星有着千丝万缕的联系，下次仰望星空时，你可要好好观察一下木星呀。

知识窗

我们经常会在电视剧中看到一个神算子，遇到事了，就会掐指一算。这个掐指一算，对应的也是十二干支。

现在把手伸出来摊开，除了大拇指，我们剩下的四根手指，每根手指都有三节，一共是十二节。每一节手指都对应着一个干支，“掐指一算”时，我们的大拇指充当了指针，顺时针或逆时针掐算，大拇指指向不同的指节，算出不同的结果。

好了，现在我们“掐指一算”，能看到这里的，都是热爱学习的好孩子！

干支的出现，说明我国已经掌握了完全符合自然规律的历法，这套历法包含阴阳五行的思想和自然的运行规律，同时也结合了我国天人合一的思想，成为我国古人认识自然和事物发展的基础依靠。

文 / 夏眠

20. 敦煌星图——古人眼中的星辰大海

晴朗的夜晚，仰望遥远星空中那些像钻石一样镶嵌在天际的光点，是很多人的习惯，而不论是古代还是现代，人类对于遥远无际而又神秘的宇宙星空的好奇永不停歇。

而人类从肉眼观察到借用望远工具，也一直在持续观测并记录着星辰的一切，试图能一一辨认并揭开它们神秘的面纱。

星图，顾名思义，就是古人划分出的星空之图。比如数量不等的恒星组合星官，以及为观测日、月、五星运行而划分出的三垣、四象、二十八星宿（xiù）。

古人夜观天象，主要观测的就是这些。

古人把观测到星星的位置、亮度、形态特征、运行规律都精确地描述下来，写在绢帛、纸张上。这些星图，对于天文学家而言，是梦寐以求的宝物。

他们将星图主要分为四种：四季星图、每月星图、旋转星图和全天星图。敦煌星图是全天星图。

距今大约6000年前，在中原地区的一个部落中，一位地位显赫的人物去世了，部落的人们正在为他举行葬礼。一些人在墓主身侧及脚下，用蚌壳和其他物品，堆砌出龙和虎的图案，以及一幅星星的图案。

因为部落的人们希望能让星辰围绕和陪伴墓地的主人，让他得到安宁。他们堆砌的星辰，远看就像一把勺子，这便是赫赫有名的北斗星。

从仰韶文化遗址中九个陶罐组成“北斗九星”图案开始，中国古人对于“北斗”的崇拜和爱意愈演愈烈。只不过其中有两颗星比较暗淡，肉眼难以看到，后来才改为“北斗七星”。

不管是古人关于北斗星君的神话传说，还是今人一边高唱“天上的星星参北斗”，一边用“北斗”卫星导航，对北斗群星的认知，古今一脉相承，历史与今天交织在了一起。

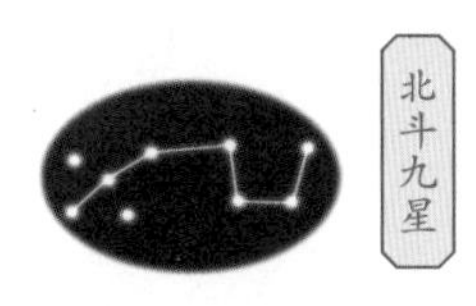
北斗九星

中国古人认为天圆地方，因此随着观测范围越来越广，人们就把肉眼观测到的整个星空叫作周天，还把它分为十二等份，并将在夜空中看到的每一颗星在天上的特定位置用小圆圈或小黑点记录下来，还将它们连上线以方便寻找和定位这些星座。

就这样，象征爱情的牛郎星和织女星、象征延年益寿的老人星，一一被人们记录下来。

人们为了方便认识和观测这些星辰，就把那些数量不同但位置相近的恒星各自组合起来，并给每个组合用地上的事物起了一个名称，这样的组合就称为星官，共有三垣二十八宿，它们所占的天区范围各不相同。

东汉天文学家张衡，在其《灵宪图》中所记录的星体情况，与现在天文观测的情况大致相符，《灵宪图》可以说是中国第一张完备的星图。

唐朝时，有天文学家从十二月开始，站在如今西安洛阳附近，按照每月太阳的位置把赤道附近的天区划分为十二段，并将观测到的这些星官用圆圈、黑点、圆圈涂黄三种不同的方式画下来，中间还有说明文字。

知识窗

我国古代，各个天文学派出现的早晚不同，对星官的命名也多有不同，其中最重要的就是三垣。

中垣紫微垣，也叫紫微宫，古人认为那里是天帝居住的地方，所以古代皇宫多以此象征命名。上垣太微垣，是政府的意思，是用战国时的国名命名的。下垣天市垣，象征天上的市集，也就是老百姓居住的地方。

因为这三个区域东西两边都有围成墙的星的形式，所以叫作三垣。

有细心人在绢上对这些古星图进行临摹，还把它放入了经卷，后来被收藏在敦煌莫高窟内，这一睡就是上千年。直到千年之后，有人在莫高窟的藏经洞内发现了它，只可惜，被“有心人”带去了国外。

敦煌星图现存于英国伦敦的大英图书馆，它是1907年由英国“学者”斯坦因以极不光彩的手段带去英国的。

据统计，斯坦因于1907年和1914年先后两次从中国敦煌莫高窟中带走遗书和文物，共计10000多件。

这幅星图的出现震惊了英国科学史学家李约瑟，他认为，敦煌星图是采用类似圆柱投影法绘制的，精准画出1300多颗星，难能可贵。

因为在西方，早期星图只标出了粗略的坐标网格，而不是它们本身的位置。其中较著名的是由中世纪的僧侣Geruvigus于1000年前后绘制的，后由哈利父子收集，风格古朴，与后期的古典星

敦煌星图是一个长长的用纯桑皮纤维做成的卷轴，长3.94米，宽0.244米，上面手绘着十二个月的星图各一幅和北极区的星图一幅，几乎囊括了肉眼可见的我国北部大部分星空。

另外还有25幅云气图，上面是绘画，下面是占文，在末尾画着一位戴着硬角包头布的电神。

图对比来看，显得很粗糙，但对后期的星图画家影响却很大。

敦煌星图是写实星图，又是用圆图和横图相结合的先进方法绘制的最早星图，是天文学上用来认星和指示位置的一种重要工具。

因此，李约瑟博士认为，敦煌星图大概是在

940年绘制的。

在望远镜发明之前，绘星最多的是古希腊天文学家托勒密，但他绘制的星表，只有1022颗。

而敦煌星图，一共有1359颗星，它以星宿的形象组合成星官标示出来，其圆圈、黑点、圆圈涂色的画法，要比国外类似画法早600多年。

1641年，波兰天文学家赫维留绘制了54幅星图，总共包含了1564颗星，这是人类肉眼能观测到的星的极限。而且这张星图绘制精美，造型生动，具有较高的美术价值。

我国有学者研究认为，根据星图里对1300多年前的唐太宗李世民的描述，敦煌星图应该是在8世纪初期绘制的。

但是，专家经过反复研究，认为绘制的这些星象是来自前人的观察，唐代人只不过是根据前人遗留下来的记录将其整理并画出来而已。

据传，三国时期，吴国陈卓在270年左右，将自战国、秦汉以来形成的甘德、石申、巫咸三家天文学派所观测到的1464颗恒星，用不同方式绘制在一个星表上，并据此绘制出了一张全天星图。

因为敦煌星图是全天星图的草摹本，摹绘者只是保留了原图的星数和大体轮廓，并没有把图上的内规和基本坐标线标注出来，星的位置自然画得不够精确。但这幅星图标明了东西方向，并且还用不同的颜色标明了不同的星官。

最可贵的是，这幅星图并不是什么权臣政要所著，更有可能是唐代的天文爱好者所绘。这说明在唐朝的民间，对于星图的绘制已经有了科学化和规范化的倾向。

作为世界上现存最古老、绘星数量最多的古星图，敦煌星图有着特殊的历史地位。

它的画法，是现代星图的鼻祖，其绘制的整体精度和技术，都表明我国在唐朝时就已经有了较为系统且规范的星图绘制技术。

文 / 夏眠

21. 水运仪象台——最古老的天文钟

宋朝，是中国历史上少见的没有宵禁的朝代，人们晚上可以出去游玩、购物、谈天说地。北宋接连有四位皇帝，鼓励民间多多创造发明，大臣多多说话建议。

在这样开放的风气下，北宋各方面都得到了长足的发展。文化方面，诞生了欧阳修、苏轼、范仲淹等为代表的“语文课本背诵天团”。

经济方面，百姓安居乐业，铁锅、铁铲、菜油的出现让我们的美食迈出了一大步。

科技方面，不得不说的便是被英国科学史学家李约瑟盛赞“世界时钟鼻祖”的发明——水运仪象台。

距今1000多年前，北宋出了一位宰相苏颂，他才华横溢、治学严谨，主要工作是辅佐皇帝治理天下。另外，他还有点儿小爱好——科研。作为一位兼职科学家，苏颂的态度一点儿都不敷衍。

早在供职时，他就开始研究中医药，还编写了《本草图经》20卷，里面记载了800多味药物，手绘近千幅插图。

退休后，他花了10年时间潜心研究古人留下来的天文学知识，在与数学、天文学双科学霸韩公廉的交往中，苏颂决定和他一起设计建造一个与众不同的机器，既能观星象，又能报时，还能作为校准时间的工具，这便是传说中的天文钟。

1092年年初，在两人的带领下，终于建造完成一台能用多种形式来表达天体时空运行的机器，它是把动力机械和传动机械组合在一个整体里，利用几组齿轮系让机轮的运动变慢，以便和天体运行的速度保持一致，取名水运仪象台。

中外科技对比

目前有记载最早的天文钟，便是苏颂和韩公廉当时铸造的水运仪象台。它既能表示天象，又能计时，是钟表的祖师爷。

约300年后，欧洲一位修道院院长建造了一座天文钟，以不同的齿轮演示月相和月食。1364年，意大利的天文学教授东迪独立建造了一座天文钟，能够显示时间，也能演示托勒密体系之下行星轨道的运行情况。这是欧洲最早出现的两座天文钟。

苏颂还贴心地为水运仪象台的建造留下了图纸和设计说明。根据记载，水运仪象台高约12米，宽约7米，运用了水车、筒车、凸轮、天平杆等一系列设备，内部用水作为动力，是一座集浑仪、浑象、报时于一体的木结构建筑。

上窄下宽的水运仪象台，从远处看上去好像一座三层楼的木房子，屋顶上盖了一个乘凉的小亭子。凉亭是给下面设备遮风挡雨用的。每到夜晚，打开这个凉亭，就可以用浑仪来观察星空。

铜制浑仪下面是浑象，浑象待在三层楼高度的地方，长得像一个巨大的地球仪。中间用环形的铜圈当作地平线，这样浑象就一半露在地上，一半在地下，完全模拟了我们站在地面上看斗转星移的天空。

浑仪

最下面的一层是计时和动力装置。水运仪象台的动力当然是水，它的内部装着一台水车，水车在水流的作用下，按照固定的时间转动，每一次转动，都会带动周围的器械一起转，这些器械包括枢轮、机轮、中轮，这也是水运仪象台名称的由来。

锚状擒纵器

这个控制水流速度及机轮转动的系统叫作锚状擒纵器，俗称卡子，是现代钟表的先祖。

知识窗

浑仪是随枢轮运转的，这与现代天文台转仪钟控制天体望远镜随天体运动的原理是一样的，可以说是现代天文台跟踪机械——转仪钟的远祖。

上面的活动凉亭，观测时自由打开，平时当屋顶保护仪器，是现代天文台圆顶的祖先。枢轮顶部天衡系统的齿轮系机械，作为首创的代表时间流逝的装置，成为后世钟表的关键机件，这足以证明钟表最先是由中国发明的。

在这些轮子的带动下，水运仪象台五层木阁开始大显身手。这木阁好像布谷鸟的闹钟，不同的时候有不同的小人儿自动出来报时。

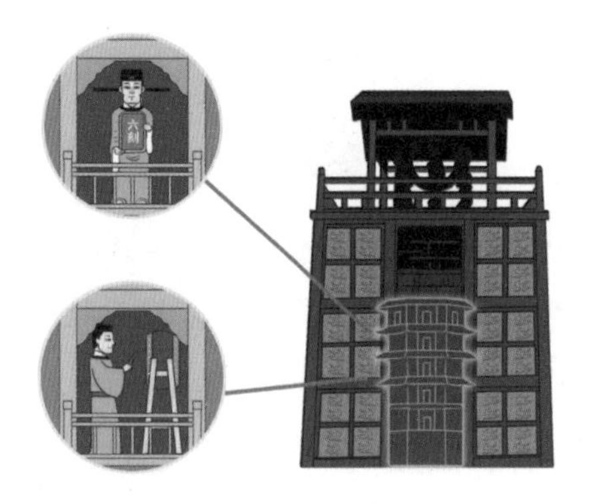

第一层木阁的木人儿责任最大，负责标准报时。每个时辰开始时，就有红衣木人儿摇铃；每个时辰的正中，有紫衣木人儿扣钟；每过一刻钟，就有绿衣木人儿击鼓。这层小木人儿的动作，由昼时钟鼓轮控制。

第二层木阁的小人儿负责报告时初、时正。每个时辰的开始和正中，各有 12 个小红人儿和小紫人儿举着对应时辰的牌子出来报时。这层小木人儿的动作，由昼夜时初正轮控制。

第三层木阁的小人儿负责报告时刻。96 个小绿人儿每到一刻，就会举着刻数牌子出来报时。这层小木人儿的动作，由报刻司辰轮控制。

简仪

第四层木阁的小人儿负责晚上的报时。每到日落、黄昏、各更、破晓、日出，这个小木人儿就会击钲报时。这层小木人儿的动作，由夜漏金钲轮控制。

第五层木阁的小人儿负责报告晚上的时间。11 个小红人儿负责日出、日落、昏、晓、各更的报时；30 个小绿人儿负责每个筹（五筹是一更，一更两小时）的报时。这层小木人儿的动作，由夜漏司辰轮控制。

水运仪象台建成后 35 年，北宋经历“靖康之耻”。在战争中，金兵把它当作战利品运往燕京（今北京），由于零件损坏、丢弃、雷击等原因毁亡。

南宋时，多次有人想要再造水运仪象台，却因为无法理解手稿中的技术而告吹。

直到 800 多年后，英国科学史学家李约瑟成功复制了水运仪象台；在日本精工手表的故乡长野县，也有人用了 8 年时间仿制出了水运仪象台。

1956 年，中国的科技史专家王振铎，复原出了水运仪象台。

这么一看，水运仪象台真是巧夺天工。在孩子的眼里，水运仪象台是一个固定时间的玩偶剧场；在历史学家眼里，它是最早的天文钟，代表着古代中国天文器械制造的巅峰，有着世界性的贡献；在物理学家眼里，它是中国古代力学知识应用的集大成者；在最广大的人眼里，它的锚状擒纵器是我们今天能够佩戴手表的大功臣。

文 / 夏眠

22. 授时历——我国传统历法集大成者

我国幅员辽阔，气候差异极大，春夏秋冬的时间也不一样。于是，南方和北方适用的历法也不同。

这一混乱，让南方和北方的农民见面就开始吵架，坚持自己家的历法才最准，“你应该听我的！”

他们越吵越凶，最后传到了元太祖忽必烈的耳朵里。忽必烈一想：这不正好颁布新的历法吗？于是大手一挥说：“你们别吵了，看我想办法！”

就这样，在元朝开国皇帝忽必烈的许可下，官方成立了专门的太史局，任命两个聪明人，一个叫王恂，另一个叫郭守敬，负责劝架，不对，是负责编写新的历法。

郭守敬先研究了一下前人的智慧结晶《大明历》，发现误差越来越大，再查查之前的资料，更是错误频出。

俗话说“纸上得来终觉浅，绝知此事要躬行”，郭守敬亲自带人改进和研制了十多种天文仪器，还告诉皇帝自己的想法。

忽必烈被郭守敬认真负责的精神打动，就让人完全按照郭守敬的要求，在全国设立了27个观测站，委派了14个官员奔赴各处，开始了历史上被称为“四海测验”的大规模天文观测活动。

负责观测的人员，无论看到什么，都要详细记录在小本本上。

郭守敬从此开始了马背上的生活。元朝是我国历史上疆域最大的朝代，郭守敬选择在从北到南5500多千米、从东到西3000多千米的国土上，整整奔波了4年，终于把各地记录的小本本都收集、验证完毕。

回去后，他和王恂两人把各个观测站的数据仔细整理、反复计算核验，终于在1280年编写出了一部更为精密的历法。

在四海测验期间，郭守敬亲自主持建造了河南登封观星台，这个观星台现已被列入国家重点文物保护单位。

观星台由两部分组成：一部分是高8.9米的梯台体建筑；另一部分是台身北壁的石圭、凹槽、横梁组成的圭表，圭面长31米多，上有刻度，用于观测日影，因而又叫量天尺。

忽必烈拿到历法，大感惊喜："世上怎么有如此厉害的历法！"他决定给这套历法取一个响亮的名字。

于是，他就从《尚书·尧典》中选中了"敬授民时"，将其取名为《授时历》。次年正月，《授时历》在全国统一开始实施。从此，南北方的农民再也不用为了时间打架了。

让见多识广的忽必烈惊讶的《授时历》，可谓承前启后。郭守敬等人一方面重新考证了以前记录的天文数据，另一方面创立了新的推算算法，更加精确地计算出了太阳、月亮、星星，还有各个节气的运行规律和时间。

最让人惊讶的是，《授时历》中运用的方法，已经近似近代天文学的研究了。

郭守敬、王恂把数学工具应用到了天文观测里，不仅创立了招差法、弧矢割圆法，还废除了原来的日法，改用百进位制。

以前的日法如一回归年用365.2425日表示，写起来麻烦，还不够准确。郭守敬改用百进位制，在《授时历》中以一日为100刻，一刻为100分，一分为100秒，弧度一度也为100分，一分100秒。用分秒来表示，历法里的时间精度能精确到小数后第六位，写起来简单易懂。

知识窗

招差法是中国数学的伟大成就，是通过数学的差分来求理论值，通过"定差""平差""立差"三次方程的系数来求出太阳的运行速度。这个方法就是近代数学的等间距三次内插法。

在欧洲，直到1687年，英国科学家牛顿才列出了内插法的普遍公式，比我国足足晚了400多年。

《授时历》的精妙之处，有人细细总结了一番：

它创立了五项新的推算方法：求出了太阳每天在黄道上的运行速度，求出了月球每日绕地球的运行速度，求出了黄道面和赤道面的交点，由太阳的黄经推算赤经，由太阳的黄经推算赤纬。

它重新考证了七项重大天文数据：至1280年冬至的确定时刻，议定一个太阳年等于365.2425日，二十四节气北京的日出日落时刻，二十八宿距星相距的赤道度数，1280年月球到黄道上的交点时刻，1280年冬至附近月球到白道上最近点的时刻，1280年冬至太阳离开箕宿星距赤道10°、黄道上9°有余。

这些内容在农民伯伯看来或许有点儿像天书，但在后世的科学家眼里那可是闪闪发光的金山。就是这些枯燥的数据，才使每个节气的计算方法变得更为精确。无论南北东西，人们都可以依靠《授时历》来指导农业生产。

中外科技对比

大约15世纪，《授时历》传入日本，但因为当时日本战乱，没有引起重视。

直到200年后的江户时代，《授时历》才引起了官方重视，日本的天文学家写了多达86种关于《授时历》的相关研究文献和注解书，自此《授时历》成了日本历法《贞享历》的楷模。

《授时历》的精度与1582年《格里高利历》的公历相当，却早了300多年。

《授时历》通过实验、观察、改革、创新，比较真实地揭示了天体运行规律和互相之间的影响，成为流传400多年的优秀历法，它无疑是中国历史上一个最进步的历法。

它留下的天文学和数学上的成就，是中国历史的宝贵科学遗产，在世界科学史上也占有一席之地。

郭守敬还把古代的天元术、勾股算法、相似性、会圆术等融合在一起，并予以发展，创造了三次内插法和弧矢割圆法，这不仅是天文学上的成就，也是数学上的跨时代的贡献。

文／夏眠

科技著作《甘石星经》

小读者们大概都知道自己的属相，或许还知道西方人所讲的星座呢。实际上，在这十二星座出现之前，中国也有自己的星座，而且比这多得多，被称为四象二十八星宿。

作为四大文明古国之一，古希腊也有成文的古代天文学著作。

赫拉克利特（约公元前544—公元前483年）被列宁称为“辩证法奠基人之一”，著有论述宇宙构成的天文学著作《论自然》，现有若干片段存世。

阿利斯塔克（公元前315—公元前230年）著有《论日月的大小和距离》，全文传世。

这些星宿的名字不好读，也不好记，可在遥远的2000多年前，这些可是珍贵的国家机密呢！

春秋战国时期，一个叫甘德的齐国人奉命看星星。那时候没有手表，没有温度计，也没有指南针，要播种、收获全靠经验。星星和太阳一样，成为判断季节、位置、时间的好帮手。

于是每个诸侯国都成立了

专门观测星星的部门。这里的工作人员要负责记录星星出现的位置，总结星星运行的规律，以便帮助农业生产。

就这样，日复一日，年复一年，甘德写出了《天文星占》，共八卷。

当时，像甘德这样的观星人可不少，魏国的石申就是其中一个。

他早于甘德，也靠着肉眼观察星空，留下了著作《天文》八卷和《浑天图》。

这两人的成绩太过耀眼，犹如双子星一般不分彼此，于是人们就把他们的著作合在一起，称其为《甘石星经》。掐指一算，这本书写完的时间大概是公元前400年。

石申可不只是会看，他还会动手发明呢！为了更好地确定每个星星的位置，他在观星台上做了一个天体测量仪。通过这台仪器，准确测量了120颗星星在天空中的坐标，测定了它们的经度和纬度。

测量完毕后，石申用笔把相邻的星星用直线勾起来，就好像我们小时候玩的连线画画一样，在他面前，就出现了各种图案。

石申发挥想象力，在这个基础上，创造了120个星宿，这些星宿被一一标注在了他画的《石氏星表》里。

知识窗

石申发现了行星的“逆行”。甘德发现了火星和金星的“逆行”，经过多年观测，计算出火星平均587.25天就有一次“逆行”，他把这个称为回归周期。

甘德计算出的火星回归周期与实际数值583.9天仅仅相差3.35天；使用同样方法计算出的木星回归周期为400天，实际为398.9天。

甘德拿到《石氏星表》后激动万分，这简直是完美的教科书啊。在星表的基础上，甘德创造了更精确的星体定位的方法“甘氏四七法”。

甘德把天空中的恒星分为东、南、西、北四个区域，又把每个区域分为七个部分。乘法口诀告诉我们四七二十八，于是天空就被分成了二十八个区域，正是前面所说的“二十八星宿”。

划定好了区域，测量每颗星星的坐标和运行轨迹就更方便了。

知识窗

甘德最厉害的一点是靠着肉眼发现了木星的第二颗卫星——木卫三。在《唐开元占经》引用甘德的发现时，有这样一句话：有一颗红色的星星在木星的旁边。

要知道，这颗卫星是在2000多年后，意大利科学家伽利略通过望远镜才确认的。

甘德莫非有火眼金睛？

直到20世纪80年代，我国的天文学家在北京天文台兴隆站实地观测，才确定木卫三的确在一定的条件下有可能被肉眼看到。这么一想，甘德生活的时代一定无污染，大气透明度高，能见度好，加上他顶尖的视力，才发现了躲藏在木星身边的卫星。

两人还曾系统观察了金、木、水、火、土五大行星的运行情况，发现了五大行星出没的规律。

他们还在书中记载了800多颗恒星的名字，确定了其中121颗恒星的位置和运行情况，制作出我国，也是世界上最早的恒星表。《甘石星经》被认为是目前世界上最早的天文学著作。

此外，书中还记录了太阳黑子、日珥、日冕等天文现象，还给彗星取了名字，为后世的天文观测打下了坚实的基础。

可惜的是，这本书在宋代以后就失传了，如今见到的，只是它的一些片段摘录。

文 / 夏眠

活出来的诀窍

早在1万多年前，先民就开始农耕、狩猎、捕鱼。先民互相照顾，一同抵御各种生存风险，渐渐繁衍壮大。

久而久之，先民发现，万事万物都有规律：春天撒种发芽，夏天涨潮防洪，秋天结果收获，冬天下雪保暖。而人早晨干活，晚上休息最好。各地的先民把自己的生活经验和诀窍补充进去，逐渐传播开来。

传着传着，人们总结出了最初的生存诀窍——人，要按照自然规律生活，才能少生病、少受伤。

后来，黄帝统一了中原各个部落，那些诀窍被收集整理在一起后，人们发现：人生活在天地间，如果天地是大宇宙，那么人的身体就是一个小宇宙，只有顺应天地的变化，人才会健康长寿、无病无灾。

这便是中医诞生的摇篮：人，要跟着天地的变化而变化，才能收获健康。

23. 杂种优势利用——混血儿骡子

远古时期，人类完全是靠着一把子力气生活的，后来在狩猎、种地的过程中逐渐发现，凡事都靠自己，实在太累了！于是，就想傍个能帮着出力的！

人们睁大眼睛，四下寻找可以代替自己出力干活的。

随着对鸡、鸭、狗、猪、牛、马、驴等的成功驯化，人们发现，骑着猪、牛、马、驴出门，能省下不少脚力，这要是在干农活时，家畜也能帮着出把子力气，可就能省下不少体力呢。

虽说野马和野驴5000多万年前是一家，可400多万年前开始分化后，两家一向是井水不犯河水，我家的姑娘不会嫁给你家的汉子。

到了约6000年前，人类驯化了马和驴。可让身高体壮的马帮着出力干农活，它那脾气比人还暴躁，力气又大，一般人很难驾驭得了；让矮小脾气好些的驴帮着干农活，又娇小体弱的，力气不够用，这可怎么办呢？

那时候的人们，还没有杂交品种的概念，更别提杂种优势利用了。只是有人觉得它俩长得差不多啊，不如省点地儿养在一起吧。

养着养着，马和驴就有了

交流，交流得多了，自然就容易有感情，偶尔有几对马和驴还生下了混血儿——骡子。

这倒是件新鲜事，有人赶紧将骡子进献给了国君。

不晚于东周时期，骡子就被当作稀罕物进献给贵族赏玩。

历史上，也出现过战功赫赫的骡子，比如唐朝的淮西藩镇节度使吴元济就出钱养过一支骑着骡子的骑兵队伍。

春秋战国时期，中国就出现了骡子。

在差不多的时间，根据俄国人米申科的记载：当遥远的巴比伦王国被波斯帝国围困期间，为了保证战争时的食物补给，有一支骡子组成的运输队。

这说明在公元前600年左右，两河流域的巴比伦人也掌握了杂种优势利用技术。

唐宋已经算是中国历史上民间比较富有的朝代了，即便如此，当时骡子的价格也不是普通人家能够承受得起的。哪怕人们已经知道骡子同时具有马和驴的优点，奈何价格太高，一般人根本承受不起呀！

直到明朝，杂交技术已经达到了炉火纯青的地步，民间已经能够熟练地繁衍骡子了。

母马和公驴杂交生下的骡子叫马骡，外形像马，叫声像驴，比马有耐力，比驴力气大。

母驴和公马生下来的骡子叫驴骡，史籍中记为“駃騠（jué tí）”，外形像驴，叫声像马，力气和个头儿比马骡小一点，但是善于长跑。看起来，混血儿的外形像妈妈，叫声像爸爸。

在1400多年前的《齐民要术》中，就有关于骡子杂种优势的文字记载。其中特别提出，马驴杂交或驴马杂交，只有父强母壮，才能生出强壮的牲畜——骡子来。

对于不挑吃食，体力好还耐劳，生活适应性和抗病力强，寿命比马、驴还长的，结合了驴和马优点的骡子，人们越用越喜欢。

可惜的是，骡子先天生育能力不足。好在也不用特别担心，只要马和驴这两个物种不灭，骡子就会一直存在。

知识窗

民间有骡子怀孕必死的说法。骡子通常很难生育，因为杂交优势的代价就是联会紊乱——也叫生殖隔离。马和驴的体细胞染色体分别是64条和62条，生殖细胞染色体是体细胞染色体的一半，所以，骡子继承了马的32条染色体和驴的31条染色体，这样来看，骡子的染色体数量为63条。

骡子平时生活没问题，一旦要生宝宝，因为63条染色体互相不是同源，很难配对。很难，就表示还有生育的可能。据记录，公骡都不能生育，只有极个别的母骡能受胎生驹。

性情温驯中带点倔强的骡子，既能驮东西长途跋涉，又能套上犁帮忙耕地种田，外出赶集时还能戴上套项和夹板帮忙拉车。

在没有拖拉机、播种机、小汽车的时代，骡子简直就是农村里闪闪发光的优质劳动力，一下子成了农民伯伯的心头好，家庭小帮手。

在乡村，孩子分家独立后，长辈往往会帮忙凑钱买一头骡子供日常使用，就像现在的小两口结婚时，长辈会出钱出礼金，给他们张罗买一辆代步车一样。

动植物雌雄个体遗传基因的不同，产生的杂种在某些性状上优于其母本或父本，这种优势利用是生物界普遍存在的现象。

我国古人对杂种优势利用的认识，最早是从马和驴交配所生的杂种——骡子开始的，它开创了人类利用杂种优势的先例。

文 / 夏眠

24. 经络针灸——从啊啊啊开始的医术

我们的先祖，有种地的，也有打猎的，日复一日辛苦劳作，免不了腰酸背痛。

早在石器时代，先祖就发现可以用石头按压身体的某些酸痛部位，他们的反应和我们现在被揉捏到发酸、发胀部位的感受一模一样："啊啊啊！好舒服！再按一下！对，就是这里！"

于是，先祖里的聪明人就把这种能让人发出"啊啊啊"的地方记录下来，告诉后辈，以后哪里不舒服了，可以照这个方法缓解疲劳和疼痛。

后来，先祖的种地技术越来越娴熟，就有空闲时间来观察大自然，他们渐渐认识到，人与自然就好像是鱼儿和水，有看不见、摸不着的联系，他们就把这些联系引入了对人体的认识中。

自然界有大山，人体有骨骼；自然界有河流，人体有血液；自然界有四时不同的风，人体便有气。气和风一样看不见，却存在于人的身体里，和血液一样在人体不同的器官里运行，而这条运行的轨迹，便被称为"经络"。

知识窗

现代中医学花了很多物力、财力来验证人体经络学说。

以国家"攀登计划"为代表的科研项目中，发现了许多和经络有关的现象。但在各种现代仪器检查下，依然发现不了经络的存在实质。

如今，医学界倾向于经络是中医对于人体的一种描述，就好像地理学中，对地球经线和纬线的人为设定一样。虽然并非真实存在，但的确为人类研究发挥了很大的作用。

巧合的是，古人发现这些经络和“啊啊啊”的地方不谋而合，他们便大胆地提出设想：“穴”就是经脉的名字，连通着五脏六腑、全身上下和五官七窍，就好像一年有十二个月，而人体最重要的便是这十二条经络。

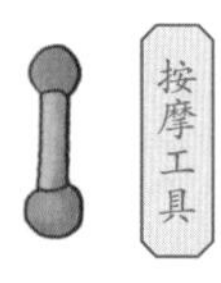

按摩工具

这十二条经络，有经脉和络脉之分。

十二经脉是经络系统的主体，左右对称地分布在胸腹部、头部和四肢，主要是运行气血、连接脏腑、贯穿全身上下，是沟通人体内外的主要路径。

经脉相当于地面上分布着的主干道，在人体的深处，经脉粗大。

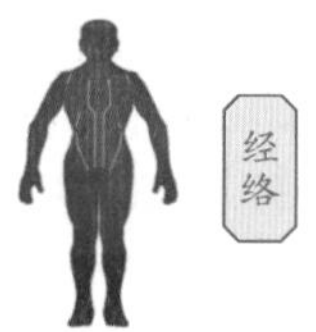

经络

十二经脉和人体上身胸前的任脉、后背的督脉分别出的一络，以及身侧脾的大络，又形成人体的十五条络脉。

络脉在人的体表纵横交错、遍布全身，相当于地面上到处分布着的辅路、小道，在人体的表皮处，络脉细小。

经脉和络脉纵横交贯，像一个网络系统一样遍布全身，运行人体内的气和血，让身体内外、上下成为一个有机的、能感应和传导信息的整体系统，就像一台时刻运行的精密仪器。

有心人把这些经络和穴位的位置一一记载下来，人体任何一个部位发生疾病，都会在相关的经络线上反映出来。人们通过了解到的规律，利用这些线上的穴位进行针灸，从而使疾病得到缓解和治疗，这就有了后世的人体经络图。

知识窗

宋代著名医学家王惟一，把人体的十二经脉与任脉、督脉十四条经络循行路线刻画在一具铜人模型上，还把这些经脉线上的354个穴位的详细位置标注出来，成为世界上第一个针灸经络学教学、科研和临床治疗的模型。

从春秋时期直到宋朝的千年历史中，铜人模型一直被中国医学家利用和保存，为我国的保健医疗做出了巨大贡献。

看到这里，你是不是有点儿晕乎乎的？其实这就好比，你在假期里和爸爸妈妈自驾游，有时候车会开在国道上，有时候车会开在省道上，偶尔也会开在乡村小道上。

在旅途中，最烦人的便是堵车，尤其一堵好几个小时，肚子又饿又去不了洗手间，特别麻烦。

人体的经络也是一样，经脉好像国道，络脉就是省道、乡道、县道。若是经络畅通，血气无阻身体就健康；若是经络不畅，就会像被堵在路上的我们一样，可难受了！

如果你看过古装剧，想必听说过成为武林高手的秘诀就是“打通任督二脉”。任督是人体的重要经脉，任脉聚集了一身的阳气，督脉是阴脉之海，打通了任督二脉，便能操控体内的“气”，让它畅通无阻，自然也就能够强身健体了。

俗话说，士别三日，当刮目相待。还记得先祖用来疏通经络的小石头吗？随着人们对经络的认知，它也鸟枪换炮不断升级了。

陶器时代用陶片，青铜器时代用鍼（同“针”）。只不过，那时候的青铜针又粗又大能吓死人，远不如现在的不锈钢针又细又有弹性。

随着春秋战国之后先民疏通经络设备的不断升级，我们逐渐看到了保留至今的“针灸”。

针灸和经络相辅相成，谁都离不开谁。一些看上去八竿子打不着的地方，竟然能通过经脉和针灸相连！

如果你的胃不舒服，刺激小腿上的足三里穴就可以了；感觉心慌时，按压手臂上的内关穴就能缓解。

因为这些器官和穴位都被同一条经脉连通着，通过按压穴位，就能刺激经脉的活动，从而控制器官的活动。

历史遗迹

2013年，四川省成都老官山汉墓出土了许多记录着医术的竹简，竹简旁还放着许多练习针灸用的“手办”。学者认为，这是古代扁鹊们的杰作。

唐朝设立了太医署，这是全世界最早的医学院，它设有针灸专科，其中分为针博士、针助教。那时候，博士才能有资格教学的！

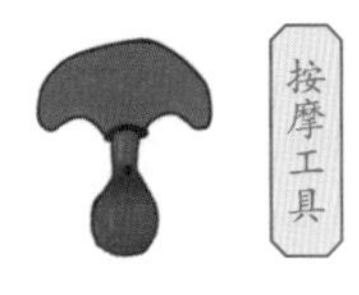

这样一来，身体里的许多疾病，通过外部的治疗方式就能得到缓解和治疗了。

中医针灸与经络相结合的“内病外治”也由此诞生并逐渐发展成熟。

人体的经络要是不畅通，就会生病，除了吃药治疗内病，还可以通过刺激穴位的办法让经络通畅。

经络运行一路通畅，人体很多奇奇怪怪的病症就会自动消失了。

中医的经络与针灸是密不可分的。

中外科技对比

公元前2500年前形成的玛雅医学是美洲唯一用针刺疗法治病的医学。但其针灸的手法、临床应用范围及研究远不及中国的针灸法。

2世纪古罗马盖伦的医学著作中对病因的解释，对欧洲医学和中亚的阿拉伯医学影响深刻。

8—12世纪，阿拉伯医者对各类医药经验与知识加以整合、吸收，比如中医脉诊，创造性地形成了体系完整、内容丰富的医药学体系。

针灸是以经络学为基础，从最初“啊啊啊”按摩位置的发现，到后世对人体十二经脉、十五络脉等的熟练掌握。

传统中医主要根据这些经络线寻找穴位，进行相应的针灸治疗，从而起到治疗疾病或缓解疼痛的作用。

文 / 夏眠

25. 四诊法——国君，您的气色不对呀

如今，我们去医院看病，有各种辅助仪器帮助查验病情。小朋友摔倒了，可以用X光机拍张照片，检查有没有骨折；小伙伴肚子疼，可以用胃镜检查，看看有没有疾病。

在古代，没有这些先进仪器，医生只能“曲线救国”：通过患者的外表特征来判断得了什么病。

春秋战国时期，有个神医叫扁鹊，原名秦越人，他游历四方，经验丰富，经常出入宫中为君王治病。

有一次，扁鹊巡诊见到蔡桓公，说：“国君，您的气色不对呀，趁现在病还在皮肤纹理间，容易治。”蔡桓公听了呵呵一笑说：“寡人没有生病。”

扁鹊走后，蔡桓公对身边的人说：“看，这些医生啊，就习惯把没病的人说成有病，医治好了，能当成他的功绩。”

十天后，扁鹊见到蔡桓公，又说：“国君，您的病发展到肌肉间了，不治会加重的啊。”蔡桓公听了有些反感，置之不理。

又过了十天，扁鹊再次见到蔡桓公，说：“国君啊，您的病到肠胃里了，再不治就恶化了啊。”蔡桓公哼了一声，不再搭理。

最后，扁鹊见到蔡桓公掉头就跑，蔡桓公派人去问，扁鹊回答说：“国君的病在皮肤表层，我用药物热敷就能治好；病到肌肉间，我可以用针灸帮助治疗；发展到肠胃里，我熬煮汤药还能治愈；现在病已深入脊髓，就是阎王管的事了，我是没有办法了。”

没过几天，蔡桓公身体疼

痛，派人寻找扁鹊，才发现扁鹊早就逃走了。于是，蔡桓公病死了。

在这则寓言中，扁鹊就是通过察看蔡桓公的气色、表征来判断病情发展的。扁鹊根据民间经验，结合自己多年的医疗实践总结出了诊断疾病的方法：望、闻、问、切四诊法。

望，指医生要观察患者的面色、舌象、表情等，以及吐出来的、咳出来的、拉出来的，这样才能确定究竟哪里的脏器出了问题。

知识窗

史书中记载的扁鹊的故事，横跨了300多年，人怎么可能活这么久呢？

有学者研究认为，扁鹊其实是先秦时代对医术高超的医生的统称，因此发生在名医身上的事，也就成了“扁鹊”的事。

秦越人，是我们知道的最后一代扁鹊。史官把过去扁鹊的事迹都记录在了他的身上，这才造成扁鹊行医几百年的误解。

现在我们感冒去医院，医生会让我们张开嘴巴，看看我们的喉咙和扁桃体；古代的医生会让我们伸出舌头，看看我们的舌苔，这叫舌诊。扁鹊相信，附着在舌头上的苔状物，可以反映人体五脏六腑的情况：颜色不同，代表的病症就不同。

闻，是说医生要听患者的说话声音、咳嗽、喘息，闻患者的气味等，判断患者的病情程度。

如果患者一说话就口臭浓烈，说明肠胃不好；如果散发着一股酸臭味，那说明吃得多不好消化；如果患者没说几句话就气喘吁吁的，说明身体虚弱。

问，就是医生要像包打听一样，事无巨细地询问患者关于疾病的一切信息：家住在哪里呀？

家里几口人？祖父母是什么原因过世的呀？父母的身体如何？过去有没有摔着、磕着呀？这几天吃过什么？现在还有什么不舒服？

千万别以为医生在和你拉家常查户口，这是医生在了解你的家族病史和既往病史等的重要途径。

切，是指医生用手指切按患者的脉搏或腹部进行诊治。

扁鹊认为，人的全身遍布血管，在心肺的作用下，血液在血管里循环不息，身体哪里不对劲，血是第一个知道的。有经验的医生，能根据脉搏感受到血液的情况，从而发现五脏和精气神的病变。

现在，抬起你的右手，用拇指按压在左手腕的位置，感受到了吗？那是动脉的跳动，也就是我们平时说的脉搏。

中外科技对比

中国的民间医生扁鹊总结出来的“四诊法”，完全符合现代科学中的整体方法、系统方法、辨证方法等理论，这不能不令人敬佩。

日本的汉方医学和韩医学，最早来源于汉医学，结合其本土情况有所变化。

在带有浓厚宗教色彩的玛雅医学中，有玛雅四诊：脉诊、手诊、听诊与触诊。

扁鹊根据自创的四诊法，成功医治好快被家人准备后事的晋国大夫赵简子。

看到病危的赵简子，扁鹊经多方询问后发现，赵简子的工作压力超级大，整个人好像拉紧的弓弦一样，因此判断他只是用脑过度，并没有生命危险。果然，精心治疗不到三天，赵简子又能活蹦乱跳地工作了。

扁鹊是我国切脉治病的创始人，他创造的四诊法，是中医辨证施治的核心，也为后来的医生提供了行医的原则：只有通过严格的询问、辨别、分类和判断，医生才能为患者治疗。这和现代医学中的临床诊断精神不谋而合。

扁鹊逝世后，他的医术代代相传。

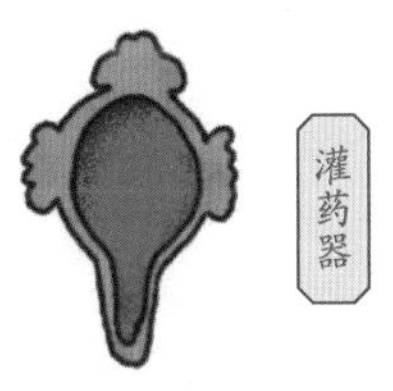
灌药器

东汉末年，出现一个被后世称为“医圣”的名叫张仲景的人，他既是医生又是长沙郡太守。作为医圣，他运用四诊法分析病情，大大发展了脉学。

当时做官的人，不能随便进入民宅，他就想了一个办法：开放衙门，坐在大堂上为前来看病的百姓免费诊治，这便是中医“坐堂”的来源。

扁鹊曾以针灸救治过虢国太子，他死后，太子把扁鹊的头颅葬在内丘蓬山，并立庙祭祀他。

据考证，现在河北省邢台市的内丘鹊山，就是扁鹊当年学医、行医、采药以及受封的地方。

张仲景除了坐堂，在外出时也会顺路给人看病，他还收集了许多患者的病情资料，结合以前的医书，提出了“八纲辨证”。感冒患者虽然看起来都在咳嗽、流鼻涕，但根据“表、里、寒、热、虚、实、阴、阳”八条纲领，可以分为风寒、风热、暑湿等多种，分类不同，治疗方法也就不同。

可惜的是，张仲景虽为一代神医，却没有办法说服王仲宣及时吃药预防麻风病。二十年后，王仲宣果然死于麻风病，这也让后世的医生明白，做好患者的思想工作，是多么要紧啊！

四诊法，是扁鹊根据前人的经验和自己多年的医疗实践总结出来的，是诊断疾病的四种基本方法，经过如张仲景等后人的不断发展和完善，现在的中医看病仍在普遍使用，是我国传统医学文化中的瑰宝。

文／夏眠

26. 本草学——为解毒而生

传说上古时期，炎帝教人们翻土种地，从而保障了基本的粮食来源问题，大家感念炎帝的功德，称呼他为“神农氏”。

可作为一名心怀天下的部族首领，神农氏可不满足于此。他亲自尝大地上的植物，还一一记下食用后的感受和药性，希望能为那些因误食而中毒，或受伤、生病的族人祛毒治病。

可惜有一天，他发现一株藤上有小黄花的植物，就取来尝了尝，谁知那是一种有剧毒的断肠草，就这样，还没来得及去找解毒的草，神农氏就去世了。

也有传说，本草学是中国古人追求长生不老才出现的。

实际上，用植物来疗伤治痛也和先民的食物匮乏有关。先民到处寻找能吃的植物当粮食，有些植物有毒，吃着吃着肚子疼了，还有的吃着吃着人

晕过去了，于是就赶紧去找解毒的办法。一来二去，还真让先民找到了：拉肚子时，吃乌梅和五倍子可以止泻；头晕了，可以吃天麻、钩藤来缓解；哪怕只是觉得冷，也能吃几片生姜帮助避寒。

就这样，先民中的有心人把这些有毒的植物和解毒的方法口口相传下来，这便是本草学的由来。

如今，有不少研究人员认为，尝百草的神农氏并不是指炎帝一个人，而是指整个部落。

这一点曾经被大文豪鲁迅感叹过，他说："许多历史教训，都是用极大的牺牲换来的。譬如吃东西罢，某种是毒物不能吃，我们好像已经习惯了，很平常了。不过，这一定是以前有多少人吃死了，才知道的。"

看，正是因为先民尝试了各种动物、植物、矿物，才逐步积累起最早的药理学知识。这知识可不是医生的专属，而是深深地印刻在了先民的记忆中。

比如有一本描述中国各种奇珍异兽的《山海经》，里面清楚明白地记录着某些动物、植物、矿物的疗效，这都是先民口口相传下来的。

后来，随着各部落间渐渐融合，这些珍贵的经验被汇集在一起，一代又一代传承了下来。秦汉时期，大量的医学家已经开始专门收集、整理这类资料，到了东汉初期，终于汇总写成了《神农本草经》，也叫《本草经》。

1972年，在甘肃省武威市发现了一部东汉早期的医药简牍，列有100多种药物，其中植物药63种、动物药12种、矿物药16种、其他药物9种。在矿物药中，还提供了这些药物的炮制、剂型和用药方法。

同期，在湖南省长沙市的马王堆汉墓，发掘出了大量保存的中草药及中医药图文；在河北满城发掘的汉中山靖王刘胜墓中，不仅有中草药，还有一批制造精致的医药器具，如铜盆、铜过滤器、银灌药器、铜药勺等。

这可是中医四大经典著作之一呢，书里记载

了 365 种药物，分上、中、下三个品级，包括药物的名称、性质、味道、疗效等。它还提出了辨证用药的思想，不少药物直到现在还是中医的临床用药。

这本书文字简练古朴，包含了中药理论的精髓，更有辨证用药思想，它的出现，为天下医者提供了一部真正意义上的教科书。

从此以后，一代又一代的医生在此基础上不断增补、研究、完善它。

由南北朝人陶弘景编纂的《本草经集注》，不仅对原著做了注释，还把药物拓展到了 730 多种，并且首次引入草、木、虫兽、果、菜、玉石、米食等自然属性分类法。

在隋唐宰相长孙无忌的主持下，官方直接负责对天下药材进行了“人口”大普查，还把调查研究的结果写成一本 54 卷的新书《唐本草》。因为是根据前书新做的修订，因此也叫《新修本草》。

这是我国第一次由政府出面修订、颁布的本草学，也是世界上第一本药典。

经过这次修订补充“本草”，书中记载的药物达到 844 种，还包括为描绘从全国各地搜集来的草药形态的“药图”，和参考各家学说整理而成、对草药说明的文字“图经”三部分，这为后世医者的医学专著写作打开了一个全新的视角。

中外科技对比

从中国传入日本的本草书，在奈良时代开始盛行起来，并于 701 年开始设置本草教习和药园。日本至今保存着一本《新修本草》手抄本。在本草图方面，有《马医图卷》《国手十图》。

后来，有人将本草学和西方的本草学逐渐融合，从而出现了《本草图说》《草木图说》，由此发展出植物学、博物学。

在西方，1 世纪古希腊人迪奥斯科里德斯在他的《药物志》一书中，收入了 1000 多种药物。13 世纪中叶阿拉伯的伊本・拜塔尔收集了药用植物 1400 种。之后，进入衰落时期，直到 17 世纪后期，本草学进展到博物学阶段。

北宋的一位民间医学家，结合前人的经验，大量整理增补，编纂出的《证类本草》记载药物达到 1748 种。这本书图文结合，把草木的样子画得栩栩如生，保准医生不会认错！它采用当时最先进的药物分类法，最重要的是，它记载药方 3000 多个，开了本草附列药方的先河。

鼎炉

明代时，为世人所熟知的中医典籍李时珍的《本草纲目》诞生了。

看到这里，若是你以为本草学只是关于药草效用、性质等的学科，就太狭隘了，要知道，本草学也能当作古代的化学课本。

比如《本草经》早就指出治疗疥疮的水银制取法，《本草纲目》中还介绍了如何加工白矾来提取氯化亚汞的方法，清代的《本草纲目拾遗》甚至还记录了治疗疟疾的特效药——奎宁。

毫不怀疑地说，我们的先祖很早就摸索出了有机化学和分析化学的知识和方法。

在东晋人葛洪所著的《肘后备急方》卷三中记载：抓一把青蒿，用水浸泡，取汁液喝下去能够治疗疟疾。就是这条记录，给了屠呦呦灵感，从而开始青蒿提取物的研究。

在经历了 190 次失败后，屠呦呦突然灵光一现，古人当初缺少现代工艺，采用的是汤汁法，如果转变提取方法，避免高温破坏有效成分，是不是会有所发现呢？

就这样，在第 191 次试验中，她成功地提取了青蒿素，因此救治了无数人。

青蒿

经由无数人上千年心血铸造出的本草学，源于我们先祖药食同源的基础。最初是为了解毒治病，也包含了人们对天地万物的认识。

它从诞生以来，从来不是照本宣科、死板不知改变的，而是通过对自然科学的不断实践和反复试验，持续不断地更新、增补。

它不仅是中医药物学的基础理论，方剂学的基础，也是我们对这个世界的基本认识。

文 / 夏眠

27. 方剂学——草药＋草药＝？

我们现在吃美味的麻辣烫时，会很自然地搭配上几种食材，而古人在认识到草药特性后，有人不免好奇：如果把几样草药混合在一起，效果会怎么样呢？

这个人也许没想到，自己的好奇，竟让中医学诞生了一门学科：方剂学。简单来说，方剂学就是研究怎么把多种草药混合在一起组成一种新药。

那么问题来了：要怎么区分药性才合适呢？

先民结合经验，把草药根据药效分为好几个等级，并且还为它们取了名字，取名的灵感来源于朝堂。

想象一下，如果你感冒发烧了，这时候，身体的免疫系统就会自动和感冒病毒作战，吃的药也好像是一个个士兵，会积极帮助你一同对抗病毒。

每一味中药就是一个士兵，这么多中药里必须有一个是能够统治士兵共同战胜感冒病毒的，这味药就是和君王一样至关重要的君药。

君王上朝干活，当然得有臣子辅佐，打仗除了要有辅助指挥作战的将军、直面战斗的士兵，还要有运送粮草、负责补给的后勤部队，这些就是臣药和佐药。

此外，战争还需要各个部

队互相配合，协同攻守，这就要有负责传达作战指令的通信兵，这便是使药的作用。

这也就是方剂学中根据不同草药的药性进行配制的“君、臣、佐、使”组方理论。

中医学里有一个词儿叫复方，就是把两味以上的中药放在一起，三味药配在一起是基本复方。

比如用桂枝、芍药、甘草配制的方剂，就有桂枝芍药汤、桂枝甘草汤和芍药甘草汤三种。顺序不同，代表君药的不同。猜一猜，以上三种汤里哪个是君药呢？

除了基本复方，还有四味草药组成的小复方、七味草药组成的大复方等。

复方，指明了治疗疾病的方向，至于每种药用量多少，选哪种当君药，需要医师根据每个患者的病情和身体状况做出判断，并酌情加减。

这就是老中医的分量，因为他们的实践经验丰富，对用药分量大小更有把握。

知识窗

四大名著《红楼梦》里就记载了不少方剂。

第十回写张太医为秦可卿诊脉，查明病因后给出了两个复方，外加几味佐药和引子的大补汤剂。

第五十一回胡大夫给晴雯看病，贾宝玉看到药方很生气，小伤寒为什么要用药性这么强烈的药呢！想必作者也很讨厌那些学艺不精的医生，所以在题目中特地点出了“胡庸医乱用虎狼药”。

方剂中的方，是指药方，病症不同，药方不同。汉朝时，人们能得到的方剂只有经方。到了唐朝后期，经方就不是一个在战斗，而是多了时方、单方、验方、急救方四个战友。后来发展为七种组织不同的方剂分类方法，除了前面提到的复方，还有大、小、急、缓、奇、偶六种。

丹炉

方剂中的剂，是指剂型，就是按照病情把药物制成一定的形状。方剂，说白了就是治病的药方。

汉朝时，剂也只有汤、丸、散、膏、丹、饮、酒醴等寥寥数种，唐朝后期增加了锭剂、条剂、灸剂、熏剂、药露等数十种。所谓“十剂”，指的是宣、通、补、泄、轻、重、滑、涩、燥、湿，作用主要就是让身体通畅、补身泄去等。

汤剂是最古老的液体剂型，简单来说就是水煮草药，可是费时间，也没办法大量生产和储存。

之后人们又发明了散剂等固体剂型，把配好的方药制成干燥的粉末，要内服的直接喝，要外用的就敷在皮肤上，这样便于携带，节约药材，更不会轻易变质。

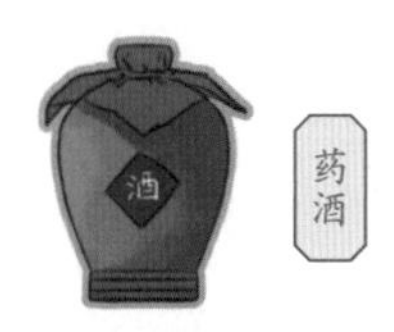

除了以上两种，还有丸剂、丹剂、膏剂、酒剂等。哎，等等，酒剂？病人还能喝酒？当然不是，后世把酒剂称为“药酒”。

酒只是溶液，要么拿来泡药物，要么拿来和药物一起煮，而且也不是每个人都适用的，要是阴虚火旺的病人，医师断然不会给酒剂。

如今，感冒咳嗽时喝的止咳糖浆之类的，可以直接拿来喝的那种甜甜的，味道好极了的口服液，就是从上面的汤剂演化而来的。

日常一些小的烫伤、湿疹等，则是自己拿点软膏涂在病患处即可，这也是延伸出来的一种半固体的剂型。

针对患者的实际症状采用的治疗方法，总体来说可为汗、吐、下、和、温、清、消、补“八法”。方剂不只是拿来治病的，还可以拿来滋补强身。俗话说冬令进补，便是指冬天按膏方进行滋补。

方剂到底什么时候被发明出来的呢？至今还没有确切的定论，但是在《周礼》中就有了关于不同药物配合，熬成汤汁用于治病的记录。

《五十二病方》证明战国时期确实存在着方剂，后世的医师不断地完善、实践。尤其到了魏晋南北朝之后，医师更像雨后春笋一样冒了出来：葛洪、孙思邈、王涛、成无己都推动了方剂的发展。

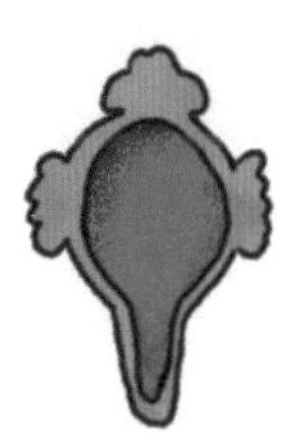

东汉张仲景的《伤寒杂病论》，曾被认为是我国最早记载方剂的药书，直到1973年湖南省长沙市马王堆三号墓出土了一件没有名字的帛书。

经考古人员研究后发现，书的目录里有52种病名，且在这些名字后都有“凡五十二”字样，于是把它命名为《五十二病方》。

书中记载的病名涉及内、外、妇、儿、五官各科疾病，还形象地描述了麻风病的症状，针对这些疾病，记录了280多个治疗方剂，目前被认为是我国现存最古老的一部医学方书。

到了清朝，方剂脱离了临床，成了一个独立的学科——方剂学。

在漫长的缺少现代医疗条件的历史中，方剂是连接医师和患者的桥梁，也是中医临床的主要形式。它并不是在实验室或者炼丹炉里诞生的，而是由一代又一代的医师，经过成千上万的病例总结出来的宝贵经验。

与此同时，在方剂诞生和更新的过程中，古人也在不断认识周围的世界、观察周围的世界，寻找更多的人和自然沟通和共存的方式。

中华人民共和国成立后，由彭怀仁主持编撰，对我国上自秦、汉，下迄现代的所有有方名的方剂进行了一次系统的整理，并将历代中医药著作中的方剂进行了收集、整理和研究，编纂出版了包含约10万个方剂的《中医方剂大辞典》。

这是有史以来中医方剂研究成果的一次大总结，是中国独有的。

作为防病治病的药方，方剂在中国古代很早便已使用，从开始时的单味药物，发展到后来将几种药物配合起来治疗疾病。

在今天的中医治疗方法中，这些药方仍在发挥着巨大的作用。

文 / 夏眠

28. 麻沸散——手术再也不会疼晕啦

《三国演义》中有一个故事：东汉末年的丞相曹操是个大英雄，却犯有头疼病。每次头疼欲裂的时候，曹操只能抱着头躺在床上痛苦呻吟。就在大家一筹莫展之际，有人请来了名医华佗。

华佗不愧是神医，他迅速诊断出了曹操的病症在头部，并给出了两条建议。第一条建议：曹操立刻辞职，找一个鸟语花香的地方度假，每天早睡早起、按时吃药、吟诗作赋，生活三年，病保证能好。

曹操一听，立刻拒绝了！此时正值他争夺天下的关键时刻，现在辞职不就等于主动认输？曹操无法接受。

于是，华佗给出了第二条建议：接受打开头盖骨的外科手术，取出脑袋里的“风涎”。多疑的曹操一听，当即怒了，好你个臭医生，竟然敢要我的命。来人！把他打入死牢！不

久之后，华佗就在曹操的授意下被杀了。

知识窗

据史书记载，华佗只做过腹腔手术，成功切除过患者的部分脾脏和肠，并没有做脑外科手术的记载。

在《三国演义》中，作者借华佗之口说曹操的病根在风涎，这是人体过多分泌黏液形成的堵塞物，其本意是暗示曹操过于贪婪。华佗想要开颅取出风涎，意在让曹操放弃野心，做个忠臣。曹操杀华佗，并不只是杀一个医生，而是杀一个谏官，也是向人宣布：谁敢劝我别篡汉，我就杀谁。

如果你是曹操，处在东汉那个时代，你会杀华佗吗？先别做决定，先让我们了解一下华佗的最强发明：麻沸散。

要知道，外科手术，并不是现代医学的首创，早在春秋战国时期，就有了关于外科手术的记载。

可惜，受制于当时的医疗条件，手术病患必须忍受剧烈的疼痛，有时甚至会疼晕过去。毕竟，不是每个人都是关羽，能一边下棋，一边让华佗为自己刮骨疗伤，眉头都不皱一下。

为了防止患者挣扎，当时有医生在手术前，会用棍子敲晕患者实现物理麻醉。为了减轻患者的痛苦，华佗也想了许多办法，但总达不到预期的效果。

有一次，喝醉的华佗发现针扎到自己竟然不痛，于是，他就尝试让患者在手术前喝酒来减轻痛苦。可是，酒精作用的时间太短，手术时间又太长。

减轻痛苦的效果并不好。

后来，华佗意外发现一个吃了臭麻子花的患者意识不清，痛痒不分。于是拿自己用臭麻子花和各种药材做试验，这才发明了效果奇好的麻醉药——麻沸散。

华佗死后，麻沸散的药方也失传了，经过后人的考证和努

中外科技对比

作为药物麻醉的先驱，华佗麻沸散中的曼陀罗，有效成分是东莨菪碱，确实具有一定的镇痛作用。但麻醉深度不够，镇痛不强，还不足以成为做腹腔手术的麻醉药物。目前，人们还在寻找麻沸散中的其他有效成分。

国外麻醉药剂最早出现于公元 64 年，迪奥斯科里德斯用曼陀罗煮酒作为全身麻醉剂。直到 1846 年，美国医生莫尔开始使用乙醚做麻醉药，开启了现代西医麻醉史，这比华佗晚了约 1600 年。

力，有好几种关于麻沸散的说法。

学者倾向于麻沸散的“沸”，是“痹”的异体字，麻沸散应该叫作“麻痹散”，它的有效成分之一是曼陀罗。

曼陀罗花非常美丽，它的果实带刺，可入药，能够麻醉人的神经，服用过后，整个人都会昏昏沉沉睡过去，对痛的感知能力也会大大降低。这时候动手术，患者痛苦少不会挣扎，医生也能顺顺利利做完手术。

在曹操之前，华佗曾让一位患者喝下一碗麻沸散，等药力起效后成功进行了腹腔手术，切除了患者病变的一段肠子，一个月后患者就痊愈了。

可惜，当时曹操的脑子里都是“总有刁民要害我”的想法，还杀掉了华佗，可见，做好患者思想工作是多么重要啊！

麻醉术在我国有着悠久的历史，名医扁鹊就曾用酒作麻药给病人进行了“剖胸探心”手术。先辈早已发现某些中药具有麻醉、镇痛作用，并将其制成麻醉药，其中最有名的就是华佗制的麻沸散。

传说华佗是为了纪念因误食曼陀罗花去世的儿子沸儿，才将用此花配制的麻醉方剂命名为麻沸散。

华佗开创了用全身麻醉法施行外科手术的先例，在中国医学史上是空前的，在世界医学史上也是罕见的。

只可惜，现今药名被后人熟知，原药方却早已失传了。

文 / 夏眠

29. 人痘接种术——消灭天花的能手

寒风瑟瑟的冬季，20 万清军在山海关以东的宁远城下虎视眈眈，却发现驻守的明军早就在城墙上泼了水。那些水在寒风里冻成了冰，清军根本爬不上去，只能心有不甘地撤军。第二年冬天他们再来，发现还是如此，清军只能恨恨撤退。

看到这里，你一定会好奇，为什么清军不趁着春夏来攻城呢？

因为当时清军害怕的，不是守城的明军，而是城里的天花，那可是让他们闻之色变的存在。

清朝建立后，长期生活在北方的游牧民族来到中原，面对的第一个挑战，就是天花，在这个传染病面前，谁都逃不开，包括皇室人员。

清军入关后的第一位皇帝顺治，每年春天都会到北方去躲避天花，美其名曰外出打猎。那时候的北京城，不管是皇亲国戚，还是老百姓，只要得了天花，就直接被赶到城外指定的地方进行隔离。没有吃的、

住的，更没有药品，人们只能自生自灭。

没想到的是，这一年因为爱妃死了，顺治皇帝去北方“避痘”的时间晚了，年仅 24 岁的他立刻染上了天花。

奄奄一息之际，他问辅佐自己的汤老师：“如果我死了，江山怎么办呢？”汤老师回答：“陛下，还记得那个得过天花，痊愈了的皇子吗？”

就这样，这位不满 8 岁的皇子被立为储君，他便是后来赫赫有名的康熙大帝。

或许是天花和自己有杀父之仇，长大后的康熙组织了一群医生，专门研究如何防治传染性极强的天花。幸运的是，他们还真从前人的医书里找到了线索。

晋代的《肘后备急方》中记载，得了“虏疮”，也就是天花之后，要赶紧多吃点东西以便储备能量。

知识窗

肘后，是指书的篇幅很小，可以挂在臂肘处随身携带，相当于现在的“袖珍本”。《肘后备急方》突出“简、便、廉”的特点，书中收集了大量救急用的方子，都是东晋名医葛洪在行医、游历过程中收集和筛选出来的。

发病后，要用蜂蜜涂满全身，再用蜂蜜熬中药草升麻，不停地吃。

最后，加水煮升麻，把浓汁往身上涂，要是能加点酒效果更佳，只是疼痛难忍。

内服的药，按照伤寒病医治就可以了，但要注意控制药物的毒性。

康熙看了之后，觉得亡羊补牢的方法不够好，让人接着找。于是，找到了明代隆庆年间的一个办法：种痘——人主动去感染天花，以此获得免疫力。

最早出现的种痘法是痘衣法，就是让健康人穿天花患者的内衣。但是这个故意感染的效果并不好，和赌命差不多，毒性大小不好控制，很容易丢命。

随着人们的不断改进，先后出现了痘浆法、旱苗法、水苗法。

虽然这些方法减少了毒性，但死亡率还是挺高。康熙命人继续改进人痘法。

知识窗

我国古代有四种人痘接种法：除了痘衣法，还有痘浆法，就是用棉花蘸上痘疮的泡浆塞入健康者的鼻孔，以及把痘痂阴干研成细末用银管吹入健康者鼻孔的旱苗法，和用水调匀蘸染到鼻孔的水苗法。

早期直接取材于患者的疫苗，古人称为“时苗”，危险性大。后来发明了熟苗法，就是将好痘痂连续接种7次以上进行减毒，再用最好的痘痂作为疫苗接种，科学安全。

根据沙俄的记录，康熙曾经招募过许多实验人员，以50人为一组，每组种痘剂量依次递减，想以此找到既能让人感染免疫，又不会致人死亡的最小剂量。皇天不负有心人，1682年实验终于成功了。

康熙当即下令，全国都要按这个配方的剂量普及人痘，甚至还把人痘接种写进了祖宗家法，规定家族所有的人都要接种。从此，人痘接种术成了我国抵御天花的利器，皇室子孙再没有暴发过天花。

看到这里，你一定好奇人体是如何对抗天花的？

知识窗

天花分为大天花和小天花。历史上造成生灵涂炭的多是大天花，而小天花的死亡率只有3%。

从现代医学角度看，康熙当时找到的可能不是最小剂量，而是毒性较小的小天花样本。

天花病毒的可怕之处，在于它俘虏巨噬细胞后大概10天，就能让病毒遍布全身。这时患者会视线模糊，甚至失明，最后皮肤上会遍布脓包。

当天花病毒侵入人体皮肤伤口时，最早出战的是一种比它大，专吃病毒的巨噬细胞。之后，白细胞火速赶来参战，它们有的放毒，有的自爆，有的生吞，用各种方法消灭敌人。这就是我们平常看到的伤口发红发肿，通常叫作发炎。

若这天花病毒异常凶悍，它能复制出无数个病毒战士，血战的白细胞军团渐渐支持不

住，我们的身体就会升高体温来降低病毒复制速度，为大部队作战争取时间。

紧接着，一个有着章鱼一样触角的树突细胞拍下病毒的照片，还把照片挂在身上火速跑遍人体全身，以寻找认识这种病毒的辅助T细胞。

在这个辅助T细胞被找到后，免疫系统就会复制出无数个这样的辅助T细胞。它们被分为两组，一组去支援巨噬细胞，另一组顺着淋巴寻找终极战士——B细胞。

有了辅助T细胞的激励，巨噬细胞作战变得更加凶猛，不断疯狂吞噬天花病毒。而在终极战士B细胞大军的猛烈攻击下，人体终于消灭了病毒。当然，若是哪一方部队来晚了，或者顶不住，人就没命了。

当人体内的天花病毒被消灭后，这些参战的细胞纷纷解体消失，只有几个辅助T细胞记下了天花病毒的样子，好在下一次遭到同样病毒入侵时，直接消灭它们，这便是我们所说的获得了免疫力。

中外科技对比

1717年，人痘接种技术最先传入英国，此后陆续传播到俄国、朝鲜、日本、阿拉伯等国。

近百年后，一位英国村医发现得过牛痘的人不会感染天花。于是，他把牛痘接种在一个8岁男孩菲普斯手臂上，男孩由此获得了免疫力。

从此，人类大规模接种牛痘来预防天花，那位医生就是被后人尊为免疫学之父的爱德华·琴纳。

1977年，人类最后一例天花被消灭。

1979年，世界卫生组织宣布全球天花灭绝。

采用人痘接种法预防天花，是中国古代医学家的伟大发明，更是人类免疫学的伟大尝试。这种技术自17世纪在西方传播及实践，让人类彻底摆脱了天花病毒，这是中国对世界做出的不可磨灭的贡献。

文/夏眠

科技著作《本草纲目》

从商周时期开始，中国人的种粮天赋不断发展，吃饭、喝茶、吃菜，逐渐形成了植物就是拿来吃的观点。

在这种想法的影响下，植物用作药材就很容易被人接受。

那些用来治病救人的草，被称为本草，记载这类草药的医书，也通常以本草命名。

明朝李家世代行医，到了李时珍这一代，民间已经积累了厚厚的本草书目。无论是专给皇家看病的太医院，还是民间的郎中，都会根据本草书目来看病。李时珍也是如此，直到他遇到一次意外。

那一次，他在行医途中遇到一个被人五花大绑的游医。原来是这位游医在给患者服用一服药剂后，救人不成反害人，导致病人昏迷不醒，愤怒的村民这才把游医给绑了起来。

李时珍细细检查了游医的药方，确认他是对症下药，没有问题呀。

就在他百思不得其解时，突然看到旁边的药渣不对，原来竟是药铺的人把其中一味草药抓错了。

虽然这两味草药看上去长得差不多，但药性差别很大。有了李时珍的权威鉴别，游医才洗刷了冤屈。

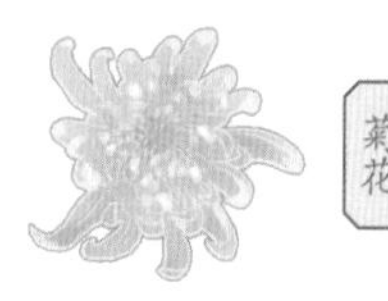
菊花

这次经历让李时珍注意到：许多药铺都是按照本草书目抓药，完全没有实地考察过药的样子，并且现在用的本草书目抄来抄去已经好几百年未曾更新，其中还有很多错误或遗漏的地方，更有不少药名混

杂，如果按照这样的医书抓药吃，岂不是误人性命？

从那时起，李时珍下定决心要“读万卷书，行万里路”，以便重新整理、编写一套本草医书。

周围的人听说后，耻笑他自不量力。李时珍知道后没有说话，只是穿好草鞋，背上行囊，辞去了人人眼红的太医院工作，开始外出考察。

此后，他的足迹遍布全国13个省份，无论是武当山、庐山这样的名山大川，还是悬崖峭壁，哪里有药材，哪里就有李时珍的身影。

花了整整27年时间，李时珍尝了无数药材，翻阅近千种历代医书资料，有不懂或疑难处就向专人请教，写下千万字笔记。

其间，他更是花费10年时间三易其稿，终于在1578年完成了192万字、五十二卷的巨著《本草纲目》。

《本草纲目》首先用两卷列举了世间存有的41种本草著作，并加以点评。又附列引用医书277种，经史百家书籍440种，共717种，系统地整理了历代的中药理论。

三、四卷列出了113种疾病和根据不同病症采取的治疗方法，还在有的药物下添加了用法和分类。

卷五到卷五十二是各种药物，共有1800多种，主要按类别分为水、火、土、金石、草、木、虫等16部，每一部都有李时珍概括的论述。各部之下归为60种不同的类，比如草木类的药物分山草、水草、石草、毒草等。

在每味草药后，李时珍还会记录它的文献出处、生长环境、特征识别、药性功效等，以全面阐述这味药物的知识。甚至还贴心地附上手绘的本草插图1000多幅，防止阅读者弄错。

《本草纲目》刊行后不久，

随着商贸、教士往来等，先后流传到日本、朝鲜和西欧各国，并相继被翻译成多种文字，由此对世界药物学的发展产生了深远影响。

如今我们看到的《本草纲目》版本较多，除了国外各种全译本或者节译本，国内现存72种。其中金陵本是现存最早的版本，被公认为后世各种版本的祖本或母本。

《本草纲目》是中药学的专著，也是中国古代本草学的集大成者。其实，它的涉及范围早就超出了药物，包含了植物学、动物学、矿物学、物理学、化学、农学等内容，甚至还能帮助考古人员了解某些少数民族的风俗习惯，可以说是一部“古代中国的百科全书”。

文 / 夏眠

数出的文明

你知道吗？刻痕记数是人类最早的数学活动，目前已发现3万多年前在动物骨头上的刻痕。

也有人认为，数学的起源或许要早于文字，毕竟这是人类生活的实际需要。

从最早的数学萌芽，到随着人类社会生产和生活资料的丰富，数学的范畴和体系不断拓展，计算工具也从算筹、算盘，发展到如今的计算机。

数学的奇妙，并不在于如何解题，而在于在大自然和人类之间建立一种沟通的语言。

在人类发展的历史长河中，数学是历史最悠久的知识领域之一，它就像是一株茂密的大树，在人类智慧的不断浇灌下，往未知的领域伸展着沟通、探索的枝叶。

30. 十进位值制——古人的屈指可数

远古时期，人们外出打鱼、捕猎带回来的食物，需要和大家分享，这自然产生了最早的计数需求：每个人要分到多少食物才好呢？

当食物不多时，掰手指就能数得清，成语“屈指可数”就是这么来的。“屈指”，也就是掰手指头来计算。

回想一下，你在刚开始学习计算的时候，是不是也用10个手指头充当小型“计算器”？如果没有，那你可太聪明了！

有一天，打猎归来的部落成员把收获的猎物交给人清点时，管理人员照例用“屈指记数”，一根手指对应一只猎物，两根手指对应两只猎物……

很快管理人员发现，这一次的猎物太多，把10根手指都用完了也没数清楚猎物的数量。

正当他一筹莫展的时候，部落首领的小儿子说：“既然用完了10根手指，我们可以先把已数过的10只猎物放在一边，用一根绳子捆起来打一个结，表示10只猎物，然后接着用手指数，够10只再打一个结。这样，一个接一个结地打下去，我们不就知道一共打了多少只猎物了吗？”

就这样在部落首领小儿子的帮助下，管理人员完成了猎物清点工作。

这也是后来人们应用比较广泛的一种记数法，即绳结记数法。与石子记数法、刻痕记数法原理相同，都遵循“满十

进一”的原则。

我们上学时都有用到，10 个同学排成一队，这便是一种无形的“石头记数法”。

根据公元前约 1600 年的《卜辞》记载，中国最早的记数体系见于甲骨文，而且商代甲骨文“已形成完整的十进制系统”。

中国国家博物馆收藏着一把安阳殷墟出土的象牙尺，长 15.78 厘米，分为十寸，说明中国商代的十进制已经用在长度上了。

古人经过多种记数方法，反复的记数经验总结，至迟约在公元前 1400 年的商朝时，已主要采用十进制。这主要和我们的 10 根手指有关，也是我们日常生活中最熟悉、最习惯使用的记数体制。

知识窗

我们用到的位数制，除了常用的十进位数制，还有二进制、十二进制、十六进制、六十进制等。

二进制，现在广泛用于计算机语言，0、1 是其基本数字。

十二进制用得较少，一般是啤酒，一打就是 12 瓶，也就是“逢十二进一”。还有一天是 12 个时辰，旧历的 12 地支，中国人属相中的 12 个生肖等。

在中国古代，1 斤等于 16 两，采用的就是十六进制。现在我们在电视上还会看到有用“半斤”“八两”来形容两者相差不多，就是因为古代的半斤等于八两。

1 分钟等于 60 秒，1 小时等于 60 分钟，这就是“逢六十进一”的六十进制。

大约在公元前 500 年的春秋战国时期，出现一种称为算筹的计算工具，这种筹算法，已采用完善的十进位值制。

十进制是最基本、最重要的计数体制。它以 10 为基础的数字系统，采用 0 到 9 共 10 个数字，它最显著的特点是“逢十进一”。

举个例子，大家出操时，一列 10 个同学，第 11 个同学就需要另起一列了，这便是逢十进一。

这种记数方法，一直在持续完善中。后来还出现了奇数、偶数、倍数等概念。

人们以10为基数的数系，某一位上的单位都是下一个单位的10倍。即有10个“一”就进位成为1个“十”，有10个“十”就进位成为1个“百”，依此类推。

当要表示某一个数的10倍，就将这些数字左移一位，用0补在后面的空位上，即10，20，30，…，90，表示一个数的100倍，就继续左移数字的位置，即100，200，300，…，900；要表示一个数的1/10，就右移一个数的位置，需要时用0补上空位，即1/10为0.1，1/100为0.01，1/1000为0.001…

进位制，就是满几进一的规则制度，比如满二进一就是二进制，满十进一就是十进制。

我国古代的十进制，遵循“位值”原则，故称为“十进位值制”。即同一个数位在不同的位置上所表示的数值也就不同。如三位数“111”，右边的“1”在个位上表示1个一，中间的“1”在十位上就表示1个十，左边的“1”在百位上则表示1个百。

中外科技对比

历史上，古埃及、古希腊都曾采用十进制记数法，但没有位值易出错。

古巴比伦采用六十进位值制，算法烦琐易出错。

玛雅人采用二十进制记数系统，记数和算法都很烦琐。

虽然其他国家也有采用十进制记数的，但我国古代最早意识到“位值”的重要性，使得记数简单，且不易出错。

十进位值制是中国古代人民的一项杰出创造，是古代世界上最先进、科学的记数法，对世界科学和文化的发展有着不可估量的作用。

正如科学史学家李约瑟所说的：“如果没有这种十进位值制，就不可能出现我们现在这个统一化的世界了。”

文/武晨琳

十进位值制

31. 算筹——古代的计算神器

如果现在要进行稍微复杂一些的加、减、乘、除的运算，你最先想到借助哪种工具呢？

手机？电脑？还是计算器？可生活在古代的人们，没有这些计算工具，该怎么办？

可能有人会想到算盘。要知道如今七八十岁的人在和我们一样大的时候，就是用这个长长方方带珠子的东西来计算的，说不定还有人能在老人的家里找到一个陈旧的大木算盘呢。

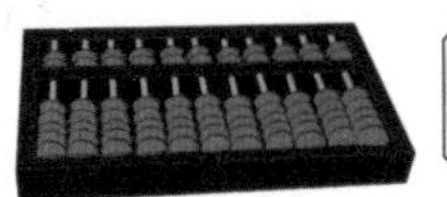

算盘

算盘起源于中国宋朝，目前是有确凿依据的，这是中国古代的一项重要发明。

其实算盘还有一位“兄长”，它的名字叫算筹，只是因为它出生的时间太久，如今几乎被人们忘记了而已。

没有人记得它到底是哪一年出生，只知道在春秋时期的《老子》一书中已有提及，在当时，算筹可是大家普遍熟悉的好朋友呢。

那么算筹长什么样子呢？

在刚开始学算数的时候，

老师会用小木棒教我们数数，做简单的加减法，我们把它叫作“数数小木棒”，其实它就属于“算筹”的一种。当然，从厨房随意抓一把筷子，也可以做算筹。

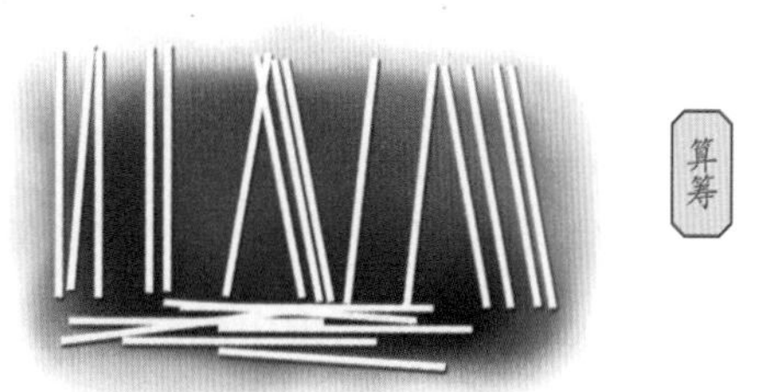
算筹

古时候，算筹一般是用竹子制成的小棒，也有用象牙、青铜等制作而成的。人们可以随意调整位置，搭配组合来表示不同的数目。

通常，古人会把每 200 根算筹作为一组，放在腰间系的小袋子里，这叫“算袋”。在需要记数或计算的时候，可以随时随地拿出小棒来进行计算，就像人们现在出门带手机一样。

古代的算筹，一般长约十几厘米，直径 0.2~0.3 厘米。

在湖南省长沙市战国楚墓出土的 40 根竹制算筹，每根长 12 厘米，约制作于公元前 2 世纪。

在河北省石家庄市东汉墓出土的 17 根骨制算筹，每根长 12.5 厘米，截面有方形、圆形。

另外一些地区的西汉墓，陆续出土了骨制、象牙制、竹制的算筹，说明当时人们使用算筹已经很普遍了。

小算筹，大用处，它可是古人轻松进行加、减、乘、除运算的好帮手。

古人在使用算筹时，十分注意算筹摆放的位置，一般有纵式和横式两种排列方式。

在纵式中，要将算筹竖着摆放，放一根表示 1，两根表示 2，有点儿像是 I,II, 依此类推到 5。当表示数字 6 时，要在上面用一根横着放的小棒表示 5，下面竖着放一根表示加 1, 依此类推到 9，因为 10 有不同的摆放方式。

在横式中，要将小棒横着摆放，就像我们现在的数字一、二、三一样，依此类推到 5。从数字 6 开始，要在上面竖着放一根表示 5，下面横着放一根表示加 1，依此类推到 9；因为当时还没有专用的表示符号，就用空位来表示数字 0。

一位数用算筹表示很容易，可是两位数、三位数，甚至多位数该怎么摆放呢？聪明的古人总结出了以下规则：

1. 算筹的摆放位置，要从低位到高位，这跟我们现在常用的阿拉伯数字是一样的。

2. 个位用纵式表示，十位用横式表示，百位再用纵式，这样一纵一横来摆放，依此类推。

3. 遇 0 留空。

有了这三点，就可以用算筹表示任意大的自然数了。

现在用算筹表示一串数字，是不是很容易了？

1384

2020

关于算筹的发明，还有一个有趣的故事。

很久以前，有个卖粮食的商人，这一天，商人早早就驾着马车出门了。从一家粮店拿到货后，商人让马一路小跑赶往另一家。

快到中午休息时， 商人才突然想到一个问题：马车只能装 65 袋粮食，可现在已经装了 31 袋，那么，最多还能装多少袋粮食呢？

商人正在苦苦思索，这时候一阵风吹过，几根枯树枝从树上掉了下来。商人受到启发，他用 5 根短树枝表示 5 袋粮食，再用 6 根稍长一些的树枝表示 60 袋粮食，这样一共是 65 袋。

车上已经有 31 袋粮食了，商人就从 5 根短树枝中拿走 1 根，从 6 根长树枝中拿走 3 根，还剩下 4 根短树枝、3 根长树枝，也就是说还能再装 34 袋粮食。

知道答案后，商人赶紧一路欢快地向着另一家粮店出发了。充满智慧的算筹，就这样被发明了。

中外科技对比

据估计，最晚在春秋战国时期，古人就已经熟练掌握了筹算方法。中国古代数学家祖冲之，就是用算筹计算出圆周率在 3.1415926 和 3.1415927 之间的，这比西方早了 1000 多年。

现在，来看看古人是如何利用算筹进行加、减计算的。

两数相加的算法，就是将两个加数列两行，从低位到高位按对应的数位一一相加，满 10 需要进位的，就在高位上增加一根算筹。

52+64=116

在减法运算中，要将减数排一行，被减数排在下面一行，然后分别减去对应数位上的数即可。

143-35=108

看到这里，你有没有觉得上面算筹的加减法摆放很眼熟？

对的，这和我们学过的竖式运算一样，只不过是把阿拉伯数字换成了算筹，还少了运算符号。

算筹的计算方法，灵活巧妙。在宋朝以前，算筹一直是我国特有的，最方便的计算工具。中国古典数学的主要成就，大多是借助算筹取得的。

知识窗

“算”与“筭”都读作“算”，但实际上，“筭”并不是“算”的异体字，它是指计算时所用的工具——算筹。

不过，它也存在许多缺点，比如当计算的数字较大时，大量的算筹排列在一起很容易弄混，而且手摆算筹速度也很慢。

想象一下，你正在院子里用算筹认真计算着，突然被什么打扰了一下，那很可能算不出结果了，真是件让人头痛的事呢。

为了解决这些问题，于是聪明的古人就发明了算盘。算盘表示数字的方式与算筹一致，但更加节省空间，还有一套“三下五除二”的简单操作口诀。

于是，人们日常的简单数字运算多用算盘，算盘因此很快推广开来。只有一些数学家、天文学家等还在使用算筹。

大约到明朝中期，需要运算的数字越来越庞大，算筹才真正光荣“退休”，由算盘全面接替，从而完成了中国计算工具的改革。

文 / 武晨琳

32. 盈不足术——古代的万能解题法

古人建立城池，开了商铺，发展了跨越国界的生意，面对的问题越来越多，数学渐渐也复杂起来。

如何又快又准地计算，就成了人们的首要目标，假设试验和推理论证就此登上了历史舞台。

每当遇到新问题，采用原有的方法不能解决时，人们便借助试验尝试解决；可当试验中产生的新结论无法解释时，人们就从理论推导以期找出合理的新答案。而盈不足术，就是古代数学中利用假设与推理两种方法的产物。

由于盈不足术可以解决当时大部分的常见问题，因此在古代堪称“万能”解题法。

什么是盈不足术呢？

解决“盈不足问题”的方法被称为盈不足术，“盈”，是多余，“不足”就是“少”，也就是解决多余与不足方面的问题。这是我国古人独立创造的，一种解决数学应用问题的杰出算法。

我国最早的数学著作——《算数书》，约成书于公元前2世纪初，其中就有采用“盈不足术”计算面积为一亩的正方形田地边长的记载。

西汉的算学经典《九章算术》，其第七章即名为“盈不足”。

那么，它又是怎么解决问题的呢？

以1世纪时成书的《九章算术》“盈不足”章中的一题为例：当一群人共同买鸡，如果每人出9元，则多出11元；如果每人出6元，则还差16元。那么，现在有几个人一起买鸡？这只鸡又是多少钱呢？

上面的问题，采用当时的算筹法表示如下：

首先，我们把每人所出的钱数 9、6 放在第一行；把多出的 11 和不足的 16 放在对应的所出的钱下面；

𝍨 (9)　　𝍥 (6)

𝍩𝍠 (11)　　𝍩𝍥 (16)

𝍠𝍬𝍣 (144) + 𝍮𝍥 (66)

然后交叉相乘，即 9×16=144、6×11=66，将所得积相加，即 144+66=210；

用每人的出钱数之差（大数减小数），即 9–6=3，可算出该鸡的价格为 210÷3=70；

最后，假设的人数便是：（11+16）÷（9–6）=9。

上面的计算方法，可进一步探索其奥秘：设每人出 a_1 元，多 b_1 元；每人出 a_2 元，则差 b_2 元。

我国古代数学家刘徽给出的数学公式为：

$$物价=\frac{a_1b_2+a_2b_1}{a_1-a_2}$$

$$人数=\frac{b_1+b_2}{a_1-a_2}$$

$$每人出钱数=\frac{物价}{人数}=\frac{a_2b_1+a_1b_2}{b_1+b_2}$$

依照上面的公式，代入前面提到的“盈不足”章一题的数字，即可得到：

$$物价=\frac{9\times16+6\times11}{9-6}=70$$

$$人数=\frac{11+16}{9-6}=9$$

采用现代数学的方法可表示为：当设人数为 x，物价为则 y：

$$\begin{cases}9x-11=y\\6x+16=y\end{cases}$$

得：$x=9$，$y=70$

这就是现在的二元一次方程组。

数学家刘徽在为《九章算术》注解时指出，“方”字与数字方阵有密切的关系，而“程”字则指列出含未知数的等式，所以“方程”最早来源于列一组含未知数的等式解决实际问题的方法。

> **知识窗**
>
> 656年，唐高宗命令当时的数学专家李淳风，对10部数学著作进行注疏整理，以作为朝廷的算学教科书。
>
> 编成以后，它们分别为《周髀算经》《九章算术》《海岛算经》《张丘建算经》《夏侯阳算经》《五经算术》《缉古算经》《缀术》《五曹算经》《孙子算经》，合称《算经十书》，这标志着中国古代数学的高峰。

在我国历史上，还有一则采用盈不足术来考核官员的故事呢。

据说，唐朝有一个叫杨损的人担任尚书一职。此人学识渊博，为官清廉，在选任官员时一向以公正著称。

有一次，需要提拔一个官员，到最后，两个候选人的职位、政绩、资历等都差不多，这让主考官大伤脑筋，于是便来请教杨损。

杨损说："为官者，不仅要头脑清晰，还要能快速解决老百姓的实际问题。"于是他给出了一道题。有几个盗贼在讨论分赃的问题：要是每个人分9匹布，就会余下8匹；要是每人分10匹布，又会缺11匹布。问：共有盗贼几个，布匹多少？

结果自然是先答对交卷的那位被选中了。同僚们知道了，纷纷夸赞杨损的主意妙。

被选拔的那位官员正是利用"盈不足术"进行计算的：

将"布匹总数"看成"物价"，套用刘徽的数学公式有：

$$布匹总数=\frac{10\times8+9\times11}{10-9}=179$$

$$人数=\frac{11+8}{10-9}=19$$

用现代数学中的二元一次方程式，设强盗人数为 x，布匹总数为 y，则有：

$$\begin{cases} y=9x+8 \\ y=10x-11 \end{cases}$$

解：$9x+8=10x-11$

移项：$11+8=10x-9x$

则：$x=\frac{11+8}{10-9}=19$

将 y 代入任一方程式，则有 $y=9\times19+8=179$，或者 $y=10\times19-11=179$。

故：盗贼共有19人，布匹总数为179匹。

在古代，西方字母还未引入，因此当时的数学计算中没有设 x、y 这样的说法。

在2000多年前的《九章算术》中，有专门以“方程”命名的一章，这就是我们熟知的一次方程组。它以一些实际应用问题为例，并给出了采用方程组的解题方法。

博古架

但在宋元时期，中国数学家创立了“天元术”，用“天元表示未知数而建立方程”，系统阐述“天元术”的是李冶的《测圆海镜》，书中所说的“立天元一”相当于“设未知数 x”。

大约9世纪时，盈不足术被传到阿拉伯，当时被称为“契丹算法”，当时阿拉伯人所说的“契丹”，即指中国。

13世纪的意大利数学家斐波那契在其《计算之书》中，将经由阿拉伯传入欧洲的盈不足术发扬光大，并应用于更复杂的运算。

中外科技对比

3600多年前，古埃及人的数学问题中就涉及了含有未知数的等式。

825年左右，阿拉伯的数学家阿尔·花拉子米在《对消与还原》一书中，重点讨论方程的解法。

直到17世纪，法国数学家笛卡儿提出了用 x、y、z 来表示未知数，后来经过不断简化和改进，才演变出方程表达形式。

盈不足术在我国古代数学中有着非常深远的影响，其解题方法一直沿用至今，充分表明了我国劳动人民的聪明才智，在世界科技史上也留下了光辉的一页。

“方程”是由这一解题方法发展出的，中国对方程的研究也有着悠久的历史。

从盈不足术开始，由方程术进一步发展的演算程序化，使我国古代筹算制度达到了相当完善的水平。

文 / 武晨琳

33. 勾股形与勾股容圆——一根绳的蚂蚱

在我国古代经典数学著作《周髀算经》中记载了这样一个故事：周代初年，即公元前11世纪，开国名相周公向大臣商高请教数学知识。

周公问：“天没有梯子可以上去，地也没有尺子丈量，想要知道天有多高，地有多长，该怎么办？”

商高说：“数的产生来自对方圆形体的认识，当直角三角形的勾为三、股为四、弦必定为五。”

知识窗

《周髀算经》是我国古代具有代表性的数学典籍之一，也是中国现存最早的天文学和数学著作，成书时间不晚于公元前2世纪，作者不详，反映了中国古代数学与天文学的密切联系。

从数学角度来看，这部著作主要成就是分数运算、勾股定理及其在天文测量中的应用。其中，关于勾股定理的论述最为突出，主要以文字形式叙述了勾股算法。

这里商高所说的“勾为三、股为四、弦必定为五”就是勾股定理，又称“商高定理”。

在中国，古代数学家称直角三角形为勾股形，其中较短的直角边为“勾”，另一长的直角边为“股”，斜边为“弦”。

简单来说，勾股定理就是直角三角形中两条直角边的平方和等于斜边的平方。

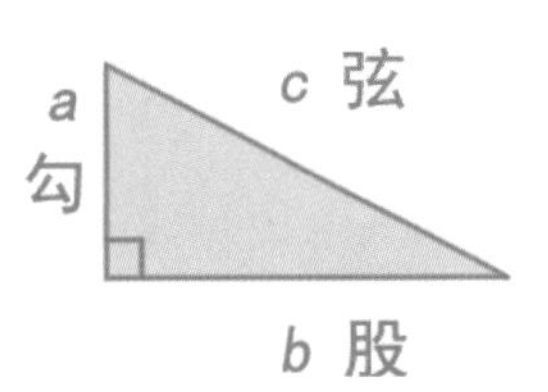

即为：$a^2+b^2=c^2$

勾股容圆，是由勾股定理衍生出的一个数学问题，即通过勾股形，也就是直角三角形内与圆的各种相切关系，求圆的直径。

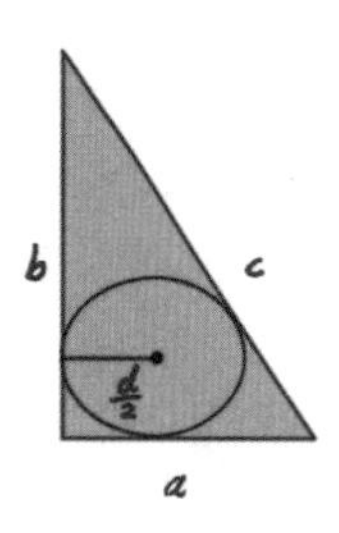

我们以最早提及此问题的《九章算术》中的勾股容圆题目进行讨论：假设一勾股形的勾是 8 步，股是 15 步。问：勾股形中内切一个圆，它的直径是多少？

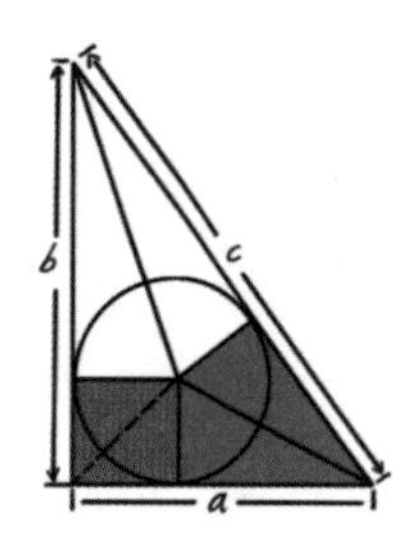

原题中给出解法为：用 8 步为勾，15 步为股，求出它们对应的弦长，勾、股、弦三者相加，作为除数，用勾乘股，加倍，作为被除数。被除数除以除数，得到内切圆直径的步数为 6 步。

在《九章算术》的勾股一章中，有已知勾股形的勾、股求其内切圆直径的问题。数学家刘徽利用图形经过分割、重组后，等积不变的出入相补原理，解决了有关数量关系的难题，具有中国几何学的独特风格。

宋金时期的洞渊在此基础上研究了同一个圆和各种勾股形的相切关系，给出了由勾股形的三边求圆径的九个公式，被称为“洞渊九容”。

金朝末期的《洞渊测圆》中，记载了演算勾股容圆的方法，数学家李冶据此书结合天元术，编著了《测圆海镜》，其中有 179 个勾股容圆问题。

在直角三角形中，勾 $a=8$ 步，股 $b=15$ 步，根据勾股定理可求出对应的弦长：

$$c=\sqrt{a^2+b^2}=\sqrt{8^2+15^2}=\sqrt{289}=17\text{（步）}$$

假设内切圆的半径为 r，则直径为 d，沿着圆心垂直画出半径，如下图所示，橙色部分为正方形，由两个直角三角形组成，蓝色和白色部分则分别由两个直角三角形组成。

将大直角三角形进行一次旋转，补齐成为长方形，再进行一次复制得到两个长方形，此时也就是四个大直角三角形。

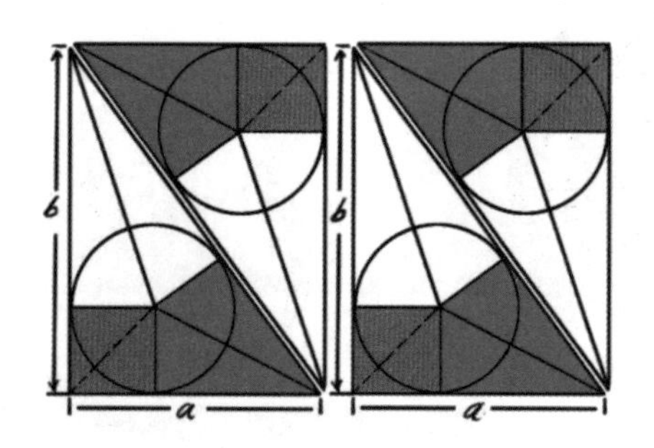

此时将四个大直角三角形按颜色裁剪下来，然后将颜色相同的两个三角形拼成一个长方形。其中，橙色三角形为正方形，进行组合后再拼成

一个大长方形。

注意看，我们将三角形的三边长之和，作为长方形的长，内切圆直径作为长方形的宽，如下图所示。

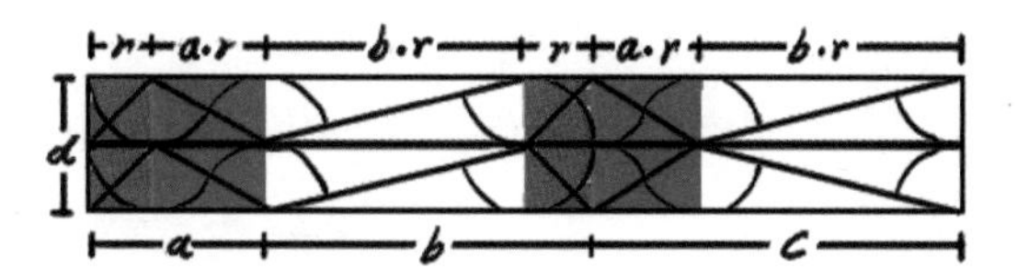

用这个大长方形来推内切圆直径 d 计算公式。

四个大直角三角形拼成了大长方形，因此大长方形的面积与四个大直角三角形面积相等：

$$d(a+b+c)=4\times\frac{1}{2}ab$$

$$d(a+b+c)=2ab$$

移项得：$d=\dfrac{2ab}{a+b+c}$（公式 1）

从上图中我们可以看出 $c=(a-r)+(b-r)$，将公式进行简单的换位。

移项得：$c+d=a+b$

$$d=a+b-c\text{（公式 2）}$$

经过多次的复制、旋转、拼接，通过数形结合得到直角三角形内切圆面积公式，这一方法在我国古代称为出入相补原理。

现在将已知的勾 $a=8$ 步，股 $b=15$ 步，弦 $c=17$ 步，分别代入公式 1 和公式 2，可得到：

$$d=\frac{2\times8\times15}{8+15+17}=8+15-17=6\text{（步）}$$

故：勾股形中内切一个圆，它的直径是 6 步。

在求内切圆直径时，我们得到了两个直径公式，代入数字后发现两个公式所求结果是一样的，也就是说公式 1= 公式 2。

则 $\dfrac{2ab}{a+b+c}=a+b-c$

或 $2ab=(a+b+c)(a+b-c)$

将等式中的 $(a+b)$ 看成一个整体，可得：

$2ab=a^2+b^2+2ab-c^2$

由此得出：$a^2+b^2=c^2$

需要注意的是，由于我们在获得公式 1 和公式 2 时，并没有以勾股定理为依据。因此，由勾股容圆公式可以推得勾股定理，这是勾股定理的另一种证明方法。

从勾股定理衍生出的勾股容圆问题，在数学发展过程是一个不断提出问题、解决问题的过程。两者就像一根绳上的“蚂蚱”，通过这样持续的思考、发现并解决问题，人类文明得以不断进步。

战国时期的《蒋铭祖算经》中梳理了“勾三股四弦五”，指出这种关系是在大禹治水的时候发现的。

三国时期的数学家赵爽，完成了定理证明。

约公元前3000年，古巴比伦人已知道和应用勾股定理，他们还知道许多勾股数组。

古埃及人在建筑金字塔和测量尼罗河土地时，也应用过勾股定理。

公元前6世纪，希腊数学家毕达哥拉斯证明了勾股定理，西方人习惯称为毕达哥拉斯定理。

1940年《毕达哥拉斯命题》出版，收集了367种不同的证法。

勾股定理是人类数学发展史上早期发现并证明的重要数学定理之一，同时也是用代数思想解决几何问题的最重要的工具之一。而从勾股定理衍生出的勾股容圆问题，使得数形结合思想在中国传统数学思想中更加深入。

文 / 武晨琳

34. 圆周率——算不尽的数

在我们身边，有很多人为了锻炼大脑记忆力，会将圆周率背诵到小数点后 100 位、200 位，甚至上千位。

那么，这串没有规律，只有开头没有终点的数字，最初有什么用处，以及它是如何得来的呢？

在天文、历法、数学等方面，圆周率都有广泛的应用，尤其是涉及圆的一切问题，都要使用圆周率来推算。关于圆周率的计算问题，历来是数学家的一个研究重点。

秦汉以前，我国古人就已掌握了按“径一周三”的“古率”来计算一块圆形土地的半径、面积等数学知识。

“径”是直径，“周”是圆的周长，圆周率即圆的周长与其直径之间的比率。

后来，随着不断地实践，人们发现“古率”误差有些大，圆周率应该是“圆径一而周三有余”。只是这究竟能余多少，大家因为得出的数字不一致，一时颇有争执。

历史遗迹

中国古代算书《周髀算经》中，已有“径一而周三”的记载，即圆直径与周长的比率为 1:3，但采用圆周率为 3 计算出的误差过大。西汉刘歆算出圆周率是 3.154，东汉张衡得出约为 3.162，到了三国时期，王蕃算出为 3.155，这样的数值计算简单，计算误差相对较小。

正所谓时势造英雄，在这样的环境下，著名数学家刘徽出现了。

这位非常接地气的数学爱好者，将求圆周率的方法叫作“割圆术”，即将圆周用内接或外切正多边形，并无限增加正多边形边数倍数的方法，来计算得到的正多边形的周长和面积。

他认为，圆内接正多边形无限多的时候，正

多边形的周长便无限接近圆的周长。

他的验证办法很简单，先把圆 6 等分，从圆内接正六边形开始割圆，然后将圆继续等分，内接 12 边形、24 边形、48 边形……无限分割下去，圆周被分割得越细，误差越小，内接正多边形的周长就越接近圆周，直到圆周无法被分割为止。

也就是到了圆内接正多边无限多的时候，正多边形的周长就与圆周“合体”了，此时计算逐次得到的正多边形的周长和面积即可。

由于圆周率 $= \frac{\text{圆周长}}{\text{圆直径}}$，圆的直径是条直线容易测量，较难计算的是圆周长，而刘徽通过“割圆术”，让折线逐步接近曲线，就使得多边形的周长无限接近圆周长，从而解决了这个难题。

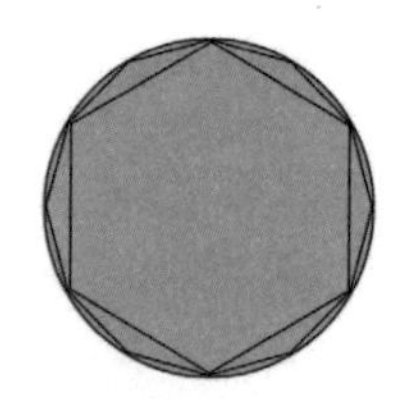

割之弥细，所失弥少，割之又割，以至于不可割，则与圆周合体而无所失矣。

知识窗

刘徽以后，探求圆周率有成就的学者，先后有南朝时期的何承天、皮延宗等人。何承天求得的圆周率数值为 3.1428，皮延宗求出的圆周率值为 $\frac{22}{7} \approx 3.14$。

具体的计算方法是，设圆面积为 S_0，半径为 r，圆内接正 n 边形边长为 l_n，周长为 L_n，面积为 S_n；将边数加倍后，得到圆内接正 $2n$ 边形，边长 l_{2n}，周长 L_{2n}，面积 S_{2n}。

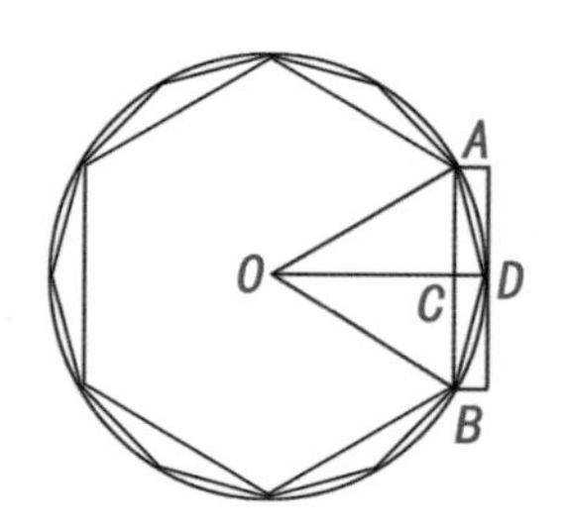

如上图所示，首先，当 l_n 已知，就可以使用勾股定理求出 l_{2n}。在直角三角形 ACD 中，由勾股定理可得到边长 AD，则有：

$$l_{2n}=AD=\sqrt{AC^2+CD^2}$$

$$=\sqrt{\left(\frac{1}{2}l_n\right)^2+\left[r-\sqrt{r^2-\left(\frac{1}{2}l_n\right)^2}\right]^2}$$

知道了内接正 n 边形的周长 L_n，又可得到正 $2n$ 边形的面积 S_{2n}：

$$S_{2n}=n\left(\frac{1}{2}AB\cdot OD\right)=n\cdot\frac{l_n r}{2}=\frac{1}{2}l_n\cdot r$$

观察割圆术可以注意到，如果在内接 n 边形的一边上做一高为 CD 的矩形，就可证明：

$$S_{2n}< S_0< S_{2n}+(S_{2n}-S_n)$$

这样，不用计算圆外切正多边形，就可以推算出圆周率的数值范围。

刘徽从圆内接正六边形出发，并取半径 r 为 1 尺，一直计算到圆内接正 192 边形的面积时，得出了精确到小数点后 2 位的近似值 3.14，化分数为 $\frac{157}{50}$，后人称为“徽率”。

刘徽一再强调，如果有需要，可以继续算下

去，就能得出更精密的近似值来。

这种计算圆周率的方法，逻辑推理大胆科学，论证方法严密实用，为后面千年来中国圆周率计算在世界上的领先地位奠定了基础。

大约200年后，博学勤奋的祖冲之，进一步探索完善，点后成为世界第一位将圆周率精准推算到小数点后第7位的科学家，其值在3.1415926与3.1415927之间。

关于他计算圆周率的方法，早在北宋就已失传，现在一般认为他是采用了刘徽的“割圆术”。事实上，按照割圆术计算到圆内接正24576边形时，恰好可以得出这一结果。

祖冲之还计算出了两个分数形式的圆周率：一个是$\frac{22}{7}$，这个数精确度比较低，祖冲之称为“约率”；另一个是$\frac{355}{113}$，称为“密率”。

在现代数学中，如果将圆周率表示为连分数，其渐进分数是：

$$\frac{3}{1},\frac{22}{7},\frac{333}{106},\frac{355}{113},\frac{103993}{33102},\frac{104348}{33215},\cdots$$

第四项正是密率，它是分子、分母不超过1000的分数中最接近圆周率真值的分数。

约公元前20世纪，一块古巴比伦石匾清楚记载了圆周率$=\frac{25}{8}=3.125$。同时期的古埃及文物也表明圆周率约等于3.1605。

在祖冲之精准计算出圆周率小数点后面7位的1100年以后，阿拉伯数学家卡西才打破纪录，算出了17位小数的圆周率。

1610年，德国数学家鲁道夫穷极一生，将圆周率计算到小数点后35位。

祖冲之对圆周率的精确推算，对于中国乃至世界都是一个重大贡献，日本有学者曾提议将“密率”改称“祖率”，以纪念祖冲之的这一伟大贡献。

德国一位数学家曾说过：“历史上一个国家所得到的圆周率的准确程度，可以作为衡量这个国家当时数学发展的一个标志。”而正是祖冲之，让中国古代关于圆周率的计算，长期处于世界领先水平。

希腊字母π，本来和圆周率没有关系。1706年英国数学家威廉·琼斯在《最新数学导论》中，首次用π来表示圆的周长与直径的比值。后来，在瑞士大数学家欧拉的推广下，人们有样学样，用π表示圆周率的方法逐渐在全球流行开来。

现在，π是一个在数学及物理学中普遍存在的数学常数，更是精确计算圆周长、圆面积、球体积等几何形状的关键值。

文/武晨琳

35. 中国珠算——小“糖葫芦”大用处

人类使用最早和最长久的计算工具，应该是手指，这可是天生就有的，方便、实用。

问题是一旦手指不够用，身边又没有小伙伴可以借一借他的手，计算就很不方便了。

于是人们就开始借用工具，石子计数、绳结计数、刻痕计数，就成了人们计算的好帮手。

可计算数量大，或者缺少石子、藤条、木片等材料时，计算就会受限，而且对于具体数字表示什么意思也不够明晰。

后来，计算量越来越大，简单的计数已经无法满足需求，于是古人开始用木棍或者竹签这类随处可见的材料来计数，这就是我们熟知的算筹计数。

算筹中用到的小木棒，一多就容易弄混，而且也不便携带。聪明的人们将木棒逐渐改成了圆的珠子，然后在中间打个空，用绳子穿起来系在腰上，携带果然方便了不少。

不过这样还是太沉了，绳子容易断，多了还会打结。

这可难不倒古人，他们就用更硬实、耐用的小木棍当绳子，像穿糖葫芦那样把珠子穿起来，不仅牢固，而且更节省计算时间。

中国珠算，就是以算盘为工具的，关于算盘的起源，有人说是三国时期关羽发明的。

当时行军打仗时，在桌面、石板等平板上铺上细沙，就可以写字、画图和计算，这就是所谓的“沙盘”。

可沙子也不是到处都有的，后来就直接在板面上刻出很多平行线，在上面放置一种叫“算子”的小石子来记数和计算，这就是“算板”，也就是算盘的雏形。

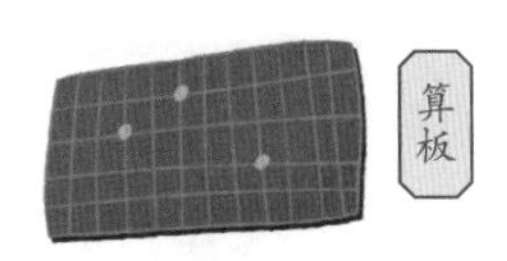

还有人说，算盘是东汉天文学家和数学家刘洪发明的，刘洪还被后世尊称为“算圣”。

但到底是谁发明的，目前还没有定论。

比较确定的是，宋朝时，算盘正式成为中国传统的计算工具。因为是由一颗颗扁圆的珠子组成的，因此算盘计算又称为珠算。

随着算盘使用的普及，人们逐渐总结出一套相应的口诀，比如加法口诀中的“二下五去三”，减法口诀中的“四上一去五……”

边说口诀，边配合手指拨动算盘珠子，“珠动则数出”，便可完成加、减、乘、除，甚至乘方等基本数学计算。手口并用，也大大降低了出错的概率。

有了算盘，不管是放在家里细细计算，还是出门在外随身携带，都很方便，既物美价廉，又准确、高效，一时间它成了很多人的生活必备品。

算盘多是用竹、木制成，当然，有些贵族也会选用金银、玉石、象牙、水晶等材质来制作算盘，以此体现自己的身份。

其实，算盘自诞生以来，就是用来计数和算账的，但因为与财物有关，正所谓“算盘一响，黄金万两”，所以在民间，常会听到“金算盘”“铁算盘”的比喻，因此也被古人看成富贵吉祥之物。

古代有小孩子挂在脖子上驱邪避凶的，还有作为新娘陪嫁物，象征“精打细算”、祝福新人生活富足安宁、财源广进的。

历史遗迹

东汉数学家徐岳，写有一本《数术记遗》，其中最早提到“珠算”这个字眼儿。不过书中说它只能做简单的加、减计算。

元初画家王振鹏的《乾坤一担图》中，货郎的后筐内清晰可见一个有梁穿档的算盘。这个算盘可能是货郎贩卖的物品，也可能是他用来计算的工具，这证明在元朝时算盘已经在民间广泛流传使用了。

日本山田市，现在还保存着一个明朝时二十五档的算盘。

如今我们见到的算盘，多是长方形的，四周是一圈木框，中间横着的木条是“梁”，串珠子的小棒叫作“档”，一般是九至十五档。

每一档代表一个数位，横梁把算盘分为上下两部分，上面的珠子称为“上珠”，下面的珠子叫作“下珠”。

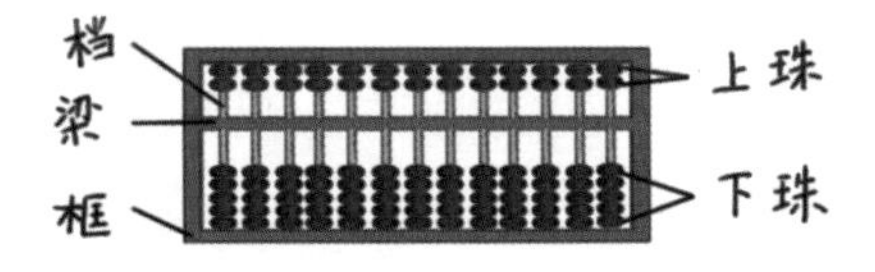

标准的算盘是十三档，下珠 5 个，上珠 2 个，共 91 个珠子。

此外，还有十五档的算盘和其他不同的规格的算盘，上下珠子的个数略有不同。

计数就要用到数位，可以在算盘上任选一档记为个位，从右往左，依次是十位、百位、千位档等。当然，选择个位的位置越靠右，可计数的数值就越大。

当珠子都离梁，也就是“空档”时，表示算盘上没有拨上数，记数为0。相反地，当有珠子靠近梁时，有几颗下珠，就表示记数为几；每颗上珠，记数为5，每颗下珠，记数为1。

那么，如何在算盘上表示8563呢？

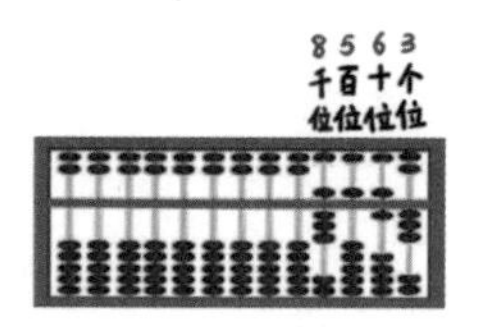

通常我们要先选择一个档记作个位，然后从个位开始，由右向左，依次在个位档拨下珠3颗，表示数字3；十位档拨上珠1颗下珠1颗，表示数字6；百位档拨上珠1颗，表示数字5；千位档拨上珠1颗下珠3颗，表示数字8，合计则记为数字8563。

还原空档后，就可以再计别的数了。

14世纪，中国的算盘以及指导珠算的书籍传入日本。当时数学家程大位的《直指算法统宗》一书，成了日本珠算的必备教科书，书内详细记载了珠算的口诀和技巧。

15世纪，朝鲜、印度和越南等国也开始使用中国的算盘。

在古装剧中，我们看到的记账先生，拨算盘时手里还握着一支笔，在噼里啪啦快速拨动算盘上的珠子后，会快速用笔记下计算结果，这就是掌握一套“打算盘”方法的老手的常见样子。

在我国，直到20世纪六七十年代，算盘才逐渐被更为方便的计算器取代。

数学，中国古称“算学”，算盘承载着古老算学的一种特殊计算方法——珠算。在计算机还未出现时，算盘在农业、商业中起着重要的作用。英国科学史学家李约瑟称算盘为“中国第五大发明”。

如今算盘有中国算盘、日本算盘和俄罗斯算盘之分。日本算盘叫“十露盘”，算珠是菱形的，而且尺寸较小、档数较多。俄罗斯算盘有若干弧形木条，横镶在木框内，每条有10颗算珠。

在世界各种古算盘中，中国的算盘是最先进的，目前在亚洲和中东部分地区的店铺仍有使用。

在西方，算盘有时会被用来帮助小孩子理解数字。

算盘既是中国人的传统知识与实践相结合的产物，也是古代中华民族智慧的结晶。作为非物质文化遗产，中国人可以用一个算盘来计算大千世界，这种独特思维方式值得让更多人记住。

文 / 武晨琳

36. 杨辉三角——数与形的交锋

南宋杰出的数学家杨辉，本来是苏杭一带的父母官，可他对数学的痴迷并不因工作而耽搁。工作之中，与数学爱好者探讨一番，也是他的乐趣所在。

1261 年，他完成了《详解九章算法》一书。在这本书中，他画有一个用数字排列起来的三角图形，我们现在一般称为“杨辉三角”。

因为此图来源于北宋贾宪的“开方作法本源”图，因此又称“贾宪三角”。

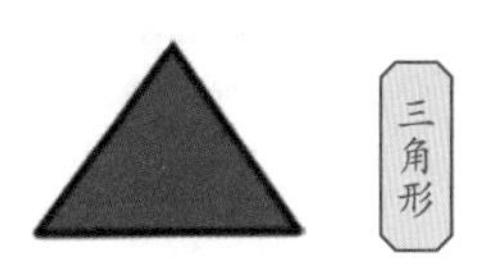

历史遗迹

北宋数学家贾宪，约在 1050 年撰成一部《黄帝九章算法细草》的数学著作，可惜原著现已失传。书的主要内容，在杨辉的《详解九章算法》中有摘录。

其中的高次开方法，是以一张“开方作法本源”图为基础的，此图后经杨辉的借鉴和探索发扬开来。因此，现在多称它为“杨辉三角”。

这是一些简简单单的数字，以散落的三角形来呈现其神奇。从顶部的单个一开始，两条斜边上的数字都是一，其余每行上的数字，都是由上一行左右两个数字的和组成。

具体的做法，是在最上面的中间写下数字一。下面的第一行，和上面形成三角形写下两个

一。随后的每一行，第一个和最后一个的数字都是一，其他的每个数字都是它左上方和右上方两个数的和。

也就是说，在相邻的两行中，除1以外的每一个数，都等于它“肩上”两个数的和，即 $c_{n+1}^{r}=c_{n}^{r-1}+c_{n}^{r}$ 。

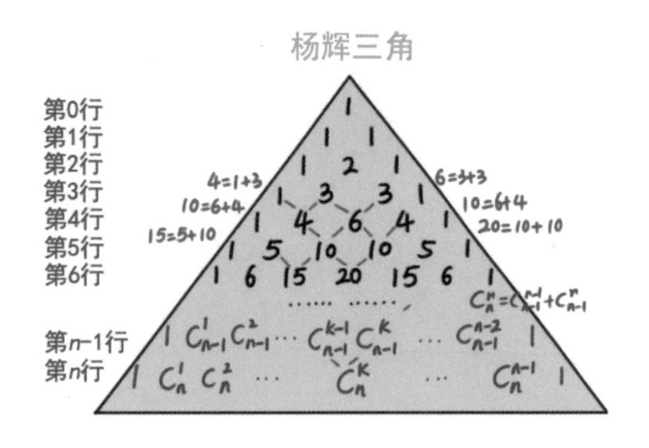

从右往左斜着看，第一列全部是1，第二列是1，2，3，4，…，第三列是1，3，6，10，…，第四列是1，4，10，20，…。

从左往右斜着看，和前面看到的一样，也就是说这个数列是左右对称的。

我们将最上面的一行确定为第0行，往下依次是第1行，第2行，…，第 n 行就有 $n+1$ 项数字，第 n 项的数字之和为 2^n。

如果仔细观察你就会发现其中的神奇，这个三角形还给出了 $(a+b)^n(n=1,2,3,4,5,6,\cdots)$ 展开式（按 a 的次数由大到小的顺序）的系数规律，即二次项系数定理。

例如，三角形中第2行的3个数1、2、1，恰好对应着 $(a+b)^2=a^2+2ab+b^2$ 展开式中的各项的系数，第3行的4个数1、3、3、1，恰好对应着 $(a+b)^3=a^3+3a^2b+3ab^2+b^3$ 展开式中各项的系数，下面各行依此类推即可。

对比一下你还会发现，同一行，当行数 n 为偶数时，中间的数字为所在行的最大数，如 $n=4$，所在行的最大数为6。

当行数 n 为奇数时，中间有两个一样的数字为所在行的最大数，如 $n=5$，所在行的最大数为两个10。

中外科技对比

1654年，法国天才数学家帕斯卡在一张纸上斜着写下了一串数字1，顶部是单个数字1，下面一行是两个数字1，之下每行中的数字都是上面两个数字之和。

各行依次排列，当越排越多后，他发现：从左上角到右下角画一条直线，直线经过的数字恰好就是牛顿二项式定理，这就是著名的“帕斯卡三角形”，在中国通称为“杨辉三角”。

这一规律的发现，比杨辉迟393年，比贾宪迟600年。

从整体来看，杨辉三角中每一行的数字在一起能组成一个整数，这个整数构成首项是1、公比是11的等比数列 $\frac{a_{n+1}}{a_n}=11$ 。

1　　　　$(a+b)^0=1$

1 1　　　　$(a+b)^1=a+b$

1 2 1　　　　$(a+b)^2=a^2+2ab+b^2$

1 3 3 1　　　　$(a+b)^3=a^3+3a^2b+3ab^2+b^3$

1 4 6 4 1　　　　$(a+b)^4=a^4+4a^3b+6a^2b^2+4ab^3+b^4$

……　　　　……

作为古代数学史中光辉灿烂的一页，杨辉三角可以推广到很多数学应用中去。

比如杨辉三角与纵横路线图的问题：某同学在家（A）到学校（B）之间有很多交叉路口，那他有多少种路线可走呢?

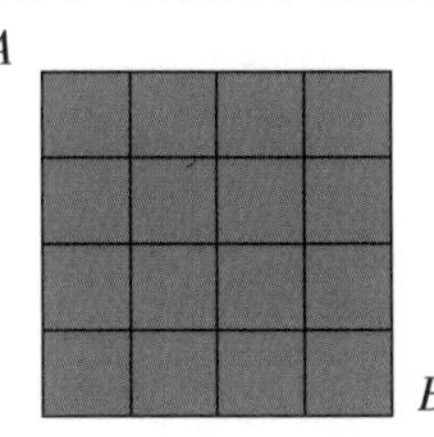

第一，从A到B，直接走最边上的大路，有下图所示2种走法。

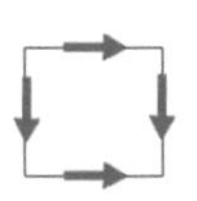

第二，从A到B，中间路段绕一次，有下图所示3种走法，也等于第一次的走法加1。

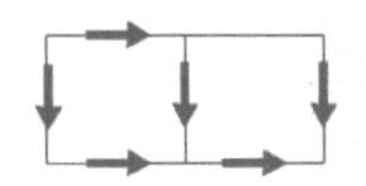

第三，从A到B，有下图所示5种走法，恰好是前面两次走法相加……

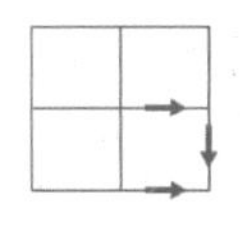

最终，所有的走法如下图所示，从A到每一个交叉点的走法，其实都蕴含着杨辉三角的数学知识，可知共有70种走法。

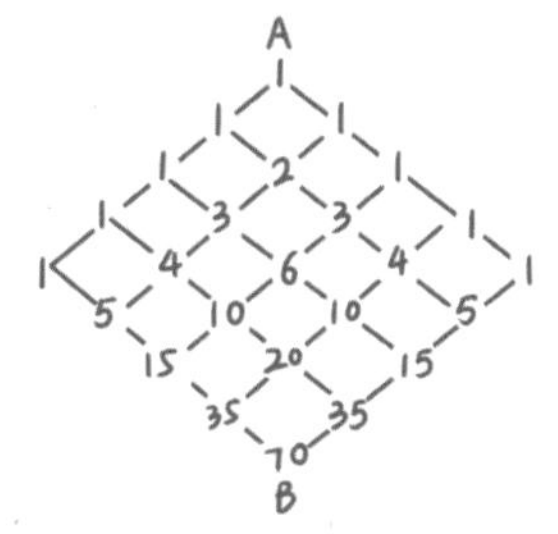

在二项式定理中，杨辉三角还可以用来作为开方的工具，发现高阶等差级数的计算规律，推导高次方程的计算方法，解释混合级数、无穷级数的概念等。

在现代的计算机软件编程中杨辉三角也是比较容易实现的，C++、Java语言中都有它的身影。

中学教学中，根据杨辉三角提出的几个有趣的问题，对于丰富数学教学活动，也是有一定价值的。

知识窗

从1261年开始的15年时间里，杨辉独立完成了《详解九章算法》《日用算法》《乘除通变本末》《田亩比类乘除捷法》《续古摘奇算法》共5种21卷数学著作。

他除了总结以往数学家的成果，又极大地创新和发展了我国的数学技术，对中国古代算术的发展意义深远。

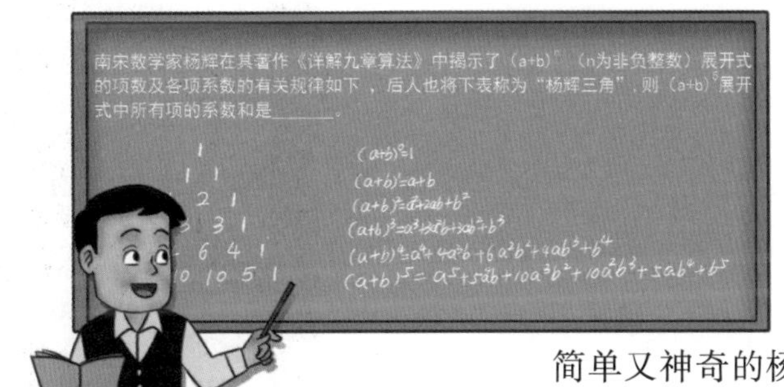

简单又神奇的杨辉三角，就像一座数学宝库，直到现在全世界仍然有无数数学家在不断探索其奥秘。

文/武晨琳

科学著作《九章算术》

被称为“算经之首”的《九章算术》，约成书于1世纪，是中国古代第一部数学专著。

原作者已不可考，一般认为它始于春秋战国时期，是经过几代人的传抄积累，逐次整理、修改、补充完成的一部集体创作的著作。

它的出现，标志着中国古代数学知识完整体系的形成。

历代的数学家，大多是从这本书开始学习和研究数学的。

为了方便学习，不断有人对它进行校正和注释。

比如西汉时的张苍、耿寿昌，就曾依据前人的数学残卷，对《九章算术》进行过整理、增补，这才让它的收录内容基本确定下来。

序号	章节名称	主要内容	例题数目
第一章	方田	列出了八种常见田地形状的面积计算公式，以及世界上最早的分数四则运算法则	38 个
第二章	粟米	讲解了各种粮食的互换比例及算法	46 个
第三章	衰分	以比例分配算法为主	20 个
第四章	少广	以面积、体积算边长和直径	24 个
第五章	商功	讨论工程中的工作量分配问题	28 个
第六章	均输	讨论各地每户均摊赋税的问题	28 个
第七章	盈不足	讲交易中盈亏类问题的算法	20 个
第八章	方程	最早介绍了线性方程组的列法和解法	18 个
第九章	勾股	利用勾股定理通解、测量各种问题	24 个

后来魏晋时的刘徽，全面论证了《九章算术》中的公式解法、推导证明、概念定义等，因此修正了其中的若干错误。

他还全面详细地做了一个注释本，现在我们看到的，大多是刘徽所作的注本。

唐宋时期，《九章算术》被规定为全国的数学教科书。其中北宋政府于 1084 年刊刻的《九章算术》，一不小心成为世界上最早的印刷本数学教材。

《九章算术》内容十分丰富，全书以计算为中心，采用问答形式，分九个章节阐述了 90 多个抽象的解法、公式。

书中还收集了 246 个数学应用问题及其解法。

《九章算术》对中国古代的数学发展有很大影响。

它的最大成就在代数方面，书中记载了开平方和开立方的方法，并在此基础上又提出了一般一元二次方程的数值解法，还用了整整一章的篇幅介绍了方程组的解法。

《九章算术》早在隋唐时

期就已传入朝鲜、日本等国，还被翻译成多国文字。作为一部世界数学名著，它记载了当时世界上最先进的分数四则运算和比例算法，还记载了解决各种面积和体积问题的算法。

它还最早提到分数问题，在世界数学史上第一次提出了负数概念，及正负数的加减运算法则，为世界数学的发展做出了巨大贡献。

文 / 武晨琳

小物件，藏万理

早在几千年前的春秋时期，我们的祖先就已经发现物理现象，并且开始在生产劳动中运用物理知识。

在放风筝时，利用风筝上下存在的压力差形成的升力，使其摇摇起飞。

墨子则做了世界上第一个小孔成像实验，证明光是沿直线传播的。

通过对地球磁场的利用，人们发明了让自己不再迷路的指南针……

物理学中的力学、光学、电磁学、声学等，被伟大的中国古人充分运用在日常生活中，从而提高了生产效率，使人们的生活更加方便和舒适，也促使人们更好地认识自然规律、利用自然资源，造福后世的子子孙孙。

37. 风筝——古人的飞天梦

“草长莺飞二月天，拂堤杨柳醉春烟。儿童散学归来早，忙趁东风放纸鸢（yuān）。”一首诗，描绘出一幅早春时孩童们放学后放风筝的美好景象。

千百年来，放风筝一直是小朋友们最喜爱的户外活动之一。

扯一根结实的长细线，就能让自己喜欢的风筝乘风而上，感觉自己也像插上了翅膀，自由地飞向高空。

这时，或许有人会忍不住发问：这个奇妙的小玩意儿，是谁发明的呢？

2000 多年前的春秋时期，诸侯争霸，战乱四起。社会的动荡与变革促进了思想和文化的发展，诸子百家相互争鸣，盛况空前。

其中有一位名叫墨翟的士人，他不仅饱读诗书，还当过牧童，学过木工。据说他制作的守城器械，比出身于工匠世家的公输班做得还要厉害。

公输班就是鲁班，被尊为木工行业的祖师爷，是能工巧匠的同义词。成语“班门弄斧”最初是指在行家鲁班门前舞弄斧子，以此比喻一个人不自量力，敢在行家面前卖弄本领。

这位墨翟是何许人也，竟然比鲁班还厉害？

墨翟就是大名鼎鼎的墨子，他是中国古代著名的思想家、教育家、科学家、军事家，也是墨家学派的创始人和代表人物。

墨子对物理学很有研究，还精通兵器、机械、工程建筑制造，尤其擅长防守城池。而且，他还是鲁班的老师呢。

所谓名师出高徒，一个是才高八斗的老师，一个是心灵手巧的匠人，作为学生的鲁班，在用心学好老师传授的本领的同时，对一些不足之处加以改进。

据《韩非子》记载，“墨子为木鸢，三年而成，飞一日而败。”意思是墨子制作一只木鸟，花费了三年时间才成功，结果飞了一天就坏了。

擅长土木建筑工程的鲁班当然不甘示弱。

据《墨子》记载：“公输子削竹木以为鹊，成而飞之，三日不下，公输子自以为至巧。”意思是鲁班用竹子制作了一只喜鹊一样的木鸟，成功飞了三天还没有落下，鲁班自我感觉特别良好。

青出于蓝而胜于蓝，一天对比三天，看起来似乎是鲁班赢了。

但你可别小看了墨子的这一天，要知道，这是世界上最早的人造飞行器，更是中国风筝的雏形，具有开创性的意义。鲁班的“木鹊”算是风筝的改良版。

等等，风筝不是也叫鸢，或者纸鸢吗？可墨子做的是木鸢，鲁班做的是竹鹊，那材质不同的纸鸢呢？

别急，别急，确切地说，墨子的木鸢和鲁班的竹鹊都是风筝的前身。到了东汉，蔡伦改进造纸术，民间开始用纸来裱糊风筝，这才有了纸鸢这个名字。

那么，它是什么时候改名为风筝的呢？

五代时期，有个后唐的官员名叫李邺（yè），此人当官能力不怎么样，却很有点儿小聪明。

为了讨好皇帝，他在宫中制作纸鸢，并且给纸鸢的头部绑上竹哨，纸鸢飞起来时，风吹动竹哨发出悦耳的声音，像是奏响古筝一般，从此纸鸢就被称为风筝了。

知识窗

风筝能飞上天，是因为伯努利原理。

通过风筝下层的空气受到风筝面的阻挠，流速降低，气压升高。风筝上层的空气没有受到阻挠，流速较强，相对下层的空气气压稍低，这个气压差让风筝获得了一个扬力。在风力、牵引力和扬力的共同作用下，风筝才能顺利飞上天空，并在空中保持平衡。

美国的莱特兄弟，曾经受到风筝的启发，发明出了世界上第一架飞机。

风筝在出现之初，并不是孩童手中的玩具，而是被用于军事、通信和测量。

相传，楚、汉两军在垓下之战时，韩信命人用牛皮赶制了一只大风筝，绑上竹笛，当风筝迎风飞上天空时，笛子就发出响声。他让人乘着夜风，把风筝悄然放飞到楚营上空。

汉军士兵伴随笛声唱起凄凉哀婉的楚地歌曲，勾起楚军的思乡之情，楚军的士气大受打击，这就是“四面楚歌”的典故。

后来，韩信趁着刘邦不在，打算挖地道进入未央宫。可是未央宫那么大，这地道怎么挖呢？

韩信就命人放出风筝，打算利用风筝测量到未央宫的距离。结局我们都知道，他失败了。

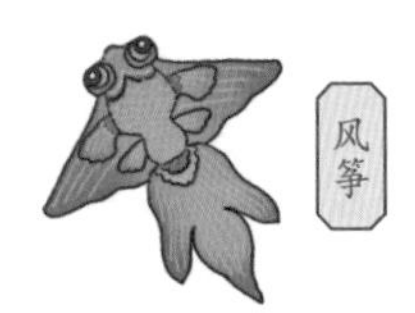

南北朝时期，南朝梁国将领侯景发动叛乱，梁武帝被困在宫中，那可真是叫天天不应，叫地地不灵。

就在他一筹莫展的时候，有人急中生智，想到了一个绝妙的点子——用风筝向宫外发送求救信号。

太子听了大喜：“放风筝这活儿我熟，看我的！”他赶紧跑到太极殿前，趁着西北风放起了风筝。

风筝高高飞上了天空，叛军一看，这都什么时候了，还有心思放风筝呢？肯定有猫腻。于是果断一箭，把这个背负着梁武帝父子所有希望的风筝给射了下来。

或许，这就是最早的“有线无人机”。

相比前人的两次失败，唐代一位名叫张丕的将领被叛军围困时，也是利用风筝来求援，并且成功了。

以上这些都是风筝用于军事的历史事件或故事。

到了唐朝中期，随着纸张的普及，风筝的体形变得越来越小巧，它的军事功能逐渐消失，慢慢地放风筝成为一项老少皆宜的全民户外运动。

因为古人认为，放风筝时沐浴春风与阳光，不仅能锻炼体魄，还能保护视力，是一个

很不错的健身项目。

后来，还形成了春分放风筝锻炼体魄、清明节放风筝祈福驱邪的习俗。只不过在我国，北方人称风筝为“纸鸢”，南方则称为“鹞子”。唐代赵昕的《熄灯鹞文》中，就讲述了宫廷里的宦官们把灯笼挂在风筝上，夜晚放飞，供宫中贵人观赏的趣事。

宋朝时，风筝成为文人雅士笔下的新宠儿，留下了大量表达情感的诗篇。而那些画家们，却玩出了新花样，他们开始在风筝上尽情释放自己的艺术创造力，蝙蝠、龙凤、鲤鱼、仙鹤、乌龟等图案，都被用作表示吉祥的装饰。

宋代苏汉臣绘制的一幅《百子嬉春图》里，站在亭台处的几个孩子正在放风筝，神情专注而喜悦。

《红楼梦》里也多次提到风筝。其中林黛玉放风筝时，丫鬟紫鹃让她把风筝线剪断，希望放掉的风筝能“把病根都带走”。

之后人们放风筝的记载就更多了，文章开头这首脍炙人口的诗，就是清代诗人高鼎的作品。

10世纪，风筝由唐朝传入朝鲜、日本等邻国。

13世纪，旅行爱好者马可·波罗把风筝带到了欧洲。此后，随着风筝在世界范围内的传播，它的科学价值也得到了越来越多的发掘。

在美国华盛顿国家航空和空间博物馆中，有一块说明牌上醒目地写着：“最早的飞行器是中国的风筝和火箭”。

1749年，受到风筝的启示，美国天文学家威尔逊，利用6只风筝将小型温度计带到近千米的高空中进行科学试验，第一次测到了低层大气的温度，推动了气象学的发展。

1752年，美国科学家富兰克林利用风筝引来雷电，从而发明了避雷针。

世界上第一架飞机，就是美国的莱特兄弟，通过观察风筝在空中的运动，发明了机翼并制造出来的。

如今，人们对风筝的利用越来越广泛，海洋救生、牵引船只、传递信件、空中拍摄……到处都有它的身影。

可见，风筝不仅仅是一个玩具，它凝聚着中国古人的智慧，对中国乃至世界的科学技术的发展也产生了深刻的影响。

文/彭皓

38. 小孔成像——光与影的游戏

光是从哪里来的？影子是怎样产生的？为什么光能穿过缝隙？为什么影子会消失？

远古时期的先民通过观察，发现阳光从树叶的间隙投射到地面，或是从狭小的窗口照射到房间里，都会形成射线状的光束。

他们还发现，当鸟儿在空中飞翔时，下面始终有一团影子伴随着它，看起来，就像影子在跟着移动一样。到了夜里，那影子就莫名其妙地消失了；可当太阳重新升起时，那些影子又悄无声息地出现了。

是什么原因造成了这些有趣的现象呢？

2400多年前，春秋战国时期的杰出科学家墨子，在此时注意到了一个奇特的现象：在一间黑暗的房屋墙上开一个小孔，一个人站在屋外，当阳光照射的时候，屋里对着小孔的墙上就会出现这个人倒立的身影。

这就是小孔成像现象。

墨子和他的学生完成了世界上第一个小孔成像实验，并且用文字记录了下来：

在光前进的路线上，有一个或远或近的小孔。让光通过小孔投射进暗匣（也就是景库），在暗匣里就会形成一个

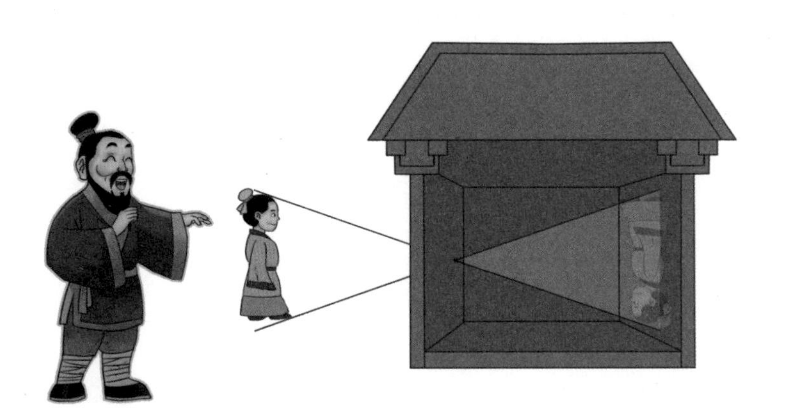

明亮的影像。但投射出来的是倒立的、大小不一致的影像。

在墨家学派的重要著作《墨经》中，记录了墨子及其弟子观察、验证小孔成像现象的实验文字记录。

这是因为，光在同种均匀介质中，在不受引力作用干扰的情况下，沿直线传播。所以，墨子他们不仅发现了小孔成像原理，同时也发现了光线沿直线传播的原理。

后来的投影机，也是运用了小孔成像的物理原理，让光学设备形成图像，成功投射或拍摄出了人们想要的影像和照片。

而这也是人类历史上第一次明确指出“光沿直线传播”这一科学论断。

墨子发现、验证并记录小孔成像现象是在公元前 5 世纪。100 多年后，古希腊哲学家亚里士多德才留下关于小孔成像的记载。

光的这个特质，在我国古代科技中得到了广泛应用。例如日晷和圭表，就是通过测量日影的长短和方位，来确定时间和季节的变换。

墨子认为：

第一个现象，是因为光是沿直线传播的，穿过树叶的缝隙和窗口时，就像箭射过一般。

第二个现象，则是因为，光被遮挡时就会产生投影，鸟的影子就是光的投影。

鸟在飞行的时候，原有的影子并不会跟随鸟一起移动，而是在有光的地方不断形成新的投影。

由此，他提出了“景不徙”理论——在古文中“景”通“影”字，意思是“影子不会移动”。

后来，庄子根据墨子的这个观点，提出了“飞鸟之影未尝动”的哲学命题。

公元前 104 年，西汉第七位皇帝汉武帝的妃子李夫人病逝，汉武帝非常想念她，很想再见她一面。

有一位名叫李少翁的方士毛遂自荐，自称自己能与鬼神交流，能让汉武帝实现这个愿望。

令人惊讶的是，他竟然真做到了，还因此被封为将军。

从科学的角度来看，李少翁的“法术”其实很简单——用纸剪出李夫人的像，天黑后用烛光照射纸像，通过一块白幕投射出影像，在白幕外面的汉武帝就能看到自己朝思暮想的李夫人了。

这是世界上最早的“皮影戏”，也是人类历史上最早利用光沿直线传播原理来表现画面。

800 多年后出现的走马灯也是如此。

等等，如果用现代人的眼光看，这不就是幻灯片吗？

没错，中国古代的皮影戏、走马灯，其实是幻灯片的鼻祖。

13 世纪的元代，皮影戏先后传到欧洲和亚洲多个国家，引发了一波“中国影灯”热潮，收获了众多的外国粉丝。

又过了 400 多年，一个名叫奇瑟的传教士利用镜头和镜子反射光线的原理，将一连串图片反射在墙面上，取名为“魔法灯”，这就是最早的幻灯机。

200 多年后，随着 19 世纪工业革命的发展，幻灯技术也开始飞速发展起来。

电灯取代蜡烛，相机胶片取代手绘画片，幻灯技术逐渐演变成现在的样子，还“进化”出了它的升级版——投影机。只不过，这里还有光线反射和折射原理的利用。

同样建立在小孔成像的理论基础上，与我们的生活更加息息相关的是投影技术。

投影仪想要呈现出美轮美奂的影像，一般需要以下两个过程：

首先，需要将光线照射到精美的图片上，这样就形成了影像；

其次，是把影像投射到外界，这样我们看到的就是投射到外界的影像。

这就是我们平时见到的投影机的工作原理。

确切地说，小孔成像是投影的基本原理，现代的投影仪利用了多段小孔成像。

1826 年，法国发明家、摄影师涅普斯在涂有感光性沥青的锡版上，通过暗箱拍摄自己工作室窗外的景象，经过 8 个多小时的曝光，产生了照片《窗外》。

虽然这张照片很不清晰，却意义重大，因为它是世界上第一张永久照片。

虽然墨子对小孔成像的发现非常超前，然而遗憾的是，这项发现并没有被继承和发展。

历史上，观察到小孔成像现象的人，先后有唐代笔记小说家段成式、北宋科学家沈括、南宋文学家陆游、元代文学家陶宗仪和天文学家赵友钦等。其中成就最高的是赵友钦，他不仅发现了光可以通过小孔形成倒像，还以楼房作为实验室，进行了大型小孔成像实验。

赵友钦通过改变小孔的大小、光线的强弱和方向、物距与像距的长短等实验方式，得出结论：小孔的像与光源的形状相同，大孔的像与孔的形状相同。

在当时，这可是领先世界的科学成就呢！

知识窗

在小孔成像实验中，小孔的形状、位置大小会影响成像的效果吗？

我们将物体到小孔的距离称为物距，图像到小孔的距离称为像距，成像的清晰度称为分辨率，通过实验发现：小孔成像的分辨率，与像距成正比，与物距和小孔的大小成反比。

所以答案是：会影响。

简单地说，如果把小孔成像比作画画，屏幕是画纸，透过小孔的光就是画笔。画笔越细，画出来的图像就越精细、越清晰；画笔越粗，图像就越模糊。

元代天文学家郭守敬，还将小孔成像的原理用在天文仪器“仰仪”和“景符”上。仰仪用来观测日食，景符则辅助另一种天文仪器“高表”，通过观测日影测定节气。

到了清代，科学家郑复光小时候跟随父亲进城，看到有人放映幻灯图画，非常感兴趣，从此走上了研究光学成像的道路。

后来他指出，小孔成像不仅能形成倒像，还能形成正像。

文 / 彭皓

39. 指南车——帝王的向导

古代帝王出行时，车马严整，场面浩大，气势恢宏，随行的仪仗队伍有数百人，他们被称为“卤簿”。

卤簿队伍的最前方是一辆由四匹马拉着的双轮车，车上立着一个木头雕刻的仙人，仙人右手臂抬起，指向前方。

神奇的是，无论车辆如何转向，这位木仙人的手臂永远指向正南方，就像是向导一样，指引着帝王前进的方向。

这辆车就叫指南车。

关于指南车是何时出现的，历史上有几个版本。

其中最早的版本是，传说在4600多年前，黄帝和炎帝的部落联合，与蚩尤的九黎部落在涿鹿之野展开激战，史称“涿鹿之战”。

战争持续了3年，双方还是难分胜负。蚩尤觉得这样僵持下去也不是个办法，于是他就开始放大招了。他使出法术，召来大雾，让炎黄联军陷入迷阵。

在这危难之际，黄帝麾下

有一个名叫风后的大臣，受到北斗七星的启发，发明了指南车，这才带领士兵走出迷雾，打败了蚩尤部落，取得了涿鹿之战的胜利。

其他版本有的说是西周时期的周公设计的，也有的说发明于西汉，还有的说是三国时期一位名叫马钧的发明家复原出了传说中的指南车。

这些版本哪个是真的呢？目前尚无定论。或许我们可以另辟蹊径，从技术的角度来分析这个历史问题。

指南车也叫司南车，但它跟司南的原理不同。

司南利用地磁效应指向，而指南车没有磁性，它是利用齿轮传动来指向的。

然而目前的考古资料显示，中国古代最早的齿轮出现于战国到西汉之间，也就是说，黄帝和周武王的时代还没有齿轮，因此只能是传说。

《三国志·魏书》中记载了马钧制造指南车的事，这是历史上第一个“榜上有名”的指南车制造者，因此学术界认为这个版本最可信。

知识窗

指南车的核心机密，在于它的自动离合齿轮系统，相当于现代汽车中的差动齿轮。

车子出发前，先将木头小人手指的方向设置为南方。直行时，两个轮子转速相同。

转弯时，两个轮子的转速产生差异，车身旋转，转速的差异就会通过差动齿轮装置让木头小人自动转动方向，始终指向南方。

现代汽车调整左、右齿轮转速差的装置是差速器，与指南车的原理有异曲同工之妙。

马钧是中国古代最有名的机械发明家之一。小时候他的家里很穷，又有口吃的毛病，但他心灵手巧，有很多实用的发明。

后来，他凭借自己高超的技艺当上了给（jǐ）事中（官职名）。

有一次，他跟另外两名官员在朝廷上争论指南车是否真的存在，那两名官员都认为指南车只是个传说，但马钧却认为指南车是真实存在的。

他们争执不下，甚至闹到了皇帝面前，皇帝听了也挺感兴趣，下令马钧造出指南车。

没有资料，也没有模型，马钧只能自己钻研、摸索，经过反复试验，终于成功制造出了指南车，一下子就让满朝大臣心服口服了。

古人发明指南车的初衷，是让它作为战车，在行军打仗时好帮助军队辨识方向。

没想到吧，这位“帝王御用向导”木仙人曾经还是一名“战士”呢。

后来指南车作为战车的功能逐渐消失。西晋时，指南车逐渐成为卤簿仪仗的成员，用于彰显皇家的尊荣与威严。

遗憾的是，晋朝覆灭后，马钧造的这辆指南车也不知所终了。

其表，里面并没有机关，运行的时候需要一个人躲在车肚子里，拨动木头仙人，好让它保持方向。

看来，指南车对古代帝王真的很重要啊，明知道这是辆假车，为了面子宋武帝还是要用起来。

南朝宋顺帝末年，齐王，也就是后来萧齐王朝的开国皇帝萧道成，命令祖冲之制造指南车。

指南车完成后，齐王派人检查验收，发现这辆车的内部机械全部用铜制造，并且非常精密。无论指南车怎么行驶，木头仙人的手始终指向正南方。

到目前为止，指南车已经被“发明”了好几次。在未来的历史中，它还会被“发明”很多次，这又是为何呢?

自打成了“帝王御用向导”，指南车不仅装饰越来越豪华，而且个头儿越来越大，成了限量款，数量极为稀少。

最让人郁闷的是，因为指南车象征着皇帝的权威，每次王朝更迭，旧王朝的指南车都会被新的帝王下令销毁，再做一辆新的。

然而，从三国时期起，虽然各代的史书大都有关于指南车的记载，但是都很简略，指

到了南北朝时期，先后有后秦的令狐生、北魏的郭善明等人试图复原指南车，其中令狐生的指南车复原成功了。

宋武帝灭掉后秦后，抢走了这辆代表皇权的指南车。

可当他迫不及待地派人查看，却发现这辆车只是徒有

南车的内部结构制造方法更是被视为重要机密，没能流传下来。

于是，每次的新车都只能从零开始研制，陷入一个“失传—复原—又失传—又复原”的恶性循环，不仅浪费了大量的人力、物力，还出现了一个奇特的现象：各朝各代的指南车虽然外观相似，功能也一样，内部构造却各不相同。

历史上“发明”过指南车的人，有明确记载的就有 15 人。

在中国历史博物馆里，有一架宋代吴德仁所制指南车的复原品。

该指南车是由四匹马拉动的双轮车，车身高大，装饰华美，长方形的车厢上，雕刻着形象生动、色彩鲜明的金龙和仙人。“驾士”有 18 人，后来增加到 30 人。

车厢内部安装着大小齿轮联动装置，大齿轮平放在底部，中间直立着一根长杆，长杆上部露出车厢，顶端站立着一个伸出手臂指向前方的木头人。

这种情况一直持续到北宋。科学家、画家燕肃用传统制作方法复原出指南车，献给了皇帝；后来，一位名叫吴德仁的内侍也成功制成了指南车。

《宋史·舆服志》对这两辆车的外部形态、内部构造和技术规范都进行了详细记载，成为世界历史上宝贵的工程学文献。

元代之后，指南车再次消失在历史长河中，从此彻底失传。

中外科技对比

1889 年，法国标志集团成功研制出齿轮变速器和差速器，距中国使用差速齿轮制造的指南车已过去 1000 多年。

18 世纪，西方传教士对中国的指南车很感兴趣，误以为它就是后来的指南针。后来逐渐有人注意到指南车与指南针的原理完全不同。

1947 年，英国著名工程师兰彻斯特利用差速齿轮装置成功复原了指南车，他说：“我们欧洲人在近 60 年前发明的差速装置的原理，中国人早在 4000 多年前就已经认识和使用它了。”

虽然指南车早已湮灭在历史尘埃中，但它对于差速齿轮的运用，说明在 1000 多年前，我国古代已经能够熟练制造、使用复杂的机械结构，在齿轮传动和离合器的应用方面居世界领先地位。

文 / 彭皓

40. 罗盘（指南针）——风水与星辰大海

古人说："行万里路，读万卷书。"世界这么大，我们都想出去看看，但出门在外，要是"找不着北"可就麻烦了。

在科技发达的今天，我们有指南针，有卫星导航系统，在很多地方都能精确定位。可在古代，人们如果迷路了，该怎么办呢？

10 世纪以前，人们会选择观察太阳和星象，10 世纪以后，人们则会骄傲地说："罗盘在手，方向我有！"

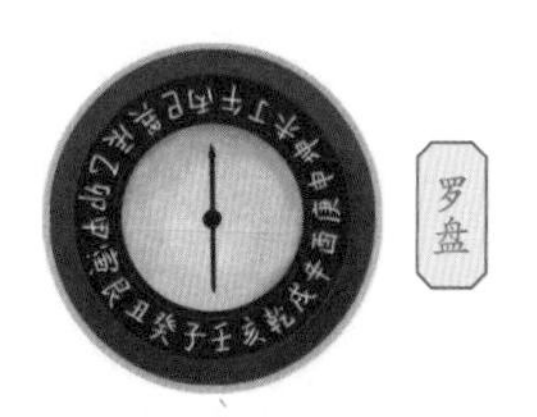

罗盘

罗盘是什么？听着和方向盘一样，竟然这么厉害吗？

或许你没有用过它，但你一定在小说或者影视剧里见过它，也一定知道它的升级版——指南针，以及它的初始版——司南。

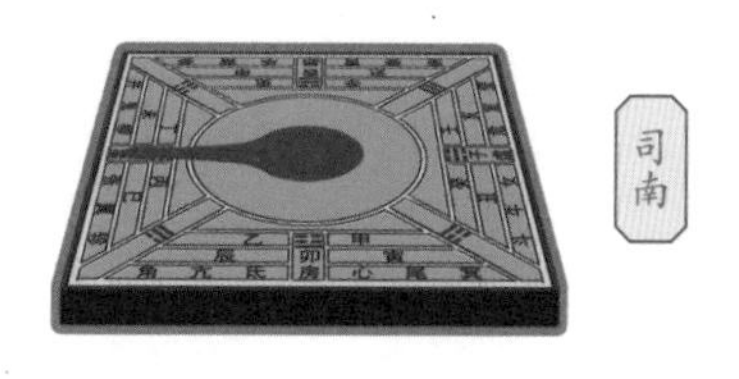

司南

我们知道，磁体上两个磁性最强的地方叫磁极，而地球就是一个巨大的磁体，它的两个磁极分别在接近地理南极和地理北极的地方。异磁性相吸，同磁性则会相斥。

早在先秦时期，古人就已经注意到了磁石会吸引铁这个现象。在探寻铁矿时，他们发现了磁铁矿，也就是磁石。

据《管子》记载："山上有磁石者，其下有金铜。"《山海经》中，也有关于磁石的记载。

有趣的是，此时的古人还不明白其中的原理，他们用一种非常有爱的方式来解释这个现象——慈石是铁的妈妈。

据《吕氏春秋》记载："慈招铁，或引之也。"意思是慈爱的石头吸引铁，就像慈爱

的母亲吸引孩子来到自己身边一样。

别笑，古人的确是这样理解的，“慈石”的“慈”也不是错别字。在汉朝以前，磁石就叫“慈石”。

但是石头有的慈，有的不慈，慈爱的石头能吸引铁娃娃，不慈的石头就不能吸引铁娃娃，这种说法是不是很可爱呢？

磁石是如何变成司南的呢？

“司南”原本是“立司南”，意思是测量日影的表杆，后来引申为确定方向。

记载用于指南的“司南”则最早出现在《鬼谷子》一书中。

书中记载：“郑人之取玉也，必载司南之车，为其不惑也。”意思是郑国的人去采玉，必须带上司南，以确保自己不迷失方向。

鬼谷子和韩非子都生活在战国时期，他们留下的文字记载，说明战国时期已经出现了用于指向的司南。

遗憾的是，考古学家至今未能发现司南实物。

汉朝流行一种“司南佩”的玉器，玉器的顶部模仿司南勺的形状，也雕了一个“勺子”，古人认为它的寓意是不迷失方向，能辟邪，帮助主人保持本心，端正品行。

在瑞士苏黎世里特堡博物馆，收藏着一块汉代画像石，内容是一群贵族在观赏魔术师和杂技演员表演节目。

在右上角的一个方形小台上，放着一个跟司南非常相似的物品，旁边有个人跪坐着在观察它。

没有实物，我们只能从古书中探寻司南的模样。

在关于它的文字记载中，东汉思想家王充的《论衡》被认为是最重要的，因为他明确描写了司南的外形和原理：“司南之杓，投之于地，其柢指南。”

“杓”就是勺子，用磁石打磨而成。“地”指地盘，也叫栻盘，最早出现于秦汉时期，用于游戏和占卜。

它的中心，是一个圆形，周围刻着八卦、天干、地支和星宿。八卦的八个卦象对应的是北、东北、东、东南、南、西南、西、西北八个方向。

把指南针的勺子放在地面上的圆盘中心，当它静止时，勺柄就会指向南方。

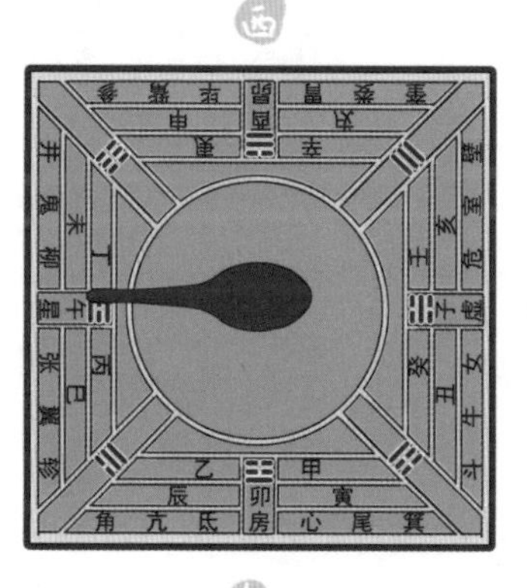

我们现在看到的司南，正是根据王充的记载复原的。

但司南在使用过程中有很多问题：

第一，勺子是用天然磁石打磨的，磁性较弱，并且容易受外力影响或者受热而失去磁性。

第二，勺子转动时，它与地盘接触的部位会因为摩擦产生阻力，影响它的指向。

第三，如果栻盘没放平，或者震动了，勺子就无法指示方向了。

你能想象，一个指南针只能放在室内观赏，丝毫不能移动吗？这就完全失去了指南针存在的意义啊。不行，得改。

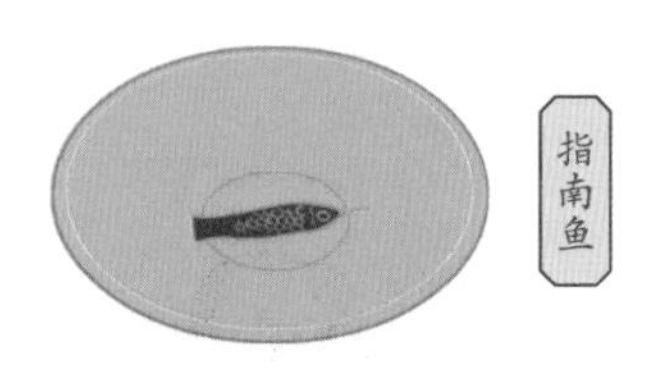

指南鱼首次出现在4世纪的西晋。在北宋曾公亮所著的《武经总要》中，记载了指南鱼的制作方法：

将剪成鱼形的薄铁片放在炭火上烤得通红，取出后将鱼尾朝北，以一定角度放入水中，利用地球磁场，将铁片鱼磁化成指南鱼。

使用时，让它漂浮在水面上，静止后鱼头就会指向南方。

指南鱼用起来比司南方便，但磁性比不上司南。不行，还得改。

唐朝流行堪舆，堪是天道，舆是地道，堪舆就是观察天象和地理，也就是俗话说的“看风水”。

作为堪舆家，他们急需一种携带方便的指向工具，于是就琢磨出了漂浮在水面上的水浮磁针。

在北宋学者沈括的《梦溪笔谈》里，记载了水浮磁针的制作方法：“方家以磁石磨针锋，则能指南。”

意思是：制作指南工具的行家，用磁石摩擦针尖，对针进行磁化。然后，将它悬挂在没有风的地方，磁针的南极就会指向地理南极，也就是磁场北极，这就是指南针的基本原理。

磁针不仅精度比司南和指南鱼高，使用也更加方便，还促进了一项新发现——磁偏角。

知识窗

磁偏角，是指地球表面任意一点的磁子午圈与地理子午圈之间的夹角。许多动物都能感受到磁偏角，并且利用它来导航。

据《梦溪笔谈》记载：“常微偏东，不全南也。”这揭示了地磁的南北极与地理的北南极并不完全重合，而是存在磁偏角。

这是世界上关于磁偏角的最早记录。

400多年后，意大利人哥伦布在横渡大西洋时，才发现磁偏角。

为了指向更准确，人们将水浮磁针和分度盘相结合，制造出了一种新的指南工具——罗盘，也叫水罗盘。从此，北宋人民不管是看风水，还是出门旅行，都用上了这种“黑科技”。

南宋时期，出现了一种指南龟，就是将磁石安装在木刻的指南龟肚子里面，这便是旱罗盘的前身。此时，开始发展出了独立用于航海的罗盘，大大促进了航海事业的发展。

这才有了明朝初年郑和下西洋的壮举，从而将航海罗盘传到欧洲及阿拉伯国家。

后来的哥伦布横渡大西洋发现美洲新大陆、麦哲伦船队环球成功，都与航海罗盘的应用分不开。

随着科技的发展，罗盘逐渐演变成了现在的指南针。

元朝时，旱罗盘由阿拉伯人传到欧洲，欧洲人对它进行了改进。

明清时期，经过改造的旱罗盘又传入中国，出现了中西合璧式的旱罗盘，逐渐取代了传统罗盘。

指南针是中国古代四大发明之一，是中国古代劳动人民智慧的结晶。

它让水手们摆脱了天气的限制，不再依赖太阳和星空，获得了自由航行的能力，从而开创了大航海时代的传奇。

从此，人们开辟了新航线，缩短了航程，促进了世界各国之间的文化交流和贸易往来，对人类文明的发展起到了不可估量的作用。

文 / 彭皓

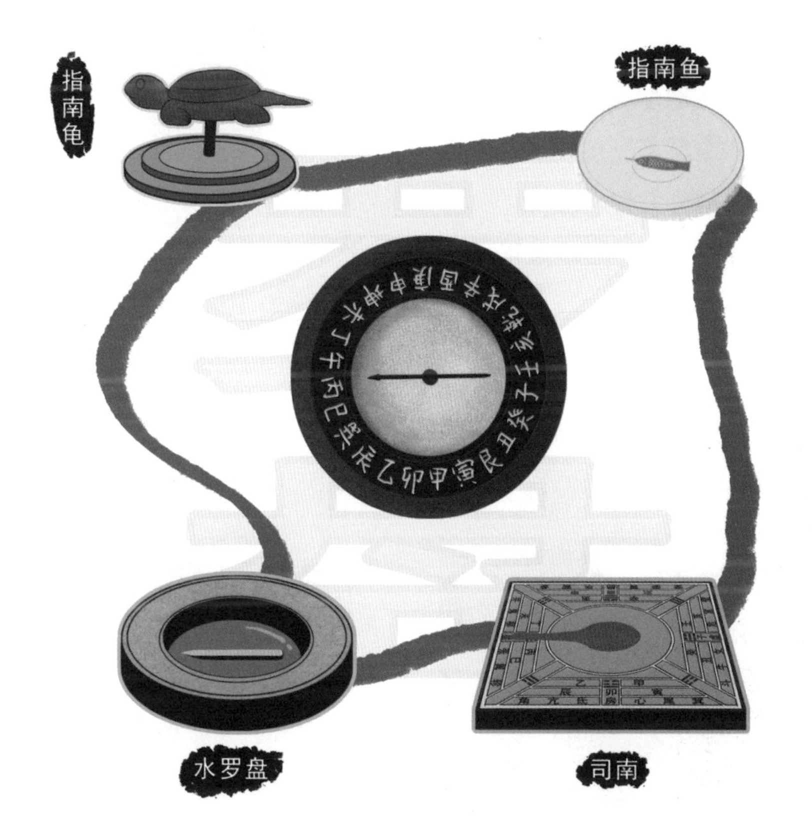

41. 顿钻——井盐深钻汲制技艺

如果厨房里只能有一种调味品，你会选择什么呢?

我猜大家都会选择食盐吧。

盐不仅是一种调味品，还是人体不可或缺的营养素。没有盐，人不仅吃嘛嘛不香，还会生病以至死亡。

这么重要的盐，是从哪里来的呢?

距今1万多年前，人类进入农业时代，劳动方式逐渐从狩猎转变为农耕。

生活安定了，却带来了一个新的问题——狩猎时代，茹毛饮血的饮食方式可以让人类从食物中获取盐分，但种植出来的粮食，却不能提供足够的盐分，这可怎么办呢?

相传距今5000多年前，山东半岛居住着一个名叫夙沙的部落。因为世代生活在海边，他们发明了用海水煮盐的方法，被后人尊称为“盐宗”。

20世纪50年代，在约公元前5000—公元前3000年的仰韶文化遗址中发现了煎盐的锅——将蚌壳粉掺入耐火的泥土中，抹在竹制的釜上，就能用来煮盐了。

这说明在仰韶文化时，我们的古人不仅知道盐的存在，还学会了制盐。

在东汉文字学家许慎编著的《说文》中记载：“天生者称卤，煮成者叫盐。”

“卤”字的本义是盐卤，是一种自然盐。而“盐”字的本义是“在器皿中煮卤”。也就是说，“卤”经过加工就成了盐。

住在海边可以靠海吃海，可住在内陆的人们怎么办呢？总不能全靠从海边运盐吧？一旦发生战乱，商路不通，可就吃不上盐了。

别担心，聪明的古人发现，除了海盐，还有湖盐、矿盐、土盐和井盐。

东晋时期的地方志《华阳国志》中记载，蜀郡守李冰，没错，就是主持修建都江堰的那个李冰，在治水时，偶然发现了从地下流出的盐泉，这让他惊喜不已：这不就是盐吗？

在调查水脉后，李冰下令开凿了我国第一口盐井——广都盐井。

此时的盐井还比较原始，跟水井差不多，井径 5~8 米，井深不超过 15 米，井口大，井身浅，只能开凿在有天然盐泉的地方，被称为“大口浅井”。

到了东汉，“大口浅井”型盐井的开凿技术更加进步，即使是在没有天然盐泉的地方，也能够开采地下盐卤了。

西汉时期已经能够开凿上百米深的盐井，唐朝的盐井不仅井身深，井口还变小了。

从李冰挖掘第一口井开始，经过上千年的挖掘，到了北宋时期，浅层的盐卤资源已经枯竭，而传统的挖掘技术对埋藏在深处的盐卤无可奈何，这可让大伙儿都急坏了：没有盐，这日子可就没法儿过了。

在钻井过程中还发生了一点小意外。

工人们挖出了天然气，不小心引发了火灾。在一阵慌乱后，大伙儿突然想到：这不就是天然的柴火吗？正好可以用来煮盐啊！

他们把能挖出天然气的井叫作“火井”，这其实就是今天的天然气井。

中外科技对比

为了采集井盐，中国古人发明了顿钻。

19 世纪初，顿钻传到西方，与蒸汽机技术相结合，广泛应用到矿产勘探活动中，有力地推动了世界钻井技术的发展。

1930 年，欧洲人钻到了地下 3 千米，打破了燊（shēn）海井的纪录。

为了能继续挖盐，智慧的劳动人民脑洞大开，一种“黑科技”横空出世，这就是顿钻法。

顿钻，也称冲击钻，是一种大型绳式深井钻探设备，发明时间不晚于11世纪的北宋时期。

传统顿钻由碓架、绳索、加重杆、圆刃钻头、扇泥筒和下木竹套管等部件组成。

碓架和绳索组成一个机械装置，含有杠杆原理。像舂米那样，以人力或畜力为动力，带动加重杆和30千克重的铁质钻头上下运动，利用钻头自由下落的冲击力，击碎岩石，使井的深度不断加深。

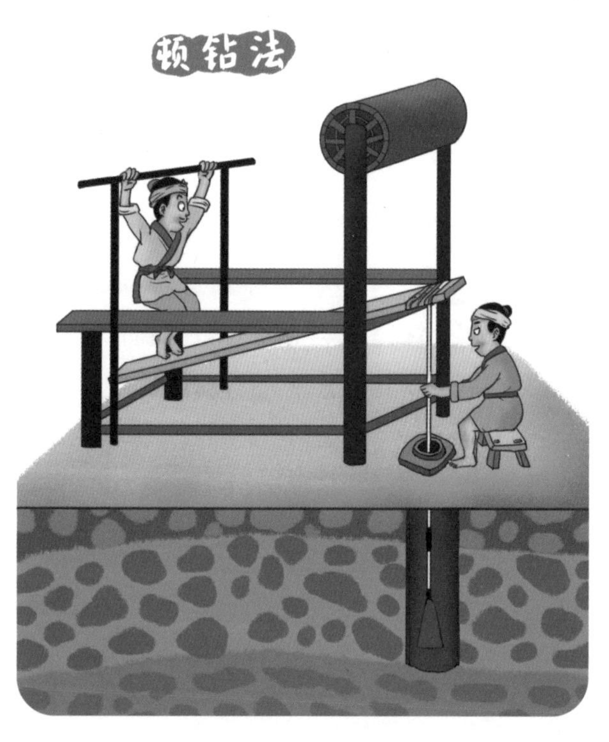

随着盐井越来越深，地下淡水不断渗透到井筒里，影响了开凿进度。

为了解决这个问题，工匠们发明了“木竹”。将竹筒或者木材掏空，筒筒相连，形成套管，放入井中，不仅能隔绝淡水，让井壁更加牢固，还能方便扇泥筒取出泥土和岩石碎屑。

顿钻法的钻井流程有开井口、下石圈、锉大口、制木竹、下木竹、扇泥和锉小井口等步骤，与现代钻井技术非常接近，并且沿用至今，是不是很神奇呢？

知识窗

扇泥筒是世界上最早的单向阀，负责清理泥土和岩石碎屑。

扇泥筒被放入井里，接触到泥水，泥水对筒底的皮钱产生压力，迫使皮钱向内张开，泥水进入筒内。

此时将扇泥筒提出水面，压力消失，筒内的泥水在重力作用下，对皮钱产生向下的压力，皮钱关闭，泥水被牢牢地“关”在竹筒里，直到被提出井口倒掉。

古人用顿钻法开凿出了一种新型盐井——卓筒井，其中“卓”字的意思是又高又直、竖向叩击。

卓筒井最早出现在四川遂宁，深度达到了200米，井口却只有碗口那么大，这标志着井盐开凿进入“小口深井”时代。有了它，四川人民又可以快乐地采盐、煮盐了。

勤劳的四川人民并没有停下钻探的脚步，他们不断优化钻井技术，盐井越钻越多，也越钻越深。

1835 年，在四川自贡钻出了世界上第一口千米深井——燊海井。

燊海井深达 1001.42 米，从开凿到完成一共用了 13 年，是世界科技史上重要的里程碑。

直到现在，这口井仍在出产盐卤和天然气。

从战国末期李冰开凿盐井，到北宋发明顿钻法和卓筒井，再到明清时期的成熟和完善，顿钻和深井钻探技术的发展经历了 1000 多年的技术积累。

虽然如今已经有了更高效的旋转钻井法，但顿钻拥有成本低廉、占地面积小的优点，仍然被用于钻探石油和天然气。

顿钻法的原理看起来非常简单，在当时却是十分先进的凿井方式，开创了人类机械钻井技术的先河。

顿钻法是一次革命性的技术革新，有力地推动了世界凿井技术的发展。英国科学史学家李约瑟赞誉它是“中国文化中最壮观的应用”。

文 / 彭皓

科技著作《墨经》

2016年8月16日，中国成功发射了全球首颗量子科学实验卫星“墨子号”。中国古代科学家那么多，为什么这颗卫星唯独以“墨子”为名呢？

墨子名翟，是战国著名的思想家、教育家、科学家、军事家。他创立了墨家学说，发现并提出了几何学、物理学、光学等科学理论，是墨家学派的创始人和主要代表人物。

墨子和他的弟子们收录墨家著作，汇总编成了《墨子》一书，其中最重要的部分是《墨经》。

《墨经》也叫《墨辩》，指的是《墨子》中《经上》《经下》《经说上》《经说下》《大取》《小取》6篇，主要内容是认知论和逻辑学。

《墨经》将知识分为亲知、闻知、说知。“亲知”是从生活和学习中亲身获取的经验和知识；“闻知”指的是从别人（古人、前人、旁人）那里通过耳闻目睹（包括文字记载）获得的知识；“说知”是通过“闻知”获得的知识，推断出新的知识。

《墨经》还强调“名实合”。“名”是指名词及概念，“实”指实际的事物，“名实合”的意思是，概念与事物、认知与实际要相符合，也可以理解为“知行合一”。

《墨经》中有很多关于力学、光学、几何学、工程技术知识、现代物理学、数学方面的内容，其中物理方面的内容主要是力学和几何光学。

书中对力的定义、力系平衡、杠杆、滑轮、

轮轴、斜面，物体的浮沉、平衡及中心都有论述，是古代力学的代表作。

在光学史上，墨子是第一个进行光学实验，并对几何光学进行系统研究的科学家。而其所著的《墨经》，是历史上第一本对几何光学进行系统论述的典籍。

书中有对小孔成像、平面镜、凹面镜、凸面镜成像的观察和研究，还说明了焦距和物体成像的关系，这些记载比古希腊的数学家欧几里得早了 100 多年。

《墨经》还首先提出了时间和空间的概念。

墨家认为：久，就是现在的宙，是时间，是不同时候的通称；宇，是空间，包括各个方面的所有地点。

墨家把机械运动定义为“动，或（域）徙也”，意思是“运动是物体空间位置的变动”。

在 2500 多年前，墨家就能对这些概念进行系统性的阐述，是非常了不起的。因此研究者都认为，《墨经》已经具备了自然科学启蒙的一些思想。

英国科学史学家李约瑟认为，《墨经》中有些科学定义“具有奇特的现代气味”，例如《墨经》的第一条就是讲原因的定义，这符合现代哲学的方式。

他称赞《墨经》：“完全依赖人类理性的墨家，明确地奠定了在亚洲可以成为自然科学的主要基本概念的东西……更重要的是这样一个广泛的事实——它们勾画出了堪称科学方法的一套完整理论。”

中外科技对比

《墨经》中的光学八条，比如光影关系、小孔成像、凸面镜和凹面镜成像等，反映了春秋战国时期我国物理学的重大成就。这比古希腊数学家欧几里得（约公元前 330—公元前 275 年）的光学记载早 100 多年。

《墨经》一书中，不仅有科学理论知识，还有这些理论知识的实践应用。

书中记载，墨子和他的弟子运用力学、光学、声学等理论知识，制造了各种用于攻城和守城的武器。其中，墨子为了阻止楚国攻打宋国，运用杠杆原理和力系平衡原理，制造了一种可以升降的攻城器械，取名为云梯。为了防御齐国攻打宋国，墨子还制造了百步飞机。

作为热爱和平、反对战争的代表，墨子虽然发明制造了这么多的战争利器，但他一向提倡“兼爱、非攻”思想，主张用和平方式来解决国家之间的纷争。

文 / 彭皓

灿烂的化学

化学是什么?

我们的先祖从钻木取火,到用熊熊烈火烹煮食物、烧制陶器等,一步步摸索着化学知识。炼丹,只不过是发生了意外,才成就了火药。英语的化学(Chemistry)一词,就是从炼金术演化而来的。

随着探索的深入,在古人的日常生活中,有了更多化学的身影。人们用粮食、谷物酿造出了美味的酒精饮品,以及酸溜溜的陈醋等。用高温烧制瓷器,其中产生的化学反应让瓷器变得颜色更加鲜艳、质地更加坚硬。用一定比例的硫黄、木炭、硝石制成火药,爆炸形成的火花更是化学在绽放光彩……

数千年以来,化学用它独特的魅力,提高了人们的生活质量,让生活变得更加丰富多彩。相信以后这个世界会因为它的存在更加绚烂。

42. 酿酒——“坏”粮变宝贝

在人类还未完成进化的猿人时代，人们还没有学会耕地。他们聚居在一起，有的负责打猎，有的负责采集野果。到了硕果累累的秋天，采集来吃不完的野果，就被他们丢弃在了岩洞里。

没过多久，有些吃剩下的果子不仅没有腐臭，还散发出了一股甜甜的、迷人的气息。先民好奇地拿来一尝，竟是一种从未体验过的神奇感觉！

这便是最早的天然果酒，被称为“猿酒”。

随着先民开始开垦土地，种植粮食，那些靠运气才能得到的自然酿造酒变得稀松平常起来。

大约 9000 年前，中国南方的先民率先把收获的粮食囤积起来，一不留神，有些谷物要么发霉，要么发芽。有心人把这些发霉的谷物放到水里，得到了最初的谷物酒。

当时人们并不知道，这种发霉的谷物，其实是生长出了一种叫霉菌的微生物。

公元前 5000 多年时，先民已经能使用各种天然材料，比如稻草、树皮和果实等来制作酒。当时人们很重视这种发酵的饮料，将它用于祭祀、祈福和庆典等重大仪式活动中。

后来，有先民尝试将含有糖分，且容易获取的野果、兽乳放置在容器中，坐等它们自由发挥，

从而得到经自然发酵后含有乙醇的果酒和乳酒。

历史遗迹

在距今9000~7500年的河南省贾湖遗址中，考古学家从陶器碎片上的有机残留物中，发现曾经盛放过一种由大米、蜂蜜和水果（山楂或葡萄）混合成的含酒精的发酵饮品。这是目前发现的世界上最早的含酒精饮品的实物证据。

人们沉迷于这种香味和饮用后的美妙感觉，观察许久后，开始反复尝试人工酿制。在距今3000年前后，终于学会了用这些发霉、长芽的谷物来酿酒，还专门为它起了个名字，叫作“糵（niè）”。

知识窗

传说，大禹的部下仪狄，最早发明了酿酒。史籍中多处提到她“始作酒醪(láo)”，这是一种浊酒、原酒。

另有传说，大禹的七世孙杜康，名少康，创造了用黏性高粱为原料的酿酒方法，古书上有“少康始作秫（shú）酒”。他因此被后人尊为制酒业的祖师爷，后世也多以“杜康”借指酒。

因此，一般认为仪狄创造了黄酒，杜康创造了高粱酒。

当然，无论哪种传说或是创造了哪种酒，都说明中国人在有文字记录之前，就已经学会造酒了。

后来，人们改良了酿酒工艺，还将酿酒的原料用不同称呼来加以区分，比如，把发霉的谷物叫“曲”，把发芽的谷物叫“糵”。用曲酿制的酒叫作“酒”，用糵酿制的酒叫作“醴”。

此时，人们已经掌握了微生物“霉菌”繁殖的规律，也就找到了酿酒的秘诀，由此开创了中国用曲来自然发酵酿酒的历史。而酿酒方法，包括以谷物为主要原料用水煮泡的酒，和以果实为原料的果酒。

鎏金舞马衔杯银壶

那时候，会酿酒的人往往被视作“国宝”，多半出现在天子和诸侯的王宫里。这些人专为天子酿酒，每到祭祖、祭神、聚会时，就会把酒抬上来，群臣大饮特饮，不醉不归。

乍一看，我们会以为当时的人都是酒鬼；实际上，因为唐朝以前的酒，酒精度也就相当于现在的2~3度，完全就是含酒精的饮品，所以，酒开封了就要尽快喝完，以免变质；于是，但凡喝酒，人们都会喝得干干净净，绝不浪费。

历史遗迹

在发掘位于河北省的战国时期的中山靖王墓时，发现有两个密封着液体的铜壶，打开时，酒香扑鼻，一种青翠透明似竹叶青，另一种呈黛绿色。

经过鉴定分析，两者可能为奶汁酒、谷物酒，或是配制酒，而且酒的质量和浓度都很好。

这说明，我国 2200 多年前的酿酒技术已达到极高的水平。

其实，从商朝开始，喝酒就不再是一件随便的事。看看出土的青铜器，酒器就有好多种。什么人用什么酒器都是有讲究的，毕竟，这么尊贵的“上等美酒”，来之不易。

商朝不仅专门设置了主管酿酒的官职，还制定了有关酒的法令。就是从那时起，酒逐渐融入了中华民族的传统文化中，血脉相连，生生不息。

不知不觉，饮酒已经成为人们日常生活中的一部分，不仅王公贵族喜欢喝，普通百姓也喜欢喝呀。高兴时饮酒庆祝，失意时月下独酌。何以解忧，唯有杜康。

就这样，上下一起努力，酿酒技术不断发展。

到了汉朝，酿酒技术突飞猛进，人们甚至开始学习酿西域传来的葡萄酒。这时候，人们对酒曲的应用更加重视，正所谓“无曲不成酒”，当时人们不仅熟练掌握了曲糵造酒，还用不同原料制成不同的酒曲。

比如，小麦制的麦曲，稻米制的米曲，还有加入中草药的药曲、加入豆类的豆曲等。含酒精饮品的品类变得丰富起来。

酿酒师们还不满足，优良的酒曲既要酿出好酒，还要酿出更多的好酒，如何用最少的酒曲酿出最多的酒，就成了他们共同努力的方向。

经过一代代人的努力，造酒用的酒曲越来越少。从汉初的酿酒用曲量 50%，下降到了汉末的 10%。东汉时期，有种叫“九酝酒法”的酿造法，用曲量仅是原料的 5%。

含酒精饮品的酿造，终于成了普通百姓也能接触和掌握的日常技艺！

自从民间也开始酿酒，人们对于酒的方方面面都有了细致的研究。除了酒曲，人们发现水质对于酒的影响也非常大。俗话说“名酒必有佳泉”，

好水才能出好酒。

粮食 → 淀粉 → 糖 → 酒

北魏农学家贾思勰总结大家的经验后得出：酿酒最好的水是低温季节的河水，附近没有河流的，那就选甘甜的井水，千万不能选咸水。

他还在《齐民要术》里特地叮嘱：如何加水，如何搅拌，曲的干湿程度，甚至连发酵时候的温度，都是酿酒成败的关键。

酿酒师要用眼睛看，酒曲在水中的颜色如何；要用耳朵听，是不是有什么声音；还要用鼻子闻，气味是清香还是刺鼻。只有这样一点儿都马虎不得的精神，才能酿出好酒。

有了像贾思勰这样的专业精神，中国的制酒工艺越来越强。

到了唐朝，各地酿酒作坊如百花齐放，出现了技艺超群的酿酒艺人。最出名的莫过于焦革，身为官员的他，却极其善于酿酒，被人们认为是杜康第二。

另一个酿酒高手叫作纪叟，他酿的酒，吸引了赫赫有名的大诗人李白。纪叟过世后，李白痛心疾首，发出了"夜台无李白，沽酒与何人"的感叹。

李白既是酒仙又是诗仙，酒成了文人墨客助兴赋情的最佳伴侣。

中外科技对比

据传，大约7世纪时，酒曲从中国先后传至日本、印度、东南亚，东方诸国也开始用酒曲酿酒了。

直到19世纪末，法国人卡尔迈特氏在研究我国酿酒药曲的基础上，分离出糖化力强并能起酒化作用的霉菌菌株，这才突破了酿酒非用麦芽、谷芽制作蘖作糖剂不可的状况。

之后，德国人可赫氏才发明了用固体培养做微生物制成糖化发酵剂的方法进行酿造。

中国的酿酒技术，不仅是我国的文化和农业瑰宝，更是中国给予世界的礼物。

我国是世界上最早用曲酿酒的国家。曲蘖酿造，更是在酿酒历史上具有跨时代意义的科学发现。它和古阿拉伯地区的麦芽啤酒酿造、爱琴海地区的葡萄酒酿造，并称现代世界酿酒技术的三大发明。

文 / 夏眠

43. 酿醋——酒发酸了，但好好喝

东汉末年，曹操带着部队讨伐敌人。途经一处荒原，将士们又热又渴，曹操派人四处找水都没找到，派人挖井也挖不出一滴水。如果再逗留的话，将士们恐怕就凶多吉少了。

曹操灵机一动，说："这地方我熟！前面有一片梅子林，果子又酸又大！"将士们想起梅子的酸味，不自觉地流了口水，也就不觉得那么渴了。

就这样，曹操带将士们走出了荒原，喝到了水。

这是成语"望梅止渴"的由来。从这则故事中，我们不仅能看出曹操的机智，还了解到中国古人已经知道酸味或偏酸的果子可以解渴。

早在6000多年前，先民就知道把梅果收集起来，捣碎制成梅浆，称为"醷"，作为调味料，搭配着饭菜吃，特别下饭。

商朝的明君武丁，就是个超级爱梅人士。他曾对贤臣傅说（yuè）说："如果我做汤羹，你就是那必不可少的盐和梅！"足见梅子的酸味，多么受他喜爱。

可是，梅子并非一年四季都有，而人一年四季都要吃饭的呀。于是，有酸味爱好者，就将山桃、野杏等一些天然带有酸味的果实，都拿来腌了当调味品。

虽说这些能暂时缓解爱酸人士的“燃眉之急”，但毕竟不尽如人意。

相传早年间，夏朝的国君、酒圣杜康带着一家人从山西老家到江苏镇江，开了一家前店后厂的小作坊，以酿酒卖酒为生。

有一次，儿子黑塔在酿酒的过程中睡着了，等他醒来时大惊失色：“完了，我的酒超时了。”

黑塔打开酒缸，虽说酒变坏发酸了，但香气扑鼻。在浓郁香味的诱惑下，他尝了尝，酸酸甜甜的好好吃！喝上一口，感觉整个人一下子就神清气爽了呢。

于是，他赶紧找到父亲，说了这件事。因为是“二十一天”后的酉时酿制出缸的，刚好是一个“醋”字。

由此，黑塔酿出了香醋，成了醋祖。而他家的醋，也很快就在镇江城内卖开了，后来还传出了镇江城，扬名天下。

从此，开启了中国人3000多年的“吃醋”之旅，为武丁那样的爱酸人士解除了烦恼。

另有传说，商纣王为了给宠妃妲己治病，要求用山泉水和高粱做成的酒浆做药引。晋阳的官员派出工匠日夜兼程地赶来，没想到还是晚了。送过去的酒浆发出了异味，但却酸甜可口，纣王大喜，把它起名“醯”。

当时，醋也被称为“苦酒”，这说明醋和酒是密不可分的。现代科学告诉我们，酿醋的本质，就是把食物中的淀粉，分解成糖，再把糖转化为酒精，最后酒精变成了醋酸的过程。

粮食 → 糖 → 酒精 → 醋酸

可是先民并不知道呀，他们只知道：在酿酒过程中无意发现的醋，成了天子的心头好。

周天子挑选了酿酒好手，专门给他们安排“醯人”的职位，其他什么事儿也不用做，只专门负责给帝王贵族酿醋和保管醋就可以了。

时间一长，周天子的酿醋技术传播到了民间。春秋战国时期，民间有了酿醋的作坊，可惜产量依旧很低，老百姓想要吃点醋，得勒紧裤腰带才买得起。

直到汉朝，社会稳定，农民安居乐业，粮食产量大增，也就有多余的粮食可以用来酿醋了。此时的醋，依然不叫醋，叫“酢”。老百姓总结“醯人”的经验，加上长期实践，逐渐把酿醋变成了一件平常的事儿。

历经百年，人们探索出了23种酿醋的方法，原料包含大麦、小麦、高粱、粟米、大豆、小豆、糯米、酒糟等。

后来的南北朝时期，人们更是一发不可收拾。农学著作《齐民要术》专有一篇《作酢法》，就是告诉人们如何酿醋的。还出现了乌梅做醋，蜂蜜做醋等。

此时工匠已经学会了用不同的谷物发霉成曲，再用曲使更多的谷物糖化、酒化、醋化，以此得到食醋的方法。

可惜即便如此，醋的价格依然让人望而却步。当时请人吃饭，就看宴席上有没有醋，有醋，醋还多，这家人一定出身非凡，家境殷实。

直到唐朝，醋才走下神坛，进入了寻常百姓家。这可不是皇帝发了善心，而是勤劳的劳动人民在前人的基础上，发现了新的“曲”品种——米曲霉散曲。

用一些水果，如葡萄、大枣、桃等酿的新型果醋，此时陆续出现了。

除此之外，人们还学会了把曲和面饼同时、分批投入缸里的工艺，这样酿出来的醋又多又香。

虽然当时的化学知识还没让人们意识到高糖会抑制酵母和微生物的活性，但长久以来的实践，让人们总结出了酿醋原料的最佳比例。

知识窗

相传，唐太宗想赏赐几名美女给自己的得力助手房玄龄，可都被房玄龄以妻子会生气为理由拒绝了。

唐太宗好奇，便假装赐了一壶毒酒给房夫人，说：“不同意纳妾，就把这毒酒给喝了。”没想到，房夫人眉头都没皱一下，接过“酒”一饮而尽，喝了才发现，壶内不是毒酒，而是香醋。

唐太宗听说后大笑，也就放弃了让房玄龄纳妾的想法，吃醋也因此成了男女之间的调侃。

靠着劳动者的智慧，醋变得越来越亲民、可爱，逐渐成为百姓生活必备七件事——“柴米油盐酱醋茶”之一。由此诞生的西湖醋鱼、宋嫂鱼羹、酒醋腊肉、醋洗手蟹更是成为千年名菜，中国人的食谱一下子壮大了！

中国地大物博，每个地方用的原料不同，加上酿造工艺的进步，酿出醋的品种日益增多，风味各有不同。

在李时珍的《本草纲目》中，就有提到米醋、麦醋、柿子醋、糟醋、糠醋、桃醋、葡萄醋、大枣醋、糯米醋、粟米醋、曲醋等。

除了吃，醋还有药用价值。中医认为醋可以消肿、杀邪毒、去腥。直到现在，我国多地还保留着遇到感冒多发时，就在室内熏醋，以便消毒、杀菌的习俗。

中外科技对比

约公元前5000年，在幼发拉底河谷，有一个叫作巴比伦尼亚的地方，生活在那里的人们，种植椰枣和葡萄。他们用葡萄酿酒，用椰枣酿醋，这是人类有记录以来，最早的生产、食用醋的记录。

现代人猜测，可能是当时的人们，把酿的酒暴露在了空气中，空气里的醋酸菌落到了酒桶里，让美酒变成了醋，从而成为人们喜爱的调味品。

和中国一样，古巴比伦人也是酒醋不分家的。而欧洲国家的醋，主要原料大都来自果蔬，主要用作腌制、做复合调味品等，食用量较小。如今国外的餐桌上，最常见的是果醋和酒醋，比如意大利的香醋就是用葡萄汁酿造的果醋，西班牙的雪莉酒醋就是用雪莉酒酿造的酒醋。

风味各异、品种繁多的醋，不仅占据着一方人的餐桌，为中华食谱做出了独特的贡献，而且成了刻在人们心底独特的乡土记忆。它身上所承载的劳动人民的智慧，和相关的传说、典故早就融入了中华传统文化的脉络里。

对于一些爱食醋的中国人来说，若是饭桌上没有醋，或者哪道饭菜里缺少了醋，那就没有了灵魂，整个饭菜都不香了呢。

文 / 夏眠

44. 制糖——幸福的味道是甜的

很久以前，我们的先民还在为了填饱肚子在野外四处狩猎。

一天，正当他们聚精会神地盯着猎物，忍受蚊虫的叮咬时，其中一个人发现了一个掉落的蜂巢，里面流出了金黄色的液体。

出于好奇，他伸出手指蘸了一点，然后舔了一口，顿时忘记了所有烦恼，满满的幸福感从心里喷涌而出。他急忙招呼同伴一起分享，从此以后，大家就对这份甜蜜念念不忘。

野外的蜂巢不多，摘取蜂蜜还要直面凶狠的蜜蜂，“蜜”就成了人们的心结。

蜂蜜如此珍贵，先秦时期，子女都舍不得吃，只把蜂蜜拿来孝敬父母。

不知何时，有个聪明人想，既然猪、羊、鸡可以家养，蜜蜂为何不能家养？经过一代代养蜂人的努力，终于把野生的蜜蜂渐渐驯化成了家养的蜜蜂，获得了稳定的蜂蜜。

当时的制糖过程更像是“采糖”，先采集蜂蜜、树汁、甘蔗汁等，而后蒸发多余水分进行浓缩，“采糖”制出的糖以风味糖浆为主。

由此，我国成为世界上最早饲养蜜蜂和食用

蜂蜜产品的国家之一。

在《诗经》中，有“其予荓（pīng）蜂，自求辛螫（shì）”的诗句，意思是不要轻视微小的草和细蜂，受毒被螫才知道烦恼。这是有关蜜蜂的最早文字记载，说明当时蜜蜂已经广为人知了 。

即便如此，蜜的产量还是太少了。大家四处寻找这种甜甜的味道。这一寻找，还真有不少发现：有些水果是甜的，有些粮食发芽之后也是甜的。

约 3000 年前的西周时期，人们就把这些发芽的粮食拿来熬煮，得到了黏稠的糖稀，饴糖就此诞生了。

这可是我国古代制作最早、食用和药用最为广泛的人工糖类,被古人称为“饴”或“饧(táng)”。不过饴糖，有一个最大的缺点，那就是不够甜！

知识窗

“饴”，是指用麦芽熬成的糖稀，类似我们现在的麦芽糖。学者季羡林在《中华蔗糖史》中论述，人们喜欢吃的甜东西，除了天然蜂蜜，还有人工制造的两种糖，即饴和饧。

这两种糖最开始是用米，特别是糯米制作出来的，后来用小麦和大麦。熬煮出来的糖汁,软湿一点的叫作饴,干硬一点的叫作糖。

饴糖到了汉朝，依然十分珍贵，是招待重要客人的食品。据一枚汉简记载，敦煌郡下效谷县的官员，曾给两所驿站下令，让其拿出珍贵的饴糖，以招待凯旋的破羌将军。

1990 年在敦煌悬泉置遗址出土了一枚木简，木简上写着：寒具毋置饴饧。

其中的饴和饧指的是两种糖。饴指的是发芽农作物熬煮的糖稀，饧指的是坚硬的糖块，长得有点像现在的方糖。

根据古书记载，饧还会根据原料的不同，有不同的颜色——黑色、白色、琥珀青色。

另外，大家又发现了问题：饴糖的来源是粮食。

在古代，粮食非常珍贵，要是拿出来熬糖，那么人们吃的就少了，万一遇到了天灾，饿到肚子岂不是要完蛋?

于是，又有聪明人琢磨其他办法，不用粮食，不用蜜蜂，用其他东西来制糖呢?

皇天不负有心人，还真的找到了，最适合制糖的——甘蔗！

战国时期，开始初步用甘蔗制糖。很长一段时间，甘蔗都是珍贵稀有的水果，用于补充身体能量。

慢慢地，人们除了生啃这种有甜味的水果，还学会了原始加工榨汁。当时把蔗叫“柘”，把从甘蔗中取得的汁叫“柘浆”。

柘浆浓缩了甘蔗的甜味，味道也更醇厚，但新鲜的柘浆放置一段时间后，其中的酶类和糖分很容易氧化和酸化导致发酸变臭。为此，先民就会用煮沸杀菌、添加“稳定剂”的方法，来延长柘浆的储存时间。

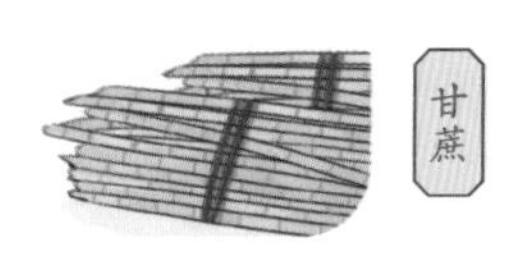
甘蔗

甘蔗汁在煮沸过程中蒸发水分，直到浓缩呈黏稠状，这就是甘蔗饧。只不过冷却后，是一种液体或半固体的糖，也是蔗糖最早的样子，还算不上真正意义上的现代蔗糖，但储存、食用已经方便了不少。

东汉时，随着甘蔗饧加工技术的进一步提高，人们逐渐将甘蔗汁浓缩到自然起晶，成为代替蜜的糖，也就是砂糖。

有人说砂糖是印度人发明的，后来在唐朝时传入中国。其实，糖在我国古代出现得非常早，比如西周时《诗经·大雅》中的饴糖，也就是麦芽糖，屈原《招魂赋》里“有柘浆兮”的甘蔗汁，以及东汉砂糖的雏形。

唐朝时，我国冰糖生产技术趋于成熟，加上对印度制糖技术的吸收和改进，造出了比印度蔗糖质量还好的砂糖。当时，扬州一带做的白糖质量极高，洁净如雪，被印度人称为“中国雪”。

而在北方的洛阳，有个叫李环的人，在糖浆里加入了香酥和牛乳，发现味道奇好，非常受欢迎。

砂糖

到了宋朝，产糖区遍布我国南方。其中有个名叫王灼的人决定造福所有人，让大家都感受到幸福的味道，他写了一本《糖霜谱》，把制糖的方法统统收了进去。

可以说，我们如今常见的各色糖果、蜜饯、甜饮和甜味菜肴等甜食种类，在唐宋时期几乎全部有了。

真正意义上的白砂糖是明朝才有的，从西方引入，在福建传播开，可惜产量很低。作家余华在《许三观卖血记》中把白砂糖比作小姑娘的皮肤，可见白砂糖质量有多高了。

明朝人用白砂糖制作冰糖，而到了清朝，人们则采用白砂糖溶化法制作冰糖。冰糖极其难得，被当作甜品、点心里的原料。大名鼎鼎的五仁月饼里就加入了冰糖。

其实，冰糖还是一味珍贵的中药，用来清凉去火，在曹雪芹的《红楼梦》中，经常咳嗽的林黛玉就用冰糖炖燕窝来润肺，可见冰糖地位非同一般。

不过比起先秦时期，糖不再是只能孝敬父母的珍品，也不是皇亲国戚才能享受的贡品，普通人家也是偶尔能消费得起的。

此时，明朝诞生了一门绝技“糖画”，民间俗称“倒糖人儿”，在集市或夜市容易看到，吹糖人会用糖浆绘制出各种图案，如今这门绝技已成为非物质文化遗产。

蔗糖能力太强，以至于到了今天，它都牢牢地占据着中国人的餐桌。

糖，作为我国传统饮食的组成部分，不仅给人们带来了愉悦的幸福感，还融入了我国的农业文明发展中。

作为世界上最早制糖的国家之一，从采集大自然馈赠的蜂蜜，到简单加工带甜味植物枫糖浆、粗蔗糖等，再到真正的“制糖”，最后到白砂糖的制作，制糖方法在我国得到发展和推广，继而推广到日本、朝鲜以及更远的地方。

这不只是我国劳动人民的智慧结晶，也是全人类的共同财富。

文 / 夏眠

45. 造纸术——从垃圾里诞生的科技

传说，仓颉造字时，他对着日月山川、花鸟鱼虫，受到启发创造出了象形文字。

在他创造出文字的一瞬间，天地变色，鬼哭狼嚎，那些曾经令人恐惧的东西纷纷躲入黑暗中，因为它们有了名字，就不能和以前那样出来吓人了。

这当然是个美丽的传说，但也证明了在上古时期，中国的先民就开始使用文字了。

这些文字最早被刻在龟壳或者兽骨上，因此得名甲骨文。后来，先民把文字刻在青铜器上，被叫作金文。

无论是龟壳兽骨还是青铜器，价格都非常昂贵，难以记录，也不方便携带。于是，就有聪明人找到了较为便宜的书写工具——竹简和木牍。

那时候的笔，是小刀，一笔一画刻在竹简上，然后用绳子串起来。要是夸奖一个人读书多，学识渊博，就会说“学富五车”，意思是这个人读过的竹简，需要用五辆马车来装载。

后来，人们觉得竹简实在是太重了，有没有既轻薄又好用的替代品呢？

有，绵帛，它是由丝绸做成的。

要知道普通老百姓只能穿粗麻布做的衣服，所以布衣成了平民的代名词。绵帛，是只有极少数贵族才用得起的贵重物。人们继续寻找更加亲民好用的材料。

竹简

西汉时期，人们发现可以用废旧的麻绳和破布做成麻纤维纸，比竹简和木片要轻，但问题是太粗糙了，书写也困难。

到了东汉，邓皇后喜欢写字，于是要求各地不用贡献什么珍宝，只需要进贡麻纸就可以了。负责采购和保管工作的人，便是蔡伦。

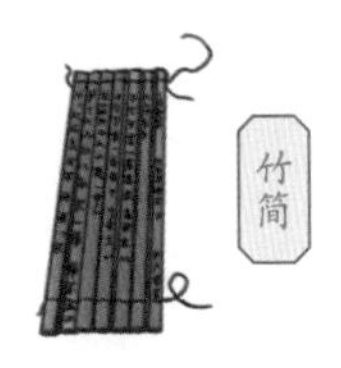
竹简

看到邓皇后在小山一样的竹简中看书、写字，每天那么辛苦，蔡伦决定寻找一种更好的造纸方法。他有空就跑到作坊里调查，还经常向造纸的工匠请教。

据说，有一天蔡伦碰巧看到一群小孩子在挑拣水里泡烂的垃圾玩，他仔细一看，发现那些垃圾离开水面就迅速变干，捡起来用手摩擦几下，感觉非常柔软。蔡伦灵机一动，决定着手试验。

他找来废麻布、绵絮、渔网、树皮等东西，切碎后放到水池子里，加上石灰或草木灰等进行蒸煮，以使其变得易于分离和处理。再用石臼捣烂后，把化成浆的混合物倒进清水槽里，反复搅拌均匀以提取纤维素。

此时，还可以加点漂白的，好让造出的纸更白。

等到泡好后，他用竹帘等抄具捞出薄薄的一层纸浆，一

张张摞好，然后用木板挤压出水分，之后再一张张揭开铺到平整的板上或墙上晾干，这样就成为纸张了。

经过一次又一次的失败，一次又一次的试验，蔡伦终于制造出了优质的纸。

知识窗

大量的考古证据表明，西汉时期已经出现了纸，只是当时的纸张质量较差，不能用于书写。到了西汉后期，纸张的质量才有提高。而蔡伦正是在此基础上，对造纸的原材料和工艺进行了改进，制造出了质量很高的植物纤维纸。

在美国著名学者、作家麦克·哈特的著作《影响人类历史进程的100名人排行榜》中，蔡伦位列第7，在39位科学发明家中位置仅次于牛顿。

纸张被送到皇帝那里，皇帝看了赞不绝口，立即任命蔡伦监制纸张的生产，于是，这种纸张又被称为“蔡侯纸”。

“蔡侯纸”平滑光洁，适宜书写，而且原料廉价。因为蔡伦大大降低了造纸成本，从而使纸的运用大规模推广开来。

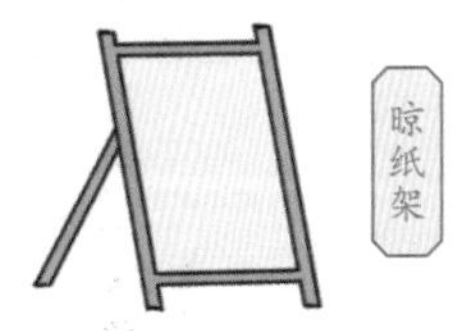

从前厚重、高不可攀的书籍，变成了装订成册的薄书本，哪怕是普通的百姓，都能买得起这物美价廉的耐用纸张和书本。

蔡伦之后，人们沿用他的方法，不断改进造纸技术。

魏晋南北朝时期，工匠学会了在纸张表面添加淀粉糊，来增加纸的韧性，纸质书更容易保存了。

公元前3000多年前，古埃及人发明了世界上最早的莎草纸。虽然名字叫纸，但看起来更像是布，不能对折，也不能装订，遇到阴冷潮湿的天气，还容易毁损。为了保存莎草纸上记录的历史，不得不每年抄写10个副本，收藏在图书馆里。

公元前200年，帕加马国王因为买不到莎草纸，只能用羊皮来记录。羊皮纸抗水、耐磨，易保存，出现后迅速取代了莎草纸。

这两种纸价格昂贵，难以量产，是贵族和有钱人的专用品。在阿拉伯人、欧洲人掌握中国蔡伦的造纸术后，他们迅速喜欢上这种量大物美、价廉耐用的中国纸。

世界各国的造纸术大都是从中国辗转流传过去的。直到1797年，法国人罗伯特发明了机器造纸，中国人持续领先近2000年的造纸术终于被欧洲人超越。

东晋时期，人们发现可以用黄檗给纸张染色防止虫子蛀咬，纸张的保存期限也越来越长。

到了隋唐，造纸术往外推广，少数民族都学

会了用狼毒草来造出更为坚韧的纸。宋朝人更是别出心裁，用花椒来造纸，造出来的纸蚊虫都不敢靠近。

迄今为止，中国发现了多批蔡伦之前的古纸，按先后顺序为：

在新疆罗布淖尔烽燧遗址发掘到一张10厘米×4厘米的古纸，可惜原件毁于战火；长沙出土的木制漆马，木面上盖着衬纸，时间约为公元前1世纪到1世纪。

在汉代的张掖郡居延遗址（今甘肃金塔县和内蒙古额济纳旗境内）发现了一张古纸，纸上有56个字；在破城子发掘出两种麻纸，属于汉宣帝到汉平帝年间。

在西安市灞桥砖瓦厂发掘出了类似丝质纤维的纸88片，大概是西汉武帝时期的。

这些古纸虽然能确定是在蔡伦改进造纸术之前，但古纸的原料是大麻，而且不能确定这些纸的用途。

蔡伦虽然不是纸的发明者，但他是纸张的创新者和推广者，为人类文明做出了巨大贡献。

如果没有纸，西方的《圣经》需要300多张羊皮卷，汉武帝读完东方朔写的《献赋》要用两个多月。

蔡伦改良的造纸术，宛如一道黑夜里的光，为人类带来一丝光明。

改良后的造纸术，是中国对世界文明的伟大贡献之一，因此被列为中国古代四大发明之一。

文/夏眠

46. 陶瓷——泥巴玩出了新境界

很久以前，我们的祖先还在打磨石头当武器，他们发现，把黏土与水和在一起后，能够用手随意捏成自己想要的各种形状。

他们把捏出来的各种容器晒干，黏土变硬后，可以拿来盛东西。

于是，人们便大规模地用黏土来做容器。

一次偶然的意外，一个马大哈把还没晒干的黏土罐掉落到了火堆里，没想到，经火烧过的罐子不仅变得更硬，盛水时还不变形。

这个马大哈一定不知道，他所创造的不变形的黏土罐子，就是最早的陶器，也成了区分新石器和旧石器时代的标志之一。

约 2 万年前，中国的先民就已经制作出了陶器。

最早，先民就地取材，做的陶器比较小，样式也比较单一。在露天铺设上木柴，把晾干的陶器放在上面烧。烧出来的陶器多是红色、褐色、灰色，偶尔是杂色，这要看缘分，并不去讲究这些。

中外科技对比

世界各地的人们不约而同地学会用黏土来制作容器。最早可以追溯到公元前 2.8 万—公元前 2.5 万年前的格拉维特文化时期。后来，日本早期的绳文人也开始制作陶器罐，美索不达米亚的人们会用陶器制作轮子。古印度人也在广泛使用陶器。

由此可见，陶器在世界各个古代文明中心都是各自独立发展的，虽然时间有先后，样式风格有所不同，但本质是一样的。

陶器是全人类所共有的创造，但瓷器是中国特有的献给世界的礼物。

后来，随着做得越来越多，先民学聪明了，他们学会在地上挖出一个作为窑的洞穴，再把陶器放到里面烧。

洞内的火焰由四周的火道统统进入窑内，没有烟囱散热，就能把窑内的温度提高到 1000℃左右。这样，窑里面的陶器受热更均匀，烧出来的陶器颜色更好看，品质也更高了。

商代原始瓷尊

先民不断提升技术，对原料和工艺也越来越讲究。他们发现，用一种叫作高岭土的原料，温度在 1200℃左右时，烧出来的陶器光滑油亮，还水润，特别好看。

爱美之心，人皆有之，先民很乐于烧制这样的陶器。

当然，他们完全想不到自己烧制的，就是后世看来拥有瓷器属性和特征的青釉器，只不过在品质上还存在较大差距，我们现在把它叫作“原始瓷”。

东汉青瓷四系罐

如果把瓷器比作一个人，那么高岭土烧出来的那个坯体就是骨架和肉，叫作胎。附着在胎体上有一层无色或者有色的玻璃态薄层，看上去亮亮的会反光的，就是骨肉外面的皮肤，叫作釉。

俗话说人靠衣装，瓷器也一样，需要用颜料给瓷器做彩绘，瓷器上的图案和花纹，叫作彩。

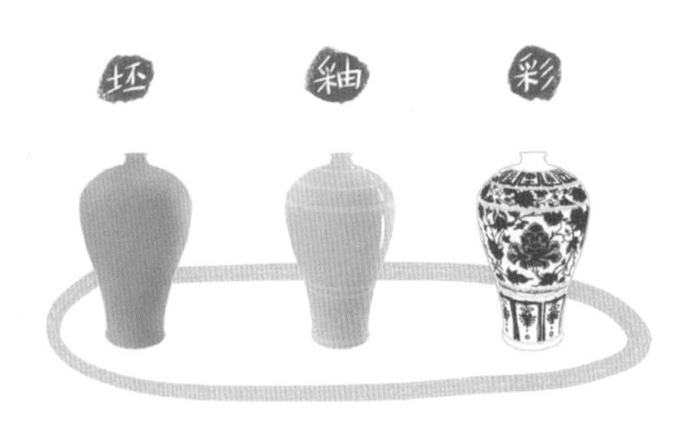

在陶器上做彩绘，是有很多讲究的，比如器物的造型讲求规范、平衡、对称；器皿各部分的轮廓线要以弧形为主；釉面光洁、细润、无裂纹等。只有这样，才能使得纹饰和器物造型达到完美统一，从而成为风格各异、多姿多彩的艺术珍品。

原始瓷的胎体表面有一层玻璃釉，那是原始的青釉。人们被这样的华彩吸引了，刻苦钻研，从不晚于商周时期一直钻研到了东汉中晚期，终于烧制出了真正意义上的瓷器。

陶瓷，是陶器和瓷器的总称。如今，陶瓷不只是一种生活器具，更是一种艺术和文化。

瓷器，由原始瓷发展到素瓷，由不成熟逐步发展到成熟，走过了 1600 多年。最早的素瓷，按颜色一般分为青瓷、黑瓷、白瓷三种。

东汉末年，人们想要的更多了，开始追求瓷器的彩和釉。

早期人们做“彩”，是在坯体上使用颜料彩绘，绘画完成后在坯体上罩一层透明釉，送到窑内高温烧制，烧制出来的叫作釉下彩。

后来，人们通过在瓷器的釉上施彩，低温二次入窑烧制的办法，得到了釉上彩。

细心的工匠发现，釉料中的铁含量低于1%，烧出来的是白瓷；铁含量在1%到3%之间，是青瓷；铁含量高于4%，烧出来的是黑瓷。就这样，人们初步掌握了控制瓷器颜色的方法。

东汉青釉波纹双耳壶

隋唐时，瓷器已经走入千家万户，成了家家户户在用的器具。

到了宋朝，连皇帝都成了它的铁杆粉丝，工匠们就更卖力了。有工匠把铜加入了釉料，烧出了难得一见的紫红色，从此成就了举世闻名的钧窑瓷器。

从唐代开始，中国瓷器通过丝绸之路和海路，传入日本、朝鲜、越南、印度尼西亚、伊朗等地。

16世纪，西班牙和葡萄牙商人把中国的瓷器销往欧洲。100多年后，荷兰人垄断了中国瓷器。之后，欧洲各国都派了使者直接到中国购买瓷器。

最早学习中国瓷器技术的是朝鲜，后来，埃及、日本、意大利等国学习了中国的制瓷技术，都成功烧出了瓷器。

在欧洲能烧出瓷器前，欧洲人对瓷器有着近乎痴迷的喜爱，不少欧洲的油画里都出现了瓷器的身影。比如威尼斯画家贝里尼一生最后的杰作《诸神之宴》，就能看到端着瓷器的奥林匹斯众神。

在当时，中国出现了五大名窑：汝窑、哥窑、钧窑、官窑、定窑。宋真宗景德年间，皇帝特别喜欢一个小镇上烧出来的青白瓷

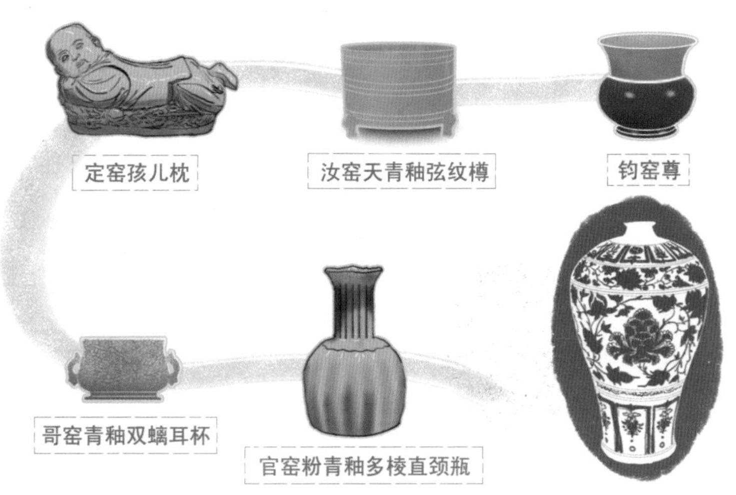
定窑孩儿枕

汝窑天青釉弦纹樽

钧窑尊

景德镇元青花缠枝牡丹纹梅瓶

哥窑青釉双螭耳杯

官窑粉青釉多棱直颈瓶

器，甚至把自己的年号都赐给了它，于是这个小镇就改称景德镇。这里的陶瓷绘画，是造型、线条、技法、色彩等成功结合的范例。

元朝后，五大名窑衰落，景德镇异军突起。青花和釉里红成了炙手可热的商品，瓷器制造业出现了釉下彩、釉上彩、斗彩、颜色釉四大类技术。

欧洲的颜料传入我国是在清朝。这时的瓷器又加入了颜料，出现了珐琅彩、粉彩等品种，让中国的瓷器家族越来越壮大，品种也越来越多。

瓷器作为中国特有的传统工艺，是珍贵的文化遗产，也是中国传统技术的载体，从最初的黏土罐子到清末的珐琅彩瓷器，记录的是中华民族不断传承，不断发展的技术工艺。

它不仅连接了过去，还伸向了未来，烧制瓷器的理论方法和思想，早已拓展到了特种陶瓷，广泛运用于信息、能源、生物医学等高新科技领域。

我们也成为传承这一技艺的那一代人了！

文 / 夏眠

47. 火药——改变世界格局的发明

中国古代有一群人，他们的职业主要是道士和巫医，他们的梦想是长生不老。他们的日常工作就是把一些矿物、药材等物质按不同比例组合起来，放进炉子里进行高温炼制，以期得到能够让人长生不老的丹药。

这就是炼丹。

这群人被称为炼丹术士，或者炼丹师，最早出现在公元前 3 世纪的秦始皇时代。

炼丹师们认为，坚硬而珍贵的矿物能让人的身体变得强壮硬朗，有毒的药物则会让人百毒不侵。

可是矿物坚硬，药物有毒，人体怎样才能安全吸收呢？

炼丹师们表示这是个小问题：高温可以降低它们的烈性和毒性，这就是物极必反。

这个过程其实就是不同物质在高温下产生化学反应，生成新的物质。所以有的炼丹师还是我国最古老的化学家呢。

至于究竟会炼出什么东西嘛，就像薛定谔的猫一样，在炼丹炉开启之前，炼丹师自己也不知道。

当然，现在我们知道了，这些“仙丹”让许多向往长生不老的帝王、贵族和炼丹师们中毒身亡，提前去见了“神仙”。

虽然炼丹师们没能炼出长生不老的丹药，却意外地炼出了另一种神药——“爆炸的药”。

在长期炼制丹药的过程中，术士们发现，硫黄、硝石在一起后遇火爆炸，会产生温度更高的火焰。这让他们兴奋极了：温度越高，丹药越好。决定了，硫黄和硝石必须写进我的独门秘方！

据宋代的纪实小说《太平广记》记载，隋朝初年，一个叫杜子春的人半夜在炼丹师朋友家里突然听见一声巨响，只见炼丹房里“紫气蒸腾”，很快整个屋子烧了起来，吓得两人夺门而逃。

另一本专讲炼丹的《真元妙道要略》中，也记载了有人用硫黄、硝石等材料炼丹时失火，不仅把屋子烧了，还烧伤了炼丹师。

但是他们又发现，有些矿物质炼出的丹药，比如“性格活泼”的硝石，受热易分解，由它和“助燃”小帮手硫黄为主要材料炼出的丹药，易挥发，该怎么对付这些不听话的家伙呢？

后来，有炼丹师发现，木炭的吸附性能好，把它和硫黄、硝石混合制成药粉加热时，易燃烧，而且采用一份硫黄、两份硝石、三份木炭配制的药粉，爆炸威力巨大。

于是，独门秘方里又加入了各种能形成木炭的药材。

就这样，“一硫二硝三木炭”的炼丹秘方流传了下来。

由此诞生了火药。

知识窗

商周时，人们已经知道木炭是比木柴更好的燃料，于是用木炭来冶炼金属。

对于硫黄，古人不仅知道它能与铜、铁、水银等金属发生反应，还知道它能够治疗某些皮肤病。

而硝石的主要成分是硝酸钾，加热后释放出的氧气是帮助燃烧的强氧化剂。可以说，硝石是火药的灵魂。

有了对这三种物质的正确认知，加上炼丹师们锲而不舍的努力，火药的发明只是时间早晚的问题。

那么，当火药“三剑客”相遇时会发生什么事情呢？

硝石中的硝酸钾是负责“煽风点火”的助燃剂，硫黄是“一点就着”的易燃物，木炭则是让燃烧不那么激烈的“和事佬”。

当硝石、硫黄、木炭混合制成药粉燃烧时，迅速发生氧化还原反应，释放出大量热量和气体，体积迅速膨胀。炼丹炉本是一个狭小的封闭空间，承受不住这种压力时，就发生了爆炸。

火药发明之后，并没有立刻被用到军事上，而是被当成一种能治疗皮肤病的药物，以及用来制作喜庆活动的焰火，也就是烟花。

隋炀帝诗中的“灯树千光照，花焰七枝开”，苏味道诗中的“火树银花合，星桥铁锁开”，辛弃疾词里的“东风夜放花千树”，都是赞美节日灯火的千古名句。

7世纪，唐代早期著名的医药学家“药王”孙思邈在终南山隐居时，除了研究草药学和制药术，还撰有一本《丹经内伏硫黄法》，其实就是火药的制作方法——硫黄伏火法。

尽管这种“火药”还很原始，威力也不大，但这是现今发现的，世界上最早有文字记载的火药制作配方。

炼丹师们知道，火药“三剑客”都是坏脾气，一点就着，“伏火”就是利用物质之间的化学反应，控制炼丹炉里的温度，不让火药“三剑客”太“暴躁”。

后来，军事家们逐渐发现了火药的军事价值，这才开始将它用于战争。

唐朝末年的一次战争中出现了“发机飞火”，这可能是中国历史上火药应用于军事的最早记载了。但此时的火药效果只是燃烧而不是爆炸，并没有展示出自己真正的实力。

到了宋朝，火药才被普遍运用到军事上，大量的大炮、火枪被制造出来，这里包括世界上最早的喷射火器。这些火药武器的运用，已相当成熟，使得中国的科技遥遥领先于世界。

据史书记载，1023年，即宋仁宗天圣元年，汴京设置有专门制造攻城器械的21个武器作坊，其中的“火药作”就是专门负责生产火药的。火药这个名字也由此而来。

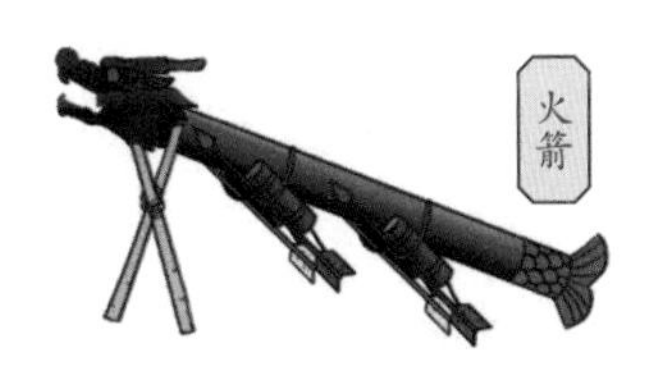

火药本是一种以爆燃或爆炸形式进行化学反应的物质。作为中国古代四大发明之一，火药的发明引发了武器史上最重要的革命，不仅结束了冷兵器时代，还为后来的航天科技提供了重要的技术基础，对整个人类社会的发展进步都产生了深远的影响。

火药的主要成分中含有硝，最早是和炼丹术的知识一起传到阿拉伯的，阿拉伯人仅知道硝可以用来治病、冶金和做玻璃。

13世纪前后，火药和火药武器先后传入阿拉伯国家，之后传到希腊和欧洲乃至世界各地。

直到14世纪中叶，英、法等国家才有使用火药和火器的记载。

但如果要用一句话来形容火药的发明，大概就是“无心插柳柳成荫”。

尽管它改变了武器史，推进了世界历史的进程，但它的发明跟武器一点儿关系也没有，它只是古人追求长生不老的意外收获。

文 / 彭皓

48. 火箭——东方的喷火龙

“火箭”这个词，最早出现于三国时期。

听到这里你是不是很惊讶？火箭？能把卫星和空间站送上太空的那种吗？这么先进的科技，三国时期就出现了吗？

228 年，诸葛亮率领蜀国军队进攻魏国的陈仓，也就是今天的陕西省宝鸡市。

眼看着蜀军踩着云梯都快爬上城墙了，援军却还没有来，魏国守将郝昭急中生智，命人把浸满油脂的麻布等易燃物绑在弓箭的箭头上，点燃后用弓弩发射出去，烧掉蜀军的云梯，击退了蜀军的进攻。

这是“火箭”一词第一次出现在史书中。

唐朝末年出现了一种“飞火”，也叫火炮，或者火箭，跟三国时的“火箭”作用是一样的。

到了北宋，因为对外作战

的需要，朝廷很注重火器研发，谁要是发明了一件新的火药武器，不仅能得到赏金、提升官职，还能受到皇帝的接见和嘉奖。

武器爱好者们别提多有干劲了，各种新式火箭武器争先恐后地出现。

虽然也有火箭用火药替代了油脂等易燃物，但它和以前的“火箭”一样，都只是引起燃烧的“带火的箭”，需要借助弓弩发射，仍然属于冷兵器。

现代火箭的重要特征，是自身携带全部推进剂，不依赖外界介质产生推力。很显然，这种“带火的箭”都不具备这一特征，直到冯继升、岳义方等多名军官，向朝廷献上了一个由箭身和药筒组成的“火箭”。

药筒用竹、厚纸制成，里面填充火药，前端封死，后端引出导火绳。点燃后，利用火药燃烧产生的气体的推力喷射出火箭，借以杀伤敌人。

这种最早的火箭跟现代火箭发射的原理一样。自此，现代意义上的火箭终于横空出世，走进了历史长河。

在北宋军火专家曾公亮编撰的《武经总要》前集中，载有：“又有火箭，施火药于箭首，弓弩通用之。其傅药轻重，以弓力为准。”

在以北宋为时代背景的《水浒传》里，不仅有梁山好汉，还多次提到战争中用到的火箭。比如第三十四回：“秦明急回到山下看时，只见这边山上，火炮、火箭一发烧将下来。”

明代军事家茅元仪编著的《武备志》中，首次载有中国古代火箭的外形图。

南宋时，原始的火箭经过不断改进，被广泛应用于战争。

文人周密在《武林旧事》一书中，写到过一种跟现代火箭发射原理一样的观赏性火箭，就是利用火药燃烧时产生的反作用力来升空。

据此推断，这个时期的火箭已经不需要弓弩来发射，而是利用火药来驱动了。

由此可见，中国古代的火箭其实有两种：

第一种是“着火的箭”，它的用途是对敌军发起火攻，引起燃烧，属于冷兵器，我们叫它冷火箭。

第二种才是真正的火箭，是利用火药燃烧产生的喷射力前进，我们就叫它热火箭好了。

热火箭刚出现的时候，两种火箭都在使用。到了元明时期，火箭技术突飞猛进，出现了许多更先进、更接近现代火箭的热火箭。

知识窗

看似复杂的火箭，原理其实非常简单。火箭里的推进剂，最早是火药。在密闭空间里被点燃后产生大量的高压气体，之后高速喷出，对火箭产生反作用力，使火箭沿气体喷射的反方向前进。

目前在一些战术型火箭或者较小的导弹中仍在采用火药做推进剂。

“九龙箭”“一窝蜂”“火龙出水”“神火飞鸦”“神机箭”“百虎齐奔箭”“万人敌”……一听这些火箭的名字，就感觉很厉害呢！

明代朱元璋等人所称的“神器”火箭，分成单级火箭和二级火箭两大类。

单级火箭也叫一级火箭，是最简单的运载火箭。

按发射方式，可以分为槽射、架射、翼式三类；根据发射数量，又可以分成单发和多发两种。

单级火箭的成员众多，其中神机箭一次可以发射 3 支火箭，飞廉箭一次能发射 49 支火箭，百虎齐奔箭就更厉害了，一次能发射上百支火箭！

二级火箭更加先进，是运载火箭和战斗火箭的合体，代表成员是“火龙出水”和“飞空砂筒”。

其中“火龙出水”使用了现代火箭仍在采用的并联和串联技术，比现代的二级火箭早了 300 多年！

“火龙出水”的箭身是一只 5 尺长的大“火龙”，龙身由毛竹制成，龙头和龙尾是木雕的，龙腹里面装着多支火箭。

火龙捆绑在 4 个可以同时发射的火箭筒上，点燃引线，火箭筒载着火龙飞出去。当 4 个火箭筒的火药燃尽时，正好点燃 “龙腹” 内火箭的火线，龙腹里的火箭像一条喷火的“龙”飞向敌军目标。

“火龙出水”既可以向空中发射，也可以用于水战，在对外的海战中发挥了巨大威力。

明朝军队普遍装备有热火箭，还组建有专门的“火箭军”，火箭军中十分之一是火器手，战斗力非常强。

神火飞鸦

明朝末年，武器工匠还研制出了采用翼式发射的爆炸型火箭“神火飞鸦”和“震天雷”，由于在火药中加入了铁和瓷的碎片，不仅射程远，爆炸时产生的杀伤力也很巨大。

中外科技对比

从宋、元开始，中国的火箭技术开始传向世界各地。明朝时，火箭技术先后传到朝鲜半岛、南亚、西亚等地。高丽人在学习明朝的神火箭和火柜车后，制造出了一种“神机箭”。

阿拉伯人将明朝的一些火箭技术图纸和实物带到了欧洲。1805年，一个英国炮兵军官借鉴火箭样品，研制出了一种新式火箭，射程达到1.8~3.5千米，被认为是近代火箭的开端。

明朝的火箭，除了用于战争，还用于对太空的初步探索。

据说，明代有一个人名叫陶成道，人称“万户”，为了实现自己的航天梦想，他坐在一把绑了47支自制火箭的椅子上，手里举着两只巨大的风筝，下令点燃火箭。

他要利用火箭的推力，在风筝的帮助下，飞向太空。但是很不幸，他失败了，并且为此献出了生命。

陶成道是第一个想要利用火箭推力升空的人，被称为“青年火箭专家”“世界航天第一人”“真正的航天始祖”。

为了纪念他的成就，国际天文学联合会将月球背面的一座环形山命名为“万户山”。

自从迈出火箭发明的第一步，中国人就一直走在不断探索的路上，如今载人飞船、运载卫星都有火箭的身影。中国人的航天梦，正坐在火箭上腾飞中。

文 / 彭皓

49. 火铳——世上最早的金属射击火器

元朝末年，各地爆发了大规模的农民起义，为争权夺利，各自为战的主要起义将领之间纷争不已。

由陈友谅亲自率领的60万大军，向朱元璋旗下的洪都，也就是今天的南昌，发起进攻。

经过激战，陈友谅的军队终于把抚州门撕开了一道缺口，正准备大举进攻的时候，他们看见守军用一种奇怪的管子对准他们。

随着管子发出“砰、砰、砰”的响声，冲在前面的士兵一个个倒下，伤亡惨重。

“这、这是什么？”陈友谅的士兵没见过这种奇怪的兵器，不敢再往前冲了。

洪都守将邓愈趁机率领手下将士，用木栏修建了临时城墙，并且用火枪和弓箭成功地抵挡住了敌人的进攻，最终等到了援军，守住了洪都。

这种奇怪的管子，就是

火铳。

火铳，是元朝和明朝前期，对金属材质管型射击火器的通称，其中包括单兵用的手铳，城防和水战用的大碗口铳、盏口铳和多管铳等。

元大德二年，即1298年，制造的碗口铳，铳身上有两行八思巴字铭文，意思是“大德二年于迭额列数整八十”。

这是中国最早的有明确纪年的碗口铳，也是世界上最早的火炮，具有非常重要的意义。

火铳的前身，是南宋时期发明的突火枪。突火枪的枪身是一根粗大的竹管，中间膨胀的部分是火药室，外壁上有一个用于点火的小孔，后段是方便用手拿的木棍。

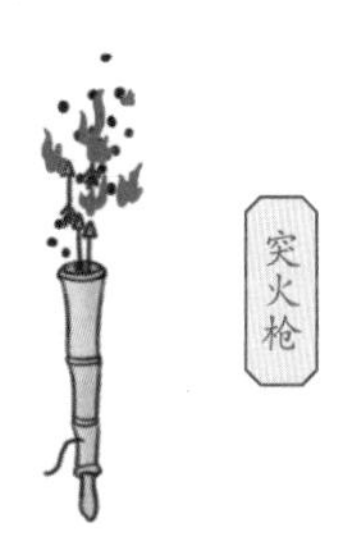

突火枪

发射时，填装好火药和子窠（kē），也就是火药弹，将木棍拄在地上，左手扶住竹管，右手点火。

随着一声巨响，火药喷发将火药弹发射出去，最大射程可达150步（大约230米），有效射程大约100米，实际杀伤射程10~20米。

13世纪时，元朝工匠对突火枪进行了改进，用金属管替代了粗大的竹管，不仅坚固耐用安全系数高，还能批量铸造，实现了规格统一。

体积缩小后，更加方便携带，射程也更远了，就把它命名为火铳。

此时的火铳，构造比较合理，包括铳膛、火药室和尾銎（qióng）三个部分。

火药从铳口装入有较大横截面的火药室内，点燃尾銎的引线后迅速燃烧，增大了横向燃烧面，提高了燃烧的瞬时性。

瞬间生成的具有较大压强的大量高温气体，被挤压，也就是压缩入截面较小的铳膛中，使压强再次增大，从而提高了弹药的发射力和弹丸的飞行速度及杀伤力。

虽然火铳的射程只有100米左右，但初始速度可以达到每秒 47.1 米，实际有效杀伤射程可达到 50 米，比突火枪的威力大多了。

知识窗

突火枪的具体尺寸已不可考，但古籍记载是用“巨竹”制作，个头应该挺大。火铳长度一般是 30 多厘米，最长 62 厘米；重量一般为 3.5~4 千克，最重的 14 千克。可见火铳比突火枪便于携带。

火铳各个大小部件之间的构造，虽没有准确的数值，但它的外形结构已能反映出适合发射需要的粗略的数量关系。

世界上最早发射弹药的步枪是突火枪，而它的进阶版火铳，是所有现代管状喷射武器的鼻祖。但由于它装填弹药的过程很麻烦，速度也很慢，在元朝时，很多部队都不愿意使用。

后来，火铳在帮助朱元璋建立明朝后，终于迎来了自己的春天。

明成祖朱棣，建立了专门的火器部队——神机营。神机营共 5000 人，其中 4000 人是铳兵和火炮兵，还有 1000 名骑兵。

交战时，铳兵和火炮兵负责远程射击，骑兵负责保护他们。

或许你会问，铳兵和火炮兵那么厉害，为什么还需要骑兵保护呢？

这是因为火器部队不仅有火铳，还有大型火炮，机动性不高。骑兵不仅战斗力强，还非常灵活，正好弥补了这个短板。在骑兵的保护下，神机营无论是进攻还是防守，都更加得心应手。

神机营先对射程范围内的敌兵来一轮远程射击，三千营和五军营的骑兵对受创的敌兵发起冲锋突击，最后由五军营的步兵“收割”，这就是大明军队三大营的配合作战策略。

随着科技的进步，为了解决早期火铳容易炸膛的问题，工匠不仅将火药室的壁增厚，还配备了专门的装药匙来固定火药的用量，大大降低了炸膛的风险。

火门盖则解决了火药室容易受潮，导致无法发射的问题。

工匠还在火药室中增加了一个名叫“木马子”的小木塞，不仅能将填充好的火药压紧，还能增强封闭性，增加火药燃爆时的爆发力，提高弹药的射程和威力。

据《大明会典·火器》记载，1488 年前，军器局每年要制造椴木马子 3 万个、檀木马子 9 万个，可见木马子在明朝初年就已经被大量使用了。

在以前的火器部队里，火铳手既要负责装填弹药，又要负责射击，不仅作战速度慢，还容易被敌人抓住射击的间隙进行反击。

为了解决这个问题，神机营的分工更加明确，不仅设置了专门的装填手和射手，还将队伍分成若干小队，依次开枪射击。

这样一来，不仅保证了射击的连续性，还依靠增加火铳数量弥补了射击精度低和杀伤力不强的问题。再加上骑兵的保护，可谓万无一失。

从元朝开始，到明朝前期，火铳的创造和改进是军事技术发展的重要内容。它在明朝初年经过两个发展高峰期。永乐年间，火铳成为大明军队的制式装备，迎来了自己的鼎盛时期。

正所谓“成也萧何，败也萧何”，火铳的兴盛是因为明朝廷对火器的重视。

但正因为这种重视，朝廷对火器的管控非常严格，不允许任何人私自研究、制造和使用，这就严重限制了火器的发展和创新，100 多年来再没有出现重大的技术革新。

中外科技对比

1410 年，明朝军队就已经有了使用火器的部队。1422 年，明成祖设立了中国最早的专业火器部队——神机营。

100 多年后的西欧各国，才基本让火枪取代了弓箭和弩。直到 18 世纪，随着工业革命的发展，欧洲火器才最终超越中国。

100 多年后的嘉靖年间，由于佛朗机炮和鸟铳（火绳枪）从西方传入中国，明朝政府才发现自己引以为傲的火铳落后了。

于是，朝廷采纳官员们的建议，命令军工部门的火器研制者对佛朗机炮和鸟铳进行学习、仿制和改进。

从此，老实本分工作了 250 多年的火铳逐渐退出军事舞台。

文 / 彭皓

科技著作《周易参同契》

东汉有一位名叫魏伯阳的著名炼丹家，为了寻求更高超的炼丹之术，他博览群书。在读了《周易》《黄帝内经》《道德经》后，大受启发，写成了《周易参同契》。

《周易参同契》（简称《参同契》），是道教最早的丹经著作。全书由上、中、下三篇和《周易参同契鼎器歌》组成。

参就是表示数目“三”，这里指的是《周易》、黄帝所著的《黄帝内经》和老子所著的《道德经》中的黄老思想，以及炼丹的炉火这三个元素。

契是“符合”“契合”之意。《周易参同契》书名的意思就是：这本书是以《周易》、道家哲学、炼丹术三者参合而成。

《周易参同契》是道家最早的系统论述炼丹和养生的典籍，但千百年来，能看懂它的人并不多，这又是为何呢？

全书有6000多字，基本是四字一句、五字一句的韵文，以及少数长短不一的散文体和离骚体，假借《周易》的“爻象”来论“丹”的原理。

书中采用了许多象征、借喻的修辞手法，还有很多符号和隐语，被一致认为“词韵皆古，奥雅难通”。由于表达方式甚为奇特，后人对这本书有很多不同的解读，也存在很多分歧。

虽然书中有很多生活中的常用词，例如阴阳、乾坤、日月、五行、父母等，还用了天文学的一些名词术语，但这些词被魏伯阳赋予了全然不同的含义，堪称是一本神秘的“魏伯阳密码”。

这本书中最详细，也最重要的内容是讲述如何炼制“还丹”。“还丹”，就是将汞与玄黄、硫黄加热，经过适当的时间，又生成红色的氧化汞，或重新返回成红色的丹砂。

原文记载了“还丹”的三个过程，即“三变”。

第一变：将15份金属铅放在反应器四周，加入6份水银，用木炭文火加热，三者发生反应生成铅汞齐。

第二变：随着温度的升高，水银逐渐蒸发掉，铅被氧化成一氧化铅和四氧化三铅。反应结束后，主要生成黄色的一氧化铅，就是炼丹师想要得到的中间产物黄丹，也叫黄芽。

第三变：将制出的黄芽与9份水银混合、研磨，放入炼丹的鼎炉中密封、加热。反应结束后就能得到红色的大“还丹”，也就是氧化汞。

等等，这不就是化学吗？

没错，这就是化学。用我们今天的眼光来看，这位魏伯阳道长简直就是一位被炼丹耽误的化学家啊。

铅和汞的化学符号为Pb、Hg，氧气的化学符号为O_2，首先，铅与汞“合作”出新的产物铅汞齐 (Hg*x*–Pb*y*)。

第二变中，炭火燃烧，温度不断升高，四氧化三铅高温下不稳定，发生反应：

$$2Pb_3O_4 \xlongequal[\triangle]{高温} 6PbO + O_2$$

铅与空气中的氧气发生反应：

$$3Pb + 2O_2 = Pb_3O_4$$

最后，还丹为：

$$2Hg + O_2 \xlongequal[\triangle]{高温} 2HgO$$

他认为阴阳相对的两种反应物质，“同类”的才能“相变”，“异类”之间则不能发生反应。这是他提出的“相类学说”，其实就是化学“亲和力”观念的前身。

他还认识到，在物质起作用时，比例很重要，从前面关于“三变”的讲述中，就能看得出。

整本书虽是魏伯阳根据自己的实践经验写如何炼丹的，魏伯阳也因此被尊称为“万古丹经王”，受到历代丹家的高度推崇尊奉；但是，书中记载的一些基本化学变化知识非常重要，使这本书在世界化学史上有着相当的地位和影响。

英国著名科学史学家李约瑟在《中国科学技术史》中，专题讨论了这本书在化学方面的成就，还称赞它是“全球第一本这方面的书籍”。

它不仅是世界上第一部丹法专著，也是世界上第一本化学著作，是中国古代文明对世界文明的重要贡献。

文 / 彭皓

一金一土，冶铸出万千器物

一块小小的铜渣，居然能成为文明史上的主角！它是我国先民早在几千年前开始金属冶炼的证明。

青铜器是最早由纯铜加入锡的合金铸成，既好看又实用，后来人们发现纯度更高、更好用的铁和钢，铁器便取代青铜器成了主角。

一块普通的泥土，也能成为文明史的主角！中国最早的模范便由这一块块泥土烧制而成，这就是范铸法的开始。随着铸造技术不断完善，出现了金属型铸造、失蜡法铸造等，叠铸法的出现更是解决了铸造量产的问题。

先人用自己的智慧，将大自然中的一金一土冶铸出了万千器物，满足了人们越来越丰富的生活需求。可以说，冶铸技术是人类迈向美好生活不可或缺的关键因素。

50. 块范法——“模范”的力量

当你徜徉在博物馆里，欣赏着青铜器古朴庄重的造型时，一定会感叹它精致美观的纹饰，同时也会产生疑问，如此不凡的一件青铜器，到底有着什么样的来历呢？

中国最早的青铜器出现在距今 4000 多年前。

传说夏朝的开国君王大禹，为了稳固自己在九州的地位，采用当时最先进的青铜冶铸技术，用铜、锡、铅等合金铸造出一件器物——九鼎，以此告诉世人，自己是天下的主人。

从此九州统一，而九鼎也成了帝王的代名词。

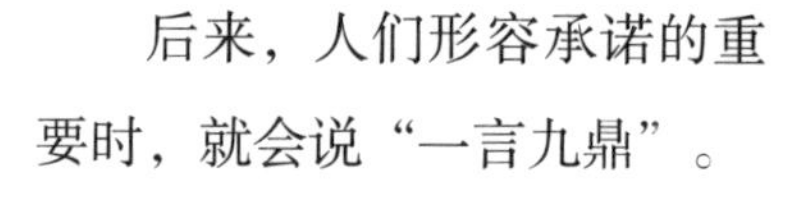

后来，人们形容承诺的重要时，就会说“一言九鼎”。

后母戊鼎

青铜器的种类十分丰富：有用作祭祀的礼器，如我们都知道的后母戊鼎；有做饭的食器，食器分得很细，盛饭的叫作簋、放肉的叫作鼎；还有喝酒的酒器，叫爵、角、斝等；还有用作娱乐的乐器、出行的车马器、打仗用的兵器、农耕用的生产工具等。

其中，青铜器作为礼器是最为重要的。

现存于国家博物馆的后母戊鼎，就是商王为祭祀他的母亲“戊”而铸造的青铜礼器。其体型巨大，造型庄重，为方形四足鼎。

后母戊鼎采用陶范铸法，需要两三百个工匠密切合作才能完成。其雕刻了龙纹、兽面纹、蝉纹等，纹饰精致美观，可谓商朝青铜器的巅峰之作，代表了商朝高度发达的青铜文化。

知识窗

当时的人们讲究“藏礼于器”，就是用青铜器具来彰显主人的身份地位，或者表达自己的虔诚与敬畏。

例如商朝对表示王室贵族身份的鼎，曾有严格的规定：士用一鼎或三鼎，大夫用五鼎，诸侯用七鼎，只有天子才能用九鼎，祭祀天地祖先时行九鼎大礼。

因此“鼎”也成为国家权力和地位的象征，乃国之重器。

当时流行的青铜器，鼎有方口、圆口，长着四足或三足，个别的还带有一副耳朵；还有像各种几何形状的觚、爵、方彝等；更有长得像羊、象、鸟等动物的尊，它们造型生动、模样多样。要是在它的大肚子下烧火，就能做香喷喷的饭了呢。

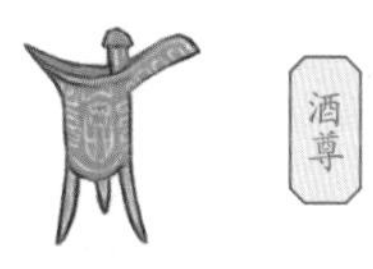
酒尊

为了装饰和表达美好愿望，人们还在青铜器身上雕刻各种纹饰，代表性的主要有兽面、龙、鸟等动物纹，还有云雷、窃曲、重环等几何纹，纹饰精美，形象栩栩如生。

在古代，青铜冶铸技术的发展远远超出了我们的想象。

在冶炼青铜时，工匠们可以从多种元素的矿石中提取出纯纯的铜、铅、锡，还能够改变金属的配比，制造出符合不同要求的器具。

想要声音好听、造型美观的钟鼎，锡含量控制在 15% 左右就好；想要一些坚硬的打仗用的戈、矛等兵器，再提高 10% 的锡含量就可以了；想增加光泽度，让铜片照出人影，就得把锡含量控制在 50%。

青铜器

同时，“内外兼修”的青铜器铸造工艺已很成熟。精湛的技艺与工匠们巧妙的心思，使得每一件青铜器都令人赞叹不已。

中外科技对比

据考证，中国辽宁省朝阳市的十二台营子遗址出土西周时期的琵琶形铜剑和玉器，这些铜器在传播到朝鲜半岛后，当地居民对其形制进行了改造。后继又从朝鲜半岛传播到日本，被日本人接受，对东亚产生一定影响。

在泰国、越南，曾经出土了大量铜鼓以及贮贝器等，这些地区的青铜冶炼技术，就是从中国四川一路向南传播到当地的。经过本土化的改造后，由当地居民制作的青铜器，与内地迥然有别。

青铜器的铸造使用范铸法，也叫块范法，一般要经过制模、制范、浇铸、修整的过程。

制模，是工匠们用泥土按照设计好的形状制成泥膜，雕刻上生动形象的图案或者苍劲古朴的铭文。刻好的泥膜用火烘烤，直到晾干，这就准备好了铸器的模型。

制范，有外范和内范之分。外范，是将泥土制成泥片，用力均匀地将泥片按在泥膜的外面，把泥膜上的纹饰拓印下来。等干了后切开，形成一个“壳”。内范，是将泥膜的外层刮去薄薄的一层，刮的厚度就是想铸造器物的壁厚。

这就是最早“模范”一词的来历。

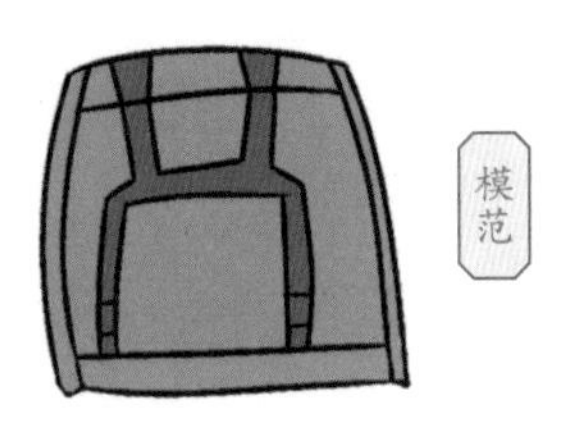

将制好的外范、内范组装在一起，会有空隙产生。浇铸，顾名思义，就是工匠们将铜、锡、铅等合金在高温下熔化成的滚烫通红的液体，小心翼翼地浇入空隙中进行铸造。

修整，就是等到溶液冷却成型之后，将内范、

外范打破，取出刚铸成的青铜器，再把金黄色的器物表面打磨、修整光洁，就完成了。

上面的每一道工艺看似简单，实际上每个步骤都要认真仔细，精益求精，才能得到一件完美的青铜器。

青铜觚

后来，随着工匠们技艺的提高，还能熟练运用整体浇铸法、分铸法、失蜡法、铸接、焊接等工艺，更有在青铜表面嵌入金银丝的“错金银”工艺。所以，当时铸造出了许多结构复杂、造型精美、色彩华丽的青铜器物。

三星堆“上新了”！

三星堆的文物就像拆盲盒一样，有龟背形的网格状器，在网友眼中“像极了烧烤架”；有倒立的顶尊人像，扭头跪坐的青铜神像头发一飞冲天，敷着黄金面膜的青铜人像；还有带翅膀的“四翼小神兽”，形似“机器狗”的青铜神兽，以及惊艳世界的青铜神树……

据说至今考古发掘的面积仅是三星堆遗址的千分之一，到底还有多少惊喜，让我们一起期待吧！

我们现在看到的每一件青铜器，都凝聚了古代工匠的智慧和汗水。

商朝时的青铜冶炼技术和铸造技艺已经处于世界领先地位，至今依然是我们中华民族乃至全人类值得骄傲的宝贵财富。

文 / 徐亚楠

51. 失蜡法——来自工匠的大智慧

一次偶然的机会，看到一套邮票上印着的“曾侯乙”尊盘。小小的邮票上，尊盘的精致、美观，一直让人念念不忘。

后来，在湖北省博物馆终于见到了它的真身。它安静地待在那里，庄重大气，又极尽奢华，仿佛周围的一切都失去了光彩，唯有它熠熠生辉。

是不是很好奇，在古代，这么精美绝伦的尊和盘，是怎么制作出来的？其实是用了中国传统的铸造法——失蜡法。

失蜡法，也称为拔蜡法，是我国古代金属铸造工艺之一。它最迟出现在春秋早中期，现存最早的失蜡法铸件便是春秋楚墓中的云纹铜禁及铜盏。

20世纪70年代末，随着河南省的丹江水库水位下降，一座千年古墓呈现在了众人眼前。

大批的青铜器、玉器被冲出丹江，暴露在它的两岸。谁也没想到，这水下竟藏着大规模的春秋楚墓群。

出土的云纹铜禁重达90千克，成为河南省博物馆的镇馆之宝。七尊铜鼎，为一套7件的列鼎，其中最大的一件是王子午鼎。

另一件王孙诰编钟，数量达26件，最大钟高达1.2米，是中国出土的春秋时期数量最多、规模最大、音域最广、音色最好、音律较准、保存较好的一套青铜打击乐器。这可是我国考古史上一个重大的发现。

这云纹铜禁可是大有来头的。话说在几千年前，我们的祖先就已经会酿酒了。众人皆知商纣王嗜酒无度，这也是导致商王朝灭亡的重要原因之一。

周朝建立后，执政者吸取商王朝灭亡的教训，发布了中国最早的禁酒令，也将盛放酒杯的案子称为“禁”，而云纹铜禁就是见证中国第一个禁酒时代的器物。

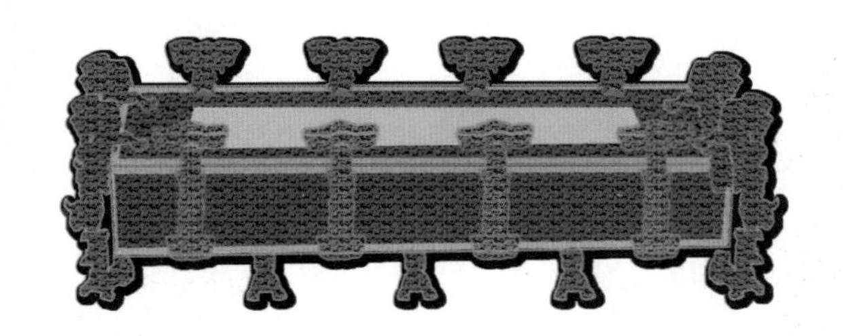

整件铜禁十分豪华，长方形的槽边缘，趴着 12 条龙形附兽和 12 条龙形座兽，再加上透雕的云纹，制作的复杂程度可以说达到了最高的五颗星。

正是这件云纹铜禁的出现，将我国失蜡法的铸造工艺向前推进了 1100 多年。

这究竟是怎么回事呢?

原来根据文献记载，我国最早使用失蜡法制作工艺的时间在唐朝初期，所以世界各国的学者普遍认为印度是世界上最早使用失蜡法的国家，中国的失蜡法也源于印度。

然而云纹铜禁的出现，彻底改变了这一说法，还将我国失蜡法工艺推向了 2000 多年前的春秋早中期，向世界证明了失蜡法其实源于中国。

知识窗

这是一个关于守护、传承的故事。

1981 年，河南省博物馆返聘了修复专家王长青回去主持云纹铜禁等一批青铜器的修复工作，和他一起工作的还有当时年仅 21 岁的儿子王琛。

据他们回忆，初见云纹铜禁时只能以破碎来形容。面对这样一堆碎块，父子二人常常忘记下班时间，在修复室一待就是一整天，因为午饭都是早上从家带来的。

因为王长青患有哮喘病，王琛想劝父亲休息几天，可父亲却不肯停下手中的工作。寒冬时，他只能骑自行车载着父亲上下班。

历经近 3 年的时间，他们终于将庄重大气、造型精美的云纹铜禁呈现在众人眼前。他们守护着历史，传承的不仅是手艺，更是那份对事业的认真和执着。

由失蜡法铸造的物件颜值可是很高的，例如曾侯乙尊盘，是一件周朝的姬姓周王族诸侯国之一曾国国君曾侯乙的青铜器，尊和盘拆开来是两件器物。

上面的尊口，形状像个喇叭，喇叭口向外翻折下垂，口沿处装饰有玲珑剔透、以盘曲的小蛇形象构成几何图形的透空花纹，是当时很盛行的青铜器纹饰。

尊的腹部与圈足有着透雕的 32 条蟠螭和浮雕的 28 条蟠龙，仿佛蛟龙入海一样。

铜盘是平底的，盘体上装饰有 48 条蟠螭和 56 条蟠龙，与尊口的风格一样。

整个尊盘由 34 个铜尊、38 个铜盘部件构成，

融浑铸、分铸焊接和失蜡法等多种工艺为一体。

看到的人无不感叹：这也太厉害了，可真是鬼斧神工，古代的工匠竟然能制作出细节如此复杂、精美的金属器件！

这就让人更加好奇，由失蜡法铸造的器物是怎么“诞生”的？

其实，每一件器物的铸成都要经过制蜡模、挂砂、出蜡、浇铸四个步骤，这些说起来简单，在实际制作中却是时间、精力、耐心一样都不能缺少的“功夫活儿”。

在制作蜡模时，工匠要先选取由蜂蜡或石蜡、松香、油脂合成的蜡料，再根据提前在纸上绘制好的器物图样进行雕刻，这样就制作好了铸件的模型。

将耐高温、质地细腻的泥浆均匀地裹在蜡模表面，再将细砂撒在泥浆的表层，反复进行这种操作，达到一定的厚度，让它形成一个完整的外壳后，晾干即可。

出蜡，也就是失蜡，这时要将挂好砂的蜡模放进高温的炉火中加热，使蜡全部熔化后流出，形成型腔。

最后，将滚烫的金属熔液浇注到型腔里，等到冷却后将外壳打破，经过一番清理和细致的加工后，就能够得到一件完整的铸件了。

熔模铸造，一项令美国人引以为傲的技术，其实是中国人几千年前就已经发展成熟的失蜡法。

20 世纪 40 年代抗战时期，美国飞机工程师奥斯汀在云南昆明，看到老百姓用失蜡法铸造的铜钟纹理细致、表面光滑，惊叹不已。他详细询问了制作工艺和生产流程，回国后，试验用“失蜡法”制造航空发动机的涡轮叶片，以解决它容易断裂的问题。

1955 年，奥斯汀提出首创“失蜡法”，并申请了以他的名字命名的现代熔模精密铸造技术的专利，但是一位日本学者根据中国和日本历史上使用失蜡法的事实，最终使奥斯汀没能如愿以偿。

历经几千年的历史，一代代工匠的传承，失蜡法在现代被叫作“熔模铸造法”。它不仅被用在首饰加工生产中，就连航空发动机、仪表等精密仪器也都采用了这种方法。

作为古代一种先进的金属器物铸造的方法，失蜡法是我国古代冶铸史上的伟大创造。

它的出现，改变了传统泥范法在器物形状、装饰上的弱点，铸成的物件都十分复杂精美，呈现出雕镂之美。

它是古代匠人们智慧的体现，对后世有着深刻的影响，至今仍然广泛应用在我们的生活中。

可见，老祖宗留下来的技艺真牛啊！

文 / 徐亚楠

52. 青铜弩机——冷兵器之王炼成记

公元前2世纪，秦国的武器兵工厂里，一名工匠正全神贯注地制作当时盛行的弩机零部件。

他必须保证这些零部件全都是“一个模子里印出来的”，因为只有这样，才能让每一个弩弓的每一个零部件都能互相替换。

这就是世界上最早的标准化生产技术。

试想一下，在战场上，双方士兵正在激战，突然他们的弩都坏了。秦军士兵飞快地拆下损坏的零件，装上好的零件继续作战，而对方士兵没有可更换的弩机零件，只能落荒而逃……这就是标准化武器生产技术带来的优势。

前些年，在秦始皇兵马俑坑里发掘出了几万枚青铜箭镞，所有箭镞的三个菱形弧面大小平均误差不到1毫米！

如此精密的部件，两千多

在陕西省秦始皇兵马俑二号坑中，有一个弩兵方阵，由立射俑和跪射俑组成。在地下埋藏了2200多年，大部分弩化为尘埃，只留下了青铜弩机和青铜

箭镞。

后来，考古人员在一号坑中发掘出了一把完整的弩，宽约 1.5 米，高约 1.2 米，预估最大射程可以达到 800 米。

年前的古人是怎样做到的呢？

按照大秦兵工厂的管理制度，工匠们必须在这些零部件上刻下顶头上司、工场以及自己的名字，一旦出现质量问题，就能快速准确地追究责任了。

等等，这不就是现代的“终身责任制”吗？原来 2200 多年前就已经出现了啊！

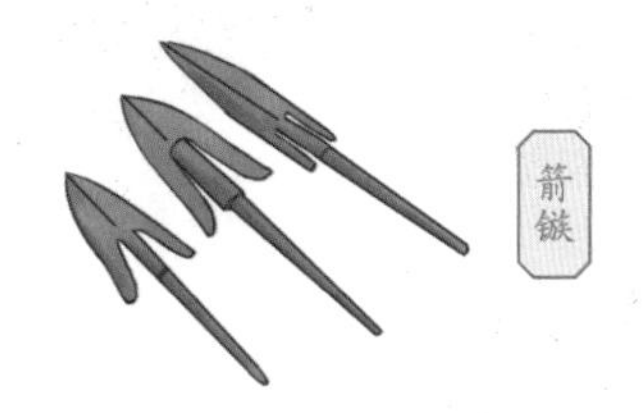

简单而精妙的设计、先进的青铜铸造法、标准化的模具、严格的管理制度，生产出了大量标准化的青铜弩机零部件，极大地提高了秦国军队的后备效率，减轻了后勤压力，让秦国军队拥有异常强大的持续作战能力，为秦国统一六国奠定了坚实的基础。

看到这里你或许会问，什么是青铜弩机？

弩是一种古代的远射作战武器，最早出现在 2500 多年前的春秋战国时期。弩的前身是弓，但弩的射程比弓远，速度快、命中率高、杀伤力大，使用也比弓简单省力。

在弓身后面装上弩臂是为了让人拉弦射箭，一般是木制的。再把弩机安装在弩臂底部，弩机，是弩的关键部件，主要负责瞄准和发射，是利用机械力量发射箭镞的一种强弓。

东周时期，青铜制作的弩机取代了木制弩机，让弩的威力变得更加强大，使用却变得更加简易，

知识窗

弩机由望山、牙、悬刀、钩心组成。望山是弩的瞄准器，有了它的帮助，刚入伍的“菜鸟”也能快速升级为神射手。

射手拉开弓弦勾到牙上，牙咬住弓弦储

存力量，钩心把力传递给有扳机作用的悬刀上。

当射手瞄准目标端稳弩机后，扣动悬刀，钩心就会脱离悬刀和牙，牙一回缩松开弓弦，失去支撑的弓弦迅速回弹，弩箭受到冲击后立马离弦，破空射出。

堪称冷兵器时代的王者。

为了增强弩的作战能力，中国古人不断对其进行探索、改进。

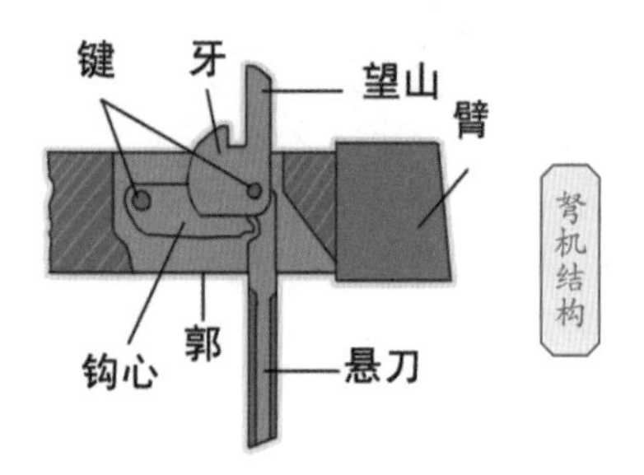

弩机结构

针对弩的发射威力，工匠们增强了弩前端的力量。

但同时他们发现，拉开弓弦需要的力量也变大了，从轻松用手就能上弦，变成了必须用上全身的力气才能上弦。

结果就是，弩的威力是增强了没错，但是拉开弓弦时用力过猛，弩机坏了。

问题出在哪里呢？

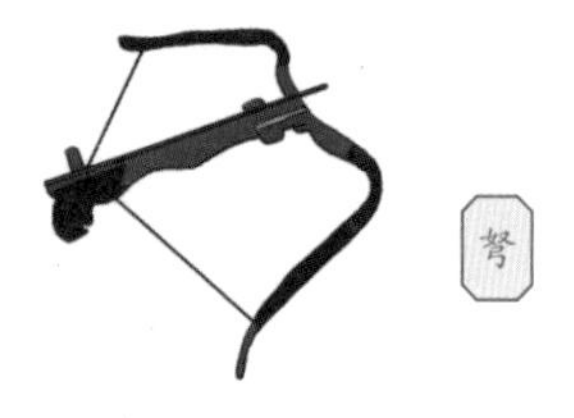
弩

工匠们很快找到了原因——传统的弩机直接安装在弩臂的木槽里面，木槽太脆弱，导致弩臂和弩机也很容易损坏，这个缺陷限制了弩的强度，让弩的发展陷入了瓶颈状态。

工匠们开始犯愁了：弩是变强了，可弩机坏了，这不是白忙活了吗？

汉代时，一位不知名的人士灵机一动，解决了这个难题：嗨，木槽容易坏，我给它换个结实点儿的槽不就行了？青铜应该够结实了吧？

这个青铜槽名叫“郭”，也就是弩机的青铜机匣。事实证明，青铜机匣果然非常结实，把弩机保护得很好，弩的强度加强了，发射威力也更强了。

为了提高弩的准确度，汉代还改进了弩机的望山。

考古界的“土豪”中山靖王刘胜墓中曾出土

过一种弩机，经过研究后发现，在战国弩机的基础上，汉代弩机的望山不仅变长了，还有刻度。

这些刻度就像现代枪械上的表尺，能帮助弩手测量自己与目标之间的距离，再根据距离确定瞄准线。

增加了刻度的望山，具有了“三点一线”的瞄准功能，这让射击的命中率变得更加精确，也让弩的操作变得更加简单。

或许你会觉得好奇，铁比铜更加锋利，为什么没有用铁来做弩机呢？

其实是有的。

汉朝墓葬中出土过铁质的弩机，但由于铁容易生锈腐蚀，能完整保存下来的并不多。从铸造方式上看，青铜比铁更简单、更精密，青铜的材质也足以满足制作弩机的需求。

或许这些就是铁弩机没有普及的原因吧。

中外科技对比

许多西方学者认为，中国弩在1100多年前传到西方国家，导致10世纪后弩在欧洲的流行。

西方国家制造出了各式各样的弩，成为冷兵器时代的重要武器。

12世纪左右，化名为十字弩的中国弩弓在欧洲广泛普及，也被称为欧洲手持弩。

这种弩机威力强，结实不易坏，但射程近、速度慢，用起来费劲准确度还不高，弩弓更不能拆下单独使用。

而弩作为增强版的弓箭，能连发几支甚至几十支箭，强大的威力让它在战场上更实用。只是这样一来，体形就有些笨重，只能由步兵携带或者放置在专用的车上使用了。

经过一代代武器设计师和制作工匠的改进，弩机和弩的威力变得越来越强，个头也越来越大，在唐宋时期达到高峰。

其中威力最大的床弩，每台需要八头牛拉动绞盘来开弩，射程可以达到1500米，是对付重甲骑兵的利器！

在此后的1000多年时间里，弩一直都是冷兵器时代的王者，在古代战争史上占据着重要地位，被称为“中国之利器”。

直到元代，随着越来越多火器的出现，弩才逐渐被火箭、火铳、火炮等取代，结束了它的辉煌岁月，退出了历史舞台。

现代弓弩在吸收枪的优点得以改进后，在反恐和执行特殊任务时，利用其无声无光的隐蔽优势，已成为中国武警人员的“神秘武器”。

文 / 彭皓

53. 百炼钢——千锤百炼出精品

现在，我们常用百炼成钢来形容一个人经过长期锻炼，意志变得非常坚强。其实，百炼成钢最初出自我国古代一项独特的炼钢工艺，传说用此方法炼出的刀剑，可轻易斩断钢丝、铁板等坚硬物。

小说和影视剧中描写的那些仙侠人物，很多就是配有一把百炼成钢的宝剑，才能叱咤江湖的。

传说汉高祖刘邦，就是手提一把龙泉剑，怒斩白色大蟒，在芒砀山起义后成为西汉开国皇帝的。

而这把龙泉剑，是东华山一眼老龙泉处的一位神秘老翁，将砖厚的半截铁反复烧打锤炼了七七四十九天，制成剑准备送给皇上的。

在老翁将剑送给少年刘邦时，刘邦抽剑出鞘，只见剑光四射，寒气凛冽，经过百炼钢加工的剑，果然非同寻常。

20 世纪 70 年代，山东省临沂市苍山地区出土的一把环首刀，就是百炼钢工艺制成的。

在钢刀上刻有：“永初六年五月丙午造卅湅大刀吉羊宜子孙”字样，这里的“卅湅”就是经过三十次锻打的意思，在刀刃部位还有淬火的痕迹。

看到这，你一定很想知道这项百炼钢技术吧？

百炼钢，技如其名，就是在炼制过程中，经过上百次的反复加热、锻打，最终成坚硬的钢。

早期，人们炼出的铁质地软、杂质多，经过锻打成为熟铁才能使用。因为采用这种方法炼出的铁，是像海绵一样的一大块，这种冶炼方法就被称为“块炼法”。

汉剑

后来，工匠逐渐发现，在锻打块炼铁和熟铁的过程中，铁能吸收木炭中的碳成分，从而提高自身的含碳量。

春秋时期，在制作器物时，工匠会有意识地在反复加热、锻打中，排除钢中的夹杂物。

这样制成的钢，性能得到明显改善，比如碳成分分布均匀、组织更加紧密、晶粒更细小，也就是坚韧度更好了。

斩钢剑

随着人们对质量的要求越来越高，于是出现了品质更高的百炼钢。只是这样的钢产量小，一般只用于打造重要的刀、剑器具。

在距今2000多年的汉朝时期，百炼钢技术发展成熟，不仅有30炼，还有50炼、百炼等，可谓风靡一时。

日本稻荷山古坟出土一把制作于471年的剑，被尊称为雄略天皇的倭王武。剑身上刻有“吾左治天下，令作此百练利刀”，它是学习中国的百炼钢技术铸造的。它的出现，被认为是日本制刀剑的开端。

那么，问题来了，百炼钢是真的要炼够100次吗？经过百炼后，怎么确定它有没有成钢？

其实，百只是个虚指，形容次数多。工匠在把钢加热锻打多次时，每锻一次就要称重一次。

因为钢表面产生的氧化铁皮不断脱落，每次重量都会减轻，要一直锻打到斤两不再发生变化，百炼钢才算炼成。

将生铁加热到液态，然后像炒菜一样边炒边加铁粉的“炒钢”技术，降碳去渣，可以直接得到大量钢原料。这项炼钢技术的重大突破，进一步促进了百炼钢的发展。

由于百炼钢要经过千锤万打，加工制作难度高，劳动量耗费大，周期长，产量很低，因此价格昂贵。

东汉时期，购买一把钢剑的钱，够一个人买好几年的口粮了。

如此复杂的工序，对工匠来说是一个不小的挑战。但也正是这些匠人在一次次的实践中不断克服困难，持续锤炼，成就了百炼成钢的精神。

知识窗

西晋文学家刘琨在《重赠卢谌》中有“何意百炼刚（钢），化为绕指柔”的千古绝唱。

百炼钢和绕指柔，原是精钢制的两种宝剑名称，现在引申为经过千锤百炼，坚硬的精钢变为可绕于指上的柔丝。

诗人借此表达了自己作为堂堂男子汉，竟落到任人宰割、不能反抗的柔弱地步。

百炼钢在我国金属冶炼史中占据着重要地位，它是工匠在长期制炼过程中形成的智慧结晶，是我国古代先进的冶炼技术。它代表着我国古代工匠的坚强意志和“炼钢”精神，值得我们学习。

文 / 徐亚楠

54. 叠铸法——实现最早的量产

如果时间能倒回 10 多年前，硬币一定是我们日常生活中经常用到的，常见的有 1 分、1 角、5 角、1 元等币值。

相同币值的硬币不管是个头，还是样貌都一样，因为它们是经过机器加工而成的。要知道，一台现代化的机器，每分钟生产上百枚硬币，是很平常的事。

其实在古代，也有类似的钱币，只不过叫铜钱。

我们在看古装剧时，就会听到许多关于铜钱的内容。那个时候可没有机械化，你是不是很好奇，古人是怎么做出来那么多一模一样的铜钱的?

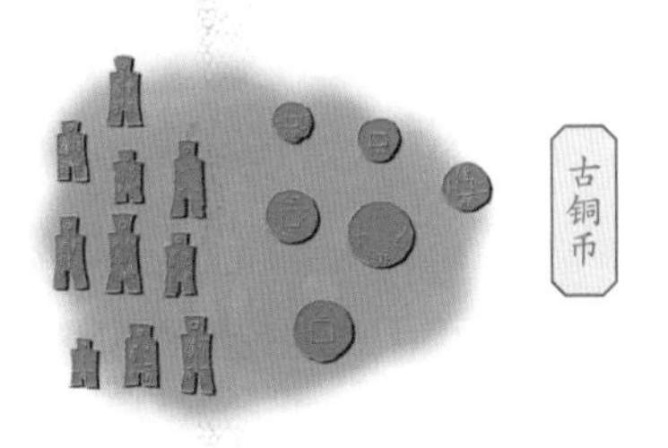
古铜币

2000 多年前，一个叫王莽的人成了新朝的皇帝。为了拯救当时矛盾重重的社会，他在掌权后，开启了一系列的改革，其中，就进行了多次的货币改革。

虽然结果以失败而告终，却留下了一大批制作精良的古钱币，其中有一套就是著名的“六泉十布”。

知识窗

古钱币又称为泉、布、帛，孔方兄等。

王莽在货币改制时，将六种圆形钱币总称为“六泉”，包括小泉、幺泉、幼泉、中泉、壮泉、大泉；将十种铲形布币总称为“十布”，包括小布、幺布、幼布、序布、差布、中布、壮布、第布、次布和大布。

这套钱币，采用了当时流

行的叠铸工艺铸成，不仅数量多，而且铜质精细、铸工精良、钱文精美，为钱币界所重视，被称为“极品”。

虽说是由货币史上“第一铸钱能手”王莽主制的，但可见当时的叠铸法已经发展完善了。

其实，叠铸技术是在陶范铸法基础上发展而来的，适用于古代大批量生产的小型铸件。

战国时期齐国铸造的一种刀形货币齐刀，可以说是我国最早使用叠铸方法铸造的物件。

在王莽时期，叠铸工艺被广泛使用，当时制造出的大泉五十和货泉可是汉朝质量最好的钱币。

在距今2000多年前的东汉时期，叠铸技术的发展已经达到一个较高的水平，不仅用于铸造货币，还用于铸造车马器、衡器，环、链等小的装饰物件。

可见叠铸技术对我国古代铸造业的发展，有着重要的影响。

河南省焦作市有一座汉朝的铸铁遗址，是叠铸范的代表。

遗址面积达1万平方米，在地面上散落着大量汉代的陶片、铁渣、炉砖、红烧土和泥范碎块等。

里面的一座烘范窑内，居然保存着500多套已经烘好的叠铸范，其中大多数是轴承、车销、革带扣、马衔、铁权等铸造车马器用的，有16类陶范，36种规格。

这些铸件的精度高、性能好、浇铸系统科学。

叠铸法，顾名思义是将多层铸型叠合起来，组装成套，然后将熔化好的金属液体从一个共用的浇口注入，就能一次得到多个相同的铸件，所以也叫“层叠铸造”。

这样铸件不仅节省时间和造型材料，还能保证铸件的数量和质量，大大提高了工匠的生产效率。

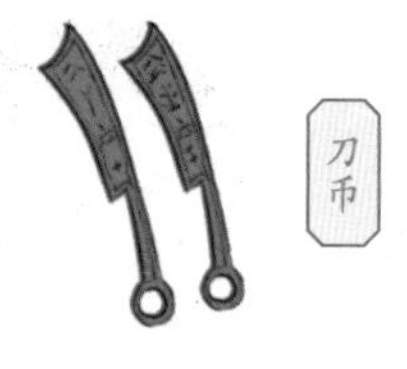

在采用叠铸法铸造钱币时，要经过钱币样模的制作、制范、叠铸范的组合，之后还要进行干燥、烘烤、浇注，才能完成铸币。

样模制作，要先选取细腻且易于加工的石材，在上面刻制钱腔、钱币文字、直浇道孔和内浇道，制作出石制的模板。用刻好的模板压印出泥样模，烘干，再浇注出金属样模。

制范，即用金属样模翻制出泥范。将按一定比例混合的黏土、泥沙等材料，制成泥团均匀压入金属样模中，多余的泥料要刮去。将压好的泥料倒扣出来，得到第一块泥范片。

依此类推，多次重复，就有一整套的泥片了。再把泥片两两组合，形成泥范组合。

叠铸范的组合，可是叠铸技术中至关重要的一步，关系着铸件的质量。它的组合方法有心轴组装法和定位线组装法。

心轴组装法指的就是把泥范的中心穿一条线，这样保证泥范整整齐齐大小一致。

如果没有空咋整呢，那就靠边缘对齐：一侧划 3 道、一侧划 2 道，对齐了就说明泥范规整了。

完成组装后，还要在外面抹一层草泥进行加固。在泥范的顶部，可以制一个倒锥形的浇口杯，方便连通直浇口。

以上步骤完成，就要“弄干”了。模具怕太阳，所以只能阴干，靠流动的空气带走泥里的水分，要是见了光，没准儿就裂开了。

等阴干后，再将浇口朝下放到窑里烘干，这样既能烤干又没有杂质落入泥范。

烤好后，就成了叠铸陶范。根据所铸器物的不同，可以分为圆形轴套范、六角承范、带扣范、圆形环范、权范等。

最后是浇注。将烧好的金属液体从浇口杯处注入，等金属冷却之后，用锤子将叠范打碎，一次就能得到多枚铸好的钱币了。

叠铸范的整个工艺过程，需要工匠付出足够的耐心和细心，稍有不慎就会前功尽弃。

实践中，他们不断提高技艺，后来甚至出现了难度更高的超薄双面型叠铸范，范片一面为钱的正面，另一面为钱的背面，厚度仅 0.25~0.30 厘米，这标志着我国的叠铸工艺发展到了一个新的高度。

朝鲜历史上，第一次使用的金属货币刀币，就是随着中国侨民传入的。这些在中国使用叠铸技术铸成的五铢钱，到朝鲜就变成了官方货币。直到 10 世纪后，朝鲜才开始模仿制造本国货币。

除了朝鲜，日本、越南等国早期流通的货币，也都是来自中国铸造的圆形方孔钱，到稍晚时期才开始自制钱币。

叠铸技术，是我国古代人民智慧的结晶，推动着我国古代金属铸造业的进步。一次就能铸造出多个同样的物件，这可以说是最早实现的量产技术。

它的出现，不仅能降低成本、提高生产效率，还为铸造钱币的标准化提供了技术支持，对我国影响深远，且为货币统一制度做出了贡献。

至今，广东佛山地区，在制作钥匙、戒指等一些小物件时，依然会使用传统的叠铸技术，据说已经传承 800 多年了。

文 / 徐亚楠

55. 秦陵铜车马——皇帝的“顶级车模”

说到车模，想必小朋友们都很熟悉，尤其是男孩子们，自己喜欢的玩具小汽车，不就是车模吗?

没错，车模是完全依照真车的形状、结构、色彩，甚至内饰部件，按比例缩小后制作出来的模型。

可你知道世界上最昂贵的车模是什么吗？或许每个人的心中都会有不同的答案，但接下来的这个答案，可能会出乎你的意料。

1978 年，考古人员在秦始皇陵的一座陪葬坑里发掘出了 3000 多块碎片。它们大部分被压得变了形，连接的关节和销锁也已经锈死不能活动。

幸运的是，经过不同学科专家的努力，完成了修复。修复结果震惊了全世界——这是两乘按照 1∶2 比例制作、完全还原秦代车马的彩绘铜车马。

这不就是现代车模的定义嘛，可以说，这是属于千古一帝秦始皇的车模!

秦陵铜车马由两套车组成，按照前后位置，分别为一号车和二号车。它们都属于古代的单辕双轮车，分别由 4 匹铜马拉着，车上各有一名御官俑。

历史遗迹

1978年，在秦始皇陵一座陪葬坑里发掘出了3000多块碎片，经过清点，这些碎片中的1360多块属于一号车，1650多块属于二号车。

一号车是立车，也就是人可以立着乘车，长225厘米，高152厘米，因为车轮大，车舆(车厢)高，也叫高车。它既是轻便的战车，也是仪仗队中的前导车。

二号车是安车，意思是可以让人安然休息的车，长317厘米，高106.2厘米。车的辔绳上刻着“安车第一”，也证明了这两辆车的排序方式。

一号车车厢，四周立着低矮的栏板，前面有用作扶手的车轼，后面的车门只有边框没有“门”。车厢没有篷子，算是“敞篷车”，只在中间竖有一柄可拆卸的独杆圆盖的大伞，用作遮挡。

御官俑可以站立在伞下驾驶，手执缰绳，表情肃穆，似乎只等秦始皇一声令下，随时就能御车前进。

这符合《左传》中“兵车无盖”的特征。车上还配备了弩、矢、盾等武器，更加说明它原本属于战车和兵车。

二号车车厢较长，四面围了起来，顶上有椭圆形的篷盖，形成一个密闭空间。车厢内还用墙板隔成了前后两个房间，方便乘坐。

前面的小房间几乎是正方形，房间里的铜制御官俑跪坐着。车厢的地板上铺着软垫，缓减了乘坐者的颠簸之苦。

后面的房间是前面房间的两倍多。它不仅装饰豪华舒适，还有个非常特别的设计——门窗可以随意开关，开窗很凉爽，关窗很温暖，因此也叫“温凉车”，或者“辒辌车”。

知识窗

秦陵铜车马属于双轮单辕车，这种结构形式在殷商时期就已经基本定型了，但进击的秦人硬是在这个基础上玩出了新花样。

花样一：带圆盖的立车。其实这不是秦人的原创，在秦朝之前，其实已经出现了这种立车，只是从未见过实物，秦陵铜车马的一号车首次让我们见到了这种古代的“敞篷车”。

花样二：车厢分割成两个小房间是秦人的原创，也是考古史上的首次发现。

这么豪华的马车，会是秦始皇的“专车”吗？很遗憾，根据考证，这只是帝王仪仗队伍里的副车，并不是秦始皇的御驾。副车都这么精美舒适，“专车”究竟会有什么样的“黑科技”呢，真是让人期待啊！

秦陵铜车马的工艺非常精美，虽然比例缩小了，但装饰细节一点儿也不马虎，通体彩绘，其中以蓝、绿、白三色最多。

八匹马全身雪白，只有鼻孔和嘴巴有粉红色。

御官俑更是令人惊叹，就连发髻和服饰都栩栩如生。一头蓝黑色的头发，穿着天蓝色长襦。脸部和手部皮肤有两层彩绘，内层粉红色，外层白色，看起来非常有皮肤的质感。

车身以白色为底色，绘有华丽的云纹，还有象征地位的夔龙和夔凤纹样，色彩素雅而清新，纹饰威严而宏伟。

如此复杂而精美的铜车马，2000 多年前的古人是怎么制造出来的呢？

铜车马的主要材料是锡青铜和金银。以二号车为例，它总重 1241 千克，一共有 3462 个零部件，其中青铜部件 1742 个、金部件 737 个、银部件 983 个。

它们不是一次成型的，而是用泥质陶范和范芯铸造出零件，通过嵌铸、焊接、粘接、铆接、子母扣、纽环扣接、销钉连接、活铰连接等多种机械连接工艺，将上千个零件组装在一起的。

然后，用錾凿、嵌补、错金银、冲、钻、焊、锉磨、磨削、研磨、抛光等工艺，对铜车马进一步美化。再用跟胶调和好的矿物颜料，给组装好的铜车马来个全身彩绘，这才大功告成。

秦始皇陵铜车马

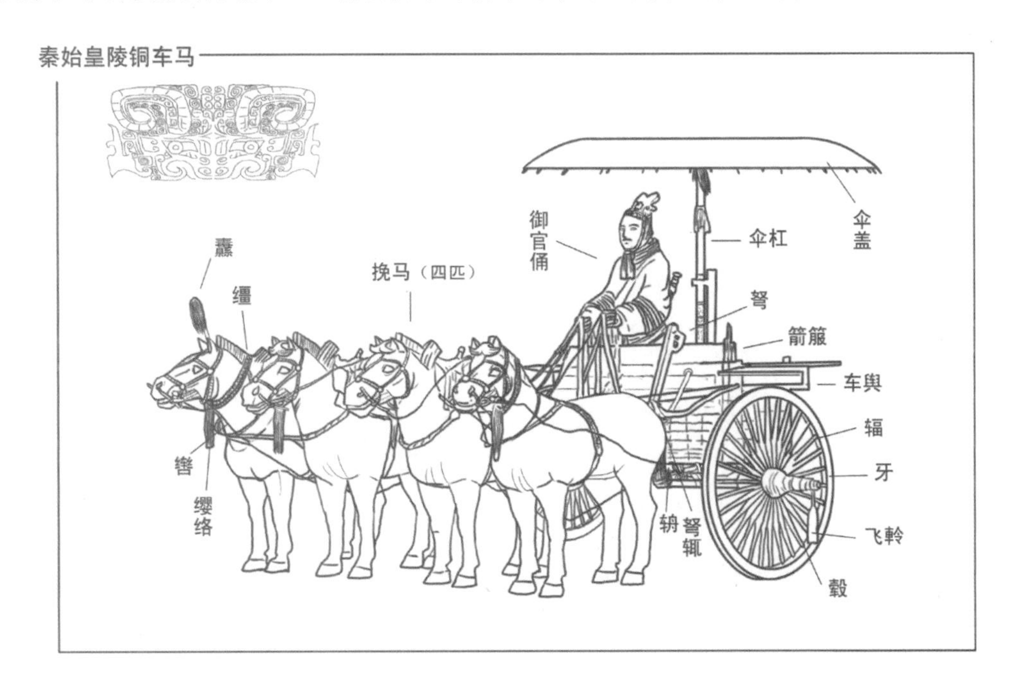

其中，有多项技艺都是我国考古史上的首次发现，具有非常重大的意义。

这些青铜部件的位置、功能和结构不同，对铜合金的强度要求也不一样，这就需要根据实际需求来调整铜合金的配比。

研究人员分析发现，铜车马的铜合金配比跟古籍中的记载不太一样，但与现代的锡青铜配比非常相似。

这说明，秦代时的工匠已经掌握了铜合金中各种金属的性能，并且能够灵活应用。

秦陵铜车马的设计和结构非常符合现代力学和材料学原理，其中很多数据与现代人机工程原理计算得到的尺寸极为接近。

有些工艺的原理我们到现在也不得而知，在2000多年前的秦代，这些工艺必然是领先世界的。

秦人改进了铸造工艺，在《考工记》中记载了六种铜锡比例不同的合金配比，称为“六齐”，这是世界上最早的合金配比记载。

这么奇妙的设计，难怪铜车马被誉为“青铜之冠”，是青铜界当之无愧的扛把子！

如果说铜车马是“青铜之冠”，立车上的青铜立伞就是镶嵌在“青铜之冠”上的明珠。

青铜立伞是一个独立的部件，由伞盖、伞座、伞柄、夹紧套环等部分组成。它设计精巧，使用方便，使用时将伞柄插在车厢底部的插座上，还能调整伞盖的方向，让它更好地遮光避雨。

停车休息时，把伞取下来，插在地上，是不是很有野餐的感觉呢？

但它还有一个更重要的用途——遇到危险的时候，把伞柄和伞盖拆开，就变成了长矛和盾牌，让“司机”和“乘客”瞬间变身为战士。

秦陵铜车马是中国考古史上出土的体型最大、结构最复杂、系驾关系最完整的古代车马，也是目前已经发现的最大组合型青铜器。

它有精湛的工艺、华美的装饰、栩栩如生的造型，更让人惊叹的是，修复后的车轮还能正常行驶。

它不仅是精美的艺术品，为中国古代美术、服饰等方面提供了实物资料，还是古代机械制造、冶金、工艺技术及多种学科知识综合应用的典范，为后人研究秦代机械结构设计、金属构件冶炼和铸造提供了宝贵的实物资料。

它凝聚了中国古代劳动人民的聪明才智，在中国和世界科学技术发展史上写下了光辉的一页。

文 / 彭皓

56. 水排——“煽风点火”小能手

人类跨入文明社会有三大标志——金属的出现、文字的发明和国家的形成。金属的出现排在第一位，可见它在人类文明中的重要性。

在历史学家眼中，人类历史就是材料的发展史，根据使用的材料，可以划分为石器时代、青铜器时代、铁器时代。人类从事劳动生产需要工具，而工具是用各种材料制成的，可以说，材料是人类社会进步的物质基础。

在所有的材料中，最重要的就是金属了。

自从进入青铜器时代，金属一直都是人类文明中最重要的物质基础。由于金属是制造生产工具和兵器的重要材料，因此金属生产和应用的高度，直接决定了社会生产力的发展水平。

石器时代 ➡ 青铜器时代 ➡ 铁器时代

中外科技对比

英国科学史学家李约瑟认为，中国的水排加风箱，包含了近代蒸汽机的基本作用原理。

中国古代的冶铁工艺比欧洲早1000多年，随之产生的鼓风装置也比欧洲早1000多年。

1世纪的汉朝，中国出现了水力驱动鼓风技术——水排。而欧洲类似的机械直到11世纪才出现，14世纪才推广开来，比中国晚了1200多年。

风箱则出现于明朝，之后传到西方，18世纪在欧洲得到广泛使用。

真是没想到，如今随处可见的金属，竟然能如此重要，你是不是立刻对它们肃然起敬了呢？

想要用金属制作工具，就得掌握冶炼金属的方法。金属冶炼就是把金属从化合态变成游离态的过程。在这个过程中，温度至关重要。

公元前 7000 年左右，仍处于原始社会的先民发明了冶铜术。

在距今 4000 年左右的夏朝，古人已经能够铸造青铜器。冶炼青铜所需的温度为 1000℃左右，以当时的木炭为燃料就可以达到。

经历了漫长的青铜器时代，在公元前六七世纪的春秋晚期，铁器出现了，这标志着人类历史进入了新阶段——铁器时代。

随着冶炼技术的发展，此时熔炼炉的温度可以达到 1100℃。

但如果想要冶炼质量更好的钢铁，就需要更高的温度，只靠木炭自身的燃烧无法达到，需要借助鼓风装置，让火烧得更猛更大。

早期的鼓风装置大多是皮囊，我国古代称为橐（tuó）。一座熔炼炉往往需要好几个橐，把它们放在一起，排成一排，叫作“排橐”或者“排囊”。

最早的排橐用人力驱动，叫“人排”。后来用畜力驱动——多数时候用马——所以叫“马排”。突然想到一个有趣的问题：如果用牛驱动，是不是要叫牛排呢？

汉朝的钢铁冶炼技术得到了很大的发展。西汉时期，炼铁的竖炉扩大了。为了适应新的竖炉，鼓风设备也得升级。

东汉建武年间，南阳太守杜诗不仅是一名清廉正直、爱护子民的官员，还是一位很有才能的发明家。他总结冶铁工人的经验，于公元 31 年创造出了用水力鼓风的排橐。

按照排橐家族的取名传统，这种用水力驱动的排橐被命名为“水排”。

水排在我国使用的历史非常悠久，直到20世纪，有些地方仍在使用。遗憾的是，因为它的主体是木质结构，所以没有实物保存下来。

今天我们看到的，是由同济大学陆敬严教授课题组研究与复原的水排实物模型。

从结构上看，堪称现代水轮机的前身，它的出现标志着中国古代复杂机械的诞生。

在2000多年前就能制造出这样复杂的水力机械，充分显示了中国古人的智慧。

三国时期，由于连年征战，大量的铁被用于制造兵器，冶铁业也遭遇了严重破坏，铁成了极为稀缺的“奢侈品”，甚至还出现了挖出地下埋葬的棺材取铁钉的事情。

曹操统一北方后，设置了负责冶铁铸造的机构，其中有一位名叫韩暨的官员改进了水排，并把它推广到冶铁作坊中，代替当时仍在使用的马排和人排。

跟人排和马排比起来，水排“用力少，见功多”，迅速受到冶铁工匠的欢迎，成为冶炼界的“顶流”，对我国古代冶铁业的发展起到了极其重要的作用，可以说是冶铁界的一次技术革新。

水排节约了大量人力畜力，加大了风量，提高了风压，增强了风力在冶炼炉里的穿透能力，不仅提高了冶炼强度、提升了铁的质量，还让冶炼炉的体积进一步扩大，提高了铁的产量。

铁的质量和产量提高了，用铁制作的农具也就更多更好使了，这不仅让三国时期的冶铁业迅速实现“产业升级”，也让手工业和农业得到了恢复和发展，而这也带动了整个中原地区经济的恢复和重建，为晋国统一中国奠定了物质基础。

瞧，这就是金属的重要性！

但是像很多古代科技一样，在很长的时间里，水排都没能留下详细记载。

一直到了元代，一位名叫王祯的县令在自己的著作《农书》里详细描绘了这位“冶炼界顶流”的真实面貌。

知识窗

水排机构是由两个以上构件组成、各部分之间具有一定的相对运动的装置，它能够传递、转换运动，或实现某些特定的运动。

还记得龙骨翻车吗？水排和翻车都属于轮轴连杆传动机构，不仅出现的年代非常接近，构造和原理也有相似之处。

水排是中国古代一种冶铁用的水力鼓风装置，它由动力机构、传动机构和工作机构三个主要部分构成，是利用水力作为动力，运用主动轮、从动轮、曲柄、连杆等机构，通过皮带传动，把圆周回转运动变成连杆的直线往复运动。

据王祯的《农书》记载，冶炼工人们通常会选择一条湍急的河流，在岸边架起木架，在木架上装一个直立的转轴，转轴的上下两端各装上一个大型卧轮。

上端的是上卧轮，安装有旋鼓（鼓形的小轮）、绳索（相当于传动皮带）、直木（相当于往复拉杆）和排扇（也就是风扇）。

下端的是下卧轮，也叫水轮。在下卧轮的轮轴四周装上叶板，叶板承受水流，将水力转变成动能。通过轮轴、拉杆和绳索把圆周运动变成直线往复运动，让风扇开启和闭合，就可以鼓风了。

在这个运转过程中，水轮每转动一次，风扇可以开启闭合好几次，大大地提高了鼓风效能，是当时非常先进的水力机械。

文 / 彭皓

57. 沧州铁狮子——镇海吼？平安城

你听说过“河北三宝”吗？它们就是沧州的狮子、定县的塔、正定府的菩萨。

作为“三宝”之首的沧州铁狮子，体型健硕，像狮子王一样威风凛凛地挺立着，双眼炯炯有神，背负莲花巨座，内刻金刚经文，经千年风雨而不倒，可谓实至名归。

令人好奇的是，这只铁狮子站在这里做什么用？古人又是怎样铸造出如此巨大的铁狮子的呢？让我们一起了解这只铁狮子的传奇故事吧。

为了清除水患危害，人们自发集资捐款，还特意邀请了山东一位著名的铸造师李云，铸造了这只大铁狮，以此镇遏海啸水患，保一方百姓安居乐业。

因此，满载着古代沧州人民清除海患、消除水灾美好愿望的铁狮子，也被称作“镇海吼”。

953年，铁狮子铸造成功，就立于原沧州的开元寺门前。它身长约6.3米，体宽近3米，通体高约5.5米，体重约32吨，是一个名副其实的“巨无霸”！

后来，这只铁狮子逐渐成为沧州的标志和象征，因为它的存在，沧州还被人称为“狮城”。

三国时期，因其东邻渤海，取沧海之州意设立沧州。

据沧州民间传说，因当地时常海水泛滥，海啸为害，老百姓生活苦不堪言。

现在我们在沧州市狮城公园看到的“沧州铁狮子”，实际上是2011年新铸的，比原铁狮大1.32倍，重约120吨，是世界上一次性整体浇铸最大的铁狮子，预计可保存2000年。

狮子在古代被称为“狻猊”，传说可日行五百里，是文殊菩萨的坐骑。

与普通狮子像造型不一样的是，这只铁狮身披袈裟，背驮一个巨大的莲花盆。莲花盆的底部直径1米，口部直径2米，深0.7米，可整体拆卸下来。

相传，这就是文殊菩萨佛像的莲座。

铁狮头上毛发卷曲，一直披垂到脖子上，胸前和尾部有两条绑莲座的带子，带子的两头飘垂在两肩及胯部。

它的身体向南站立，头看向西南方向，两只左脚往前迈出一步，看起来就像正在走路出巡的大王。

细看它的额头和脖子下，都刻有“狮子王”字样，果然是“狮如其名”。在它的腹腔内部，还铸有隶书篆刻的《金刚经》文。

狮子内外，有许多铸文，铸造时间、捐款者的名字等都有记载，虽然有的已经模糊不清，但它们都在无声地诉说着这只铁狮子的过往。

知识窗

沧州铁狮额头及脖子下各铸有“狮子王”三个字，头内有“窦田、郭宝玉”字样，右项及牙边皆铸有“大周广顺三年铸造”字样，左胸有“山东李云造”五字。腹腔内满铸有《金刚经》文。

可以断定此狮铸造于五代后周广顺三年，即953年。

在1000多年前，想要铸造一只如此庞大的铁狮子，可是一项大工程！为了降低铸造工艺的难度，铸造师采用了当时最成熟的金属铸造法，即“泥范明铸法”。

负责铸造的工匠，按照惯例，先用泥土制作一个等大的狮子模具。然后，将涂的泥块模板一块一块地切割下来，晒干备用。

专家依据印痕，发现沧州铁狮就是由600多块这样的模板铸造而成的。

沧州铁狮子是我国体积最大的狮子，也是最“古老”的铁狮，其铸造技术比西方约早800年，在世界冶金史上也具有里程碑的意义。

狮子模具外面，将晒干的泥块用铁钉一节一节铸在一起。干泥块和模具之间，要留一定空隙，这是狮身的厚度，专业名词叫“泥范”。

将滚烫的铁水灌注到模具下的空隙内，待其冷却后，把外层的泥块模板和里层的泥坯一一敲掉，一只大铁狮也就铸造成功了。

俗话说：“说得容易，做起来难。”现在我们几句话就能描述出这只铁狮的铸造过程，但在当时，想要制作这么一个大铁铸件，可是困难重重。

据说，当时共用了上百个小炉，耗费了上百天，才将30多吨的铁烧熔、浇铸成功，这本身就是一个大工程！

不得不感叹，古代劳动人民的智慧，真有着无穷的潜力，令人难以想象！

跨越千年，沧州铁狮子依然默默守护着这座城市。其间，它历经沧桑，在经过几次不妥善的保护后，变得伤痕累累、锈迹斑斑，体表有多处毁坏或缺损。

如今的铁狮子已经变得十分脆弱，再经不起任何损坏。这就需要我们付出更多的精力来保护它，好让后代也能亲身感受我国古代先进的冶铸技术。

沧州铁狮子，体形之大且全身没有经过任何焊接，不得不佩服古代工匠们的智慧。狮身上精致的雕刻、秀丽的字体，有很高的艺术价值。

它是我国现存年代最早、规模较大的铁铸艺术品之一，彰显了古代中国先进的铸造技术和领先的冶金技术。

文 / 徐亚楠

科技著作《天工开物》

古人是怎么纺织、给织物染色的？人们吃的盐、糖是如何加工制作的？陶瓷是怎样制作的？榨油的方法是什么？造纸的步骤有哪些？金属矿物是怎么开采和冶炼的……

小朋友总是有着十万个为什么的好奇心，不过要想知道古代的各种技术，那就快翻开《天工开物》吧。

有了它，这些技术类的问题都可以在书中找到答案，它可谓是一本非常实用的百科全书！那么，书中还有哪些我们不知道的“黑科技”呢？

作者宋应星，科考无望后，在家人和朋友的支持下，投身到与“功名进取毫不相关”的实学中。

他依靠自己的经历和知识背景，在多年的实地走访中，致力于农业生产和手工业生产的科学研究，并将了解到的中国几千年来出现过的各种农作物和手工业原料的种类、产地、科学技术、生产方式等一一记录下来并加以提炼总结，最终完成了这本中国科技史上的伟大著作。

宋应星出生在江西的书香门第，从小和大哥宋应升在亲戚家开办的家塾读书。他从小就聪明，有过目不忘的本领，深受老师和长辈的喜爱，也常与好友赴风景名胜处游历考察。

可惜他虽在全省考试中名列第三，5 次进京会试均以失败告终。后来因为候选官员的机会，才走上仕途。

这些经历，使他有更多机会了解基层群众生产领域的工艺流程。

其实这本书的出现，是中国科学界以自己的方式参与了当时全球的科技复兴运动。

在 17 世纪 30 年代，欧洲正处于文艺复兴时期，资本主义兴起，科学革命和技术飞速发展。

而此时的中国，正处于明朝末期，也有着不一样的发展，社会生产力的提高和商品经济的发展，随之出现了资本主义萌芽，这些可是促进科技发展的强劲推力。

就是在这样的社会历史背景下，《天工开物》于 1637 年“诞生”了。

《天工开物》的书名，取自“物自天生，工开于人”，意思是上天赋予的财富，还需要人工去开发利用。

这是世界上第一部关于农业和手工业生产的综合性著作，也可以把它看作一本古代科技的百科全书。

全书分为上、中、下三卷，描绘了 130 多项生产技术和工具名称、形状、工序，还非常贴心地附上了 123 幅插图，图文并茂，让阅读的人们更易于理解。

书的内容丰富多彩，不管是你能想到的，还是想不到的古代科技都在其中。

全书包括 18 个篇章，具体如下表。

分类	序号	《天工开物》篇目	主要工艺、技术	其他成就
上卷	1	《乃粒》	谷物豆麻等作物的栽培和加工方法，比如水稻浸种、育种、插秧、除草、灌溉等生产全过程	生物学知识：记录农民培育水稻、小麦新品种的事例，研究了土壤、气候、栽培方法对作物品种变化的影响；还首次介绍了用农药拌种拌秧，防病虫鼠害
	2	《乃服》	蚕丝棉苎等衣服与丝绵的纺织技术	生物学知识：注意到不同品种蚕蛾杂交会引起蚕种变异，说明动植物的品种特性可以人为得到改变，这就是人工杂交育种
	3	《彰施》	纺织物的染色技术	

续表

分类	序号	《天工开物》篇目	主要工艺、技术	其他成就
上卷	4	《粹精》	谷物的收获和加工过程	力学等物理知识：风车、水碓、水磨、水碾等风力、水力农具，尤其是水碓，同时具有灌溉、脱粒、磨面三项功能，是当时领先世界的农用机械
	5	《作咸》	制盐工艺	力学、热学等物理知识：盐井中的吸卤器（唧筒）、熔融、提取法等
	6	《甘嗜》	制糖工艺	生物学知识：甘蔗移栽技术
中卷	7	《陶埏》	砖瓦、陶瓷的制作	
	8	《冶铸》	金属的铸锻及加工	物理学知识：灌钢、泥型铸釜、失蜡铸造方法
	9	《舟车》	车船建造的结构构件和使用材料	物理学知识：船舵制造方法
	10	《锤锻》	冶铁、炼钢、冶铜和锻铸各种铁件的技术	物理学知识：小农具制造中的金属加工工艺——生铁淋口
	11	《燔石》	煤炭、石灰、硫黄、白矾等非金属矿石的开采和烧制	物理学知识：排除煤矿瓦斯方法
	12	《膏液》	16种榨油方法	
	13	《杀青》	造纸方法	

续表

分类	序号	《天工开物》篇目	主要工艺、技术	其他成就
下卷	14	《五金》	金属矿物的开采和冶炼	化学知识：首次记载了锌是一种新金属及它的冶炼方法；用金属锌代替锌化合物（炉甘石）炼制黄铜的方法
	15	《佳兵》	兵器的制造	
	16	《丹青》	矿物颜料的生产（都是文具）	
	17	《曲蘖》	酒曲的生产	
	18	《珠玉》	珠宝玉石的采集加工，还提到玛瑙、水晶、琉璃等	

其实，细心观察你会发现，这些篇章的顺序十分有趣，原来它是按照“贵五谷而贱金玉之义”依次排列的。上卷的6章，多和农业生产有关，放在前面，表明作者重视农业发展的思想。中卷的7章和下卷的5章，属于手工业技术。

《天工开物》将近10万字，这里面可是100%的科技含量。

其中，令人印象深刻的冶铸篇中，记载了万钧钟采用失蜡法的铸造工艺，还包括蜡料配方和铜、蜡比例的“专用配方”，为铸造5000千克以上的鼎、钟提供了技术参考。

对于人们在日常用来做饭的铁锅，也叙述了其铸造方法，还提供了辨别铁锅好坏的小秘诀：

用小木棒轻轻敲打，声音若是像敲硬木那么沉实便是口好锅；若有杂音，则是铁质未熟，容易损坏。

铸钱也格外讲究，熔铜使用的坩埚需要三七比例的泥粉、碳粉，使用叠铸法铸造而成。

这可是将我国传统的泥范铸法、叠铸法、失蜡法等铸造工艺都收录其中了。

中外科技对比

《天工开物》一经面世，便流传至多个国家，对世界有着深刻的影响。

在17世纪，《天工开物》逐渐传入日本，日本著名的本草学家贝原益轩在《花谱》和《菜谱》两本书中的参考书目都列举了它，这是日本提到《天工开物》的最早文字记载。

18世纪传到朝鲜后，朝鲜王朝作家和思想家朴趾源在游记《热河日记》中向朝鲜读者推荐了《天工开物》，进士出身的内阁重臣徐有榘以及李圭景等在其重要科技作品中都多次引用过《天工开物》。

这本巨著，被国外学者誉为“中国17世纪的工艺百科全书”，并认为它可与18世纪法国启蒙学者狄德罗主编的《百科全书》相匹敌。

它从专门的科学技术角度，汇聚了我国古代农业和手工业18个生产领域的科技精华，使劳动人民的智慧系统化，并构成了一个科学技术体系，这是一项空前的创举。

书中记载的中国传统技术，在此后的上百年对中国乃至世界人们的生活有着不同的影响。

文 / 徐亚楠

地图在手，天下我有

早在我国先民仰头观天文的同时，就知道“俯以察于地理”了。这里的“地理”，是地貌的意思。

人们从最初的步测、目测，到后来借用各种工具，路越走越远，见识也越来越广。

翻过了这座山，那座山叫什么，长得什么样，离得有多远，山上有什么动植物、特产，附近住的是什么人、有什么特点，旁边是什么河等，记录得清清楚楚。

战国前后，古人已经有了系统的地理概念，他们以山脉、河流等自然地理实体为标志，将代表古代中国范围的“天下”分为九州。

对九州内外的山山水水、土壤植被、人文物产等情况，都一一调查和记录了下来。

聪明的人们还将这些地形、地貌信息，汇总在一张小小的地图上，出门有了它，就不容易迷路了。

58. 制图六体——古人画地图的方法

地图对我们的日常生活非常重要，有了它，可以很方便地了解我们出行的路线和环境，乃至全世界的面貌。

在我国，西汉时期就出现了画在纸上的地图。那么，古人是如何做到把如此辽阔的世界，浓缩绘制在一张小小的图上的呢？

历史遗迹

1986年，甘肃省天水放马滩5号汉墓出土了一张纸质地图。这张地图既是我国最早的纸的遗存，也是我国最早的地图遗存。

之前，由于地图的绘制没有一套合理、简便的方法，人们画出来的地图往往和现实差距较大。

到了不晚于3世纪的西晋，有个著名的地理学家裴秀，在他担任“司空”一职，到各地负责工程建设工作后，经常需要用到地理方面的知识。

通过观察，他发现古书中的山川地名，沿用久远，后世多有改变，解说者或牵强附会，或粗略不清。

于是，他进行了认真、细致的研究，对古书的很多地方重新作出注解，并根据古书《尚书·禹贡》写成了一部历史上最早的地理集《禹贡地域图》，共18篇，一般简称《禹贡》。

知识窗

在《禹贡》中，从九州的范域，到具体的山脉、河流、湖泊、沼泽、平原、高原，他都一一详细考察落实。

同时，又结合实际，考订探明了历代的地理沿革，连古代的诸侯结盟地与水陆交通也一一摸清。

对于暂时无法确定的，就“随事注列”，绝不敷衍了事。

这些地图，都是一丈见方，按“一分为十里，一寸为百里”的比例（即 1∶1800000）绘制而成。无疑，这是当时最完备、最精详的地图。

可惜后来失传了，我们现在见到的，只有他为这套地图集撰写的序言中，保存的“制图六体”理论。

古代地图

我们生活的世界很大，但地图只是小小的一张纸，那么，如何把这么大的山川土地浓缩到一张地图上，并且不走样呢？

在总结前人绘制地图经验的基础上，他大胆创新，在书中提出了很多自己的想法，也因此在我国历史上最早确立了专门绘制地图的理论和原则。

其中，就包含制作地图的六种方法，称为“制图六体”。

中外科技对比

裴秀提出的“制图六体”，是当时世界上最科学、最完善的制图理论。

除经纬线和地球投影外，现代地图学上应考虑的主要因素，他几乎全部提了出来。因此，被称为“中国科学制图学之父”。

一直到明末，意大利有经纬线的地图传入中国后，中国的绘图方法才开始改变。

第一个原则是“分率”，就是我们今天在地图左下角看到的比例尺，用来反映地图面积、距离和实际面积、距离的比例，以保证地图所画的范围尽量接近实际区域的真实情况。

要知道，绘制的地图差 1 厘米，实际可能需要多走几十千米的冤枉路。

比例尺的出现，非常有利于解决这个问题。

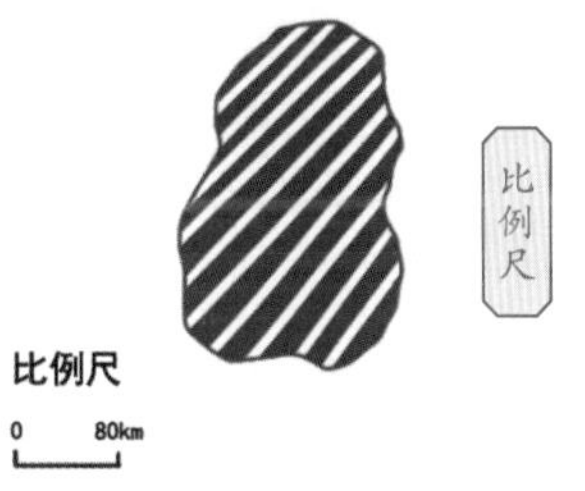

比例尺

第二个原则是“准望”，这类似于我们今天地图上指示方向的指北针，用于确定地貌，即陆地上的山地、平原等地表起伏的形态，以及地物之间相互的方位关系。

也就是我们今天看地图方向时，“上北下南，左西右东”的说法，上方指代北方，下方指代南方，左右两方分别指代西方和东方。

如果没有这个方法，今天我们出门恐怕只能拿着地图一头雾水地打转悠了。

第三个原则是“道里”，这是用来确定两地之间道路距离的。

作为地图，有一个很大的用途就是指导我们出行，尤其是需要确定两个地方的距离。

有了这一方法，可对各地之间的距离一一事先勘定，再绘制表现在地图里，从而增加地图的实用性。

“高下”是确定相对高度的原则。地面是崎岖不平的，有山地、高原，也有平原、丘陵，绘制地图中当然需要体现这一特点。

要不然，看上去很近，好像可以很快走过去的地方，就可能会因为高低海拔的原因，上上下下地如同走楼梯或弯弯曲曲的山路一样，需要绕很长的距离。

今天，我们用不同颜色和标志将高高低低的山区和平原在地形图上标识出来，这个传统就是来源于这一原则。

“方邪”和“迂直”原则，就是通过地图来表现地面坡度的大小。

山地和高原的海拔虽然可能相同，但坡度却是不一样的，如果解决不了这个问题，那地图上的一个小山坡，现实中就可能是一个大陡崖。

那么如何通过地图来呈现呢？

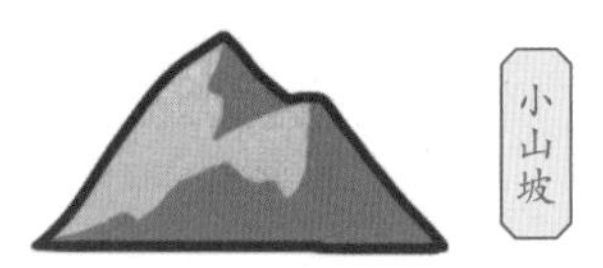

裴秀提出，地形的高低起伏要有区别，坡度大小程度也要有区别，这样，缓坡和陡峻的悬崖就可以通过地图更加直观地表现出来。

地形起伏用“方邪”，而“迂直”就是实地

高低起伏与图上距离的换算。如果没有这两个原则，很难想象古人如何在地图上表现不同地形的坡度。

此外，在绘制地图时，还有一个方法，就是先在图上画满大小相同的方格，方格的边长代表实地里数，它的作用是帮助地图使用者更方便地确定两地之间的距离。

裴秀本人就曾经以一寸折百里的比例，编制了地图《地形方丈图》。

知识窗

裴秀根据“六军所经，地域远近，山川险易，征路迂直”，在门客京相的帮助下，编制了中国最早的地图《地形方丈图》和地图集《禹贡地域图》。

这些绘图方法，对中国西晋以后的地图制作技术产生了深远的影响。包括宋代沈括等在内的中国古代制图学家的著名地图，都继承了“制图六体”的原则。

也正因为如此，我们今天才能看到古人留下的各种精准到令我们惊讶的地图，这是古人在地理学方面的智慧之一。

文 / 王冲

59. 岩溶地貌考察——我想看世界

明朝万历年间，在江阴的一户徐姓人家迎来了第二个儿子，徐家把这个孩子取名为弘祖。因为家境富裕，祖上又都是读书人，徐爸爸不愿意当官，平时就喜欢带着仆人四处游山玩水。

小弘祖继承了爸爸的爱好，别人上课读《孟子》之类的四书五经，他偷偷看《水经注》等地理或历史名著。别人下课认真复习功课，准备考取功名，他悄悄溜出去玩儿，见山就爬，见水就下。

要问他的理想，那就是环游世界！

贪玩的小弘祖长到15岁时，第一次参加科举考试，毫不意外地落榜了。于是，他干脆宣布："我，再也不想考试了！"

对此，徐爸爸完全没有意见，反而鼓励他，只要多读书，有学问就好，科考不参加也罢。

有了爸爸的支持，小弘祖读书格外认真，家里一座楼的藏书不够，他就外出去搜集，只要是好书，哪怕脱了衣服去

换都可以。而且，他的记忆力也很好，只要读过的内容，都能记得住。

当时的名人陈继儒看到这孩子总是伴着朝霞出门，晚霞进门，索性向人介绍时，叫他“霞客”。小弘祖很喜欢这个名字，从此便自称徐霞客。

22 岁时，徐霞客在母亲的积极鼓励下，开始放心出游。这一走，他的脚步就停不下来了。30 多年间，他的足迹遍布大江南北，往东到过普陀山，往北到了燕冀，往西北到了太华，往西南到了云贵边陲。

他的长距离旅游可不是像我们现在一样乘车或坐飞机，到了景点走马观花，拍张照、打个卡就走人，那可是实实在在、一步一个脚印走出来的。

而且，他也不只是为了观光游玩，而是在考察、探索自然界的各种人文、地理、动植物等的奥秘。

为了考察得更细致，他经常背着行李一路步行，为此吃了不少苦头，甚至有几次处于生死一线间。

每天停歇下来后，不论多累，也不管住宿条件多差，他都会坚持把自己的野外考察情况记录下来，这才有了后世赫赫有名的《徐霞客游记》。

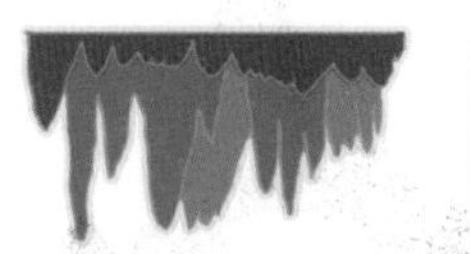

在最后一次游历中，他来到了贵州和云南的岩溶地区。

在进入溶洞考察钟乳石后，在前人描述的基础上，他增加了对于钟乳石形状和成因的描述。

贵州省施秉的岩溶地貌，被认为是世界上亚热带白云岩峰丛喀斯特的最好范例，峡谷里清澈的河流环绕风景如画的山谷，非常壮观。

广西桂林岩溶地貌，被认为是塔状岩溶地貌的代表，有一段时间曾被国际上认为这里是内陆喀斯特的典型地区。

云南石林千峰竞秀，以“雄、奇、险、秀、幽、奥、旷”著称，具有世界上最奇特的岩溶地貌景观。

或许是岩溶地貌太过吸引人，徐霞客钻了一百多个石灰岩洞，他对每个岩洞看得都很仔细，不仅深入洞穴内部观察形状、结构，还会摸摸倒悬的钟乳石和地上的石笋。

没有仪器，他就靠经验目测步量每个岩洞深多少、宽多少，头顶的钟乳石和地上的石笋有多高、多大，以及洞穴的方向等，这些都是他记录在游记里的主要内容。

据现代地理人员的实地勘察测量，徐霞客当年的记载结果，与现代仪器测量的结果是大体一致的。

中外科技对比

徐霞客对岩溶地貌做出的考察和描述，是世界上最早、最翔实的，比 1774 年欧洲人艾斯佩尔早 130 多年。

他对岩溶地貌的分类，也比 1858 年欧洲人罗曼的研究要早 220 多年。

有时候，他还会想办法取下洞穴里的岩石标本，方便带走做进一步的研究。这完全是现代地质学家的做法了，但对于当年的徐霞客，是全凭着好奇和执着形成的自然而然的习惯。

要知道，西方专门研究洞穴形成、结构和作用的洞穴学，是近百年才发展起来的。

在地质学上，岩溶地貌也叫石灰岩地貌，国外叫作喀斯特地貌，在我国分布十分广泛，类型也很多，其中以西南地区的云南、贵州、广西三地最有代表性。

徐霞客当年对石灰岩地貌表现出了极大的热情。他对一系列石灰岩地貌做出的分类和专用词汇，直到今天仍在使用。他对当地岩溶地貌做出的分析，详细而独到。

知识窗

岩溶地区深厚的石灰岩层，在地表水和地下水日久天长的侵蚀溶解下，岩体外表和内部，就分别形成孤峰、峰林（石林）、天生桥、落水洞、溶沟溶洞、暗河暗湖、钟乳石、石笋、石柱等各种奇特的自然景物。

比如有“天下第一奇观”之称的云南石林，广西的奇峰异洞，千姿万态，素有“桂林山水甲天下，阳朔山水甲桂林”之誉。

岩溶地貌与生产建设和国防建设有密切的关系，为了利用和改造岩溶地区的自然条件和资源，必须对岩溶地貌的成因、分布和发育规律进行实地考察研究。

徐霞客在云南省的腾冲地区考察地热时，有一次在爬山过程中，身上仅有的 30 文钱掉下了悬崖。

下山之后，饥肠辘辘的徐霞客把自己带的几件衣服挂在屋外，希望有人能看中换取盘缠。过了一会儿，果然有人用200多文钱买了他的一条襦裙。

但人不会每次都这么幸运，在考察山林的过程中，迷路，饥一顿饱一顿是常有的事。饿了他就摘野果子吃，渴了就喝山泉水，困了就睡在洞穴里。

如果古代有野外生存大赛，说不定，徐霞客能得个野外生存专家的大奖呢！

我国杰出的地理学家和旅行家徐霞客，是世界上岩溶地貌考察的先驱。他开辟了地理学上系统观察自然、描述自然的全新方向。

在他的“野外生存秘籍”中，既系统考察了地质地貌，又描绘了祖国大地的旅游资源，并且记录了各地居民生活、风俗人情，具有高度的历史学和民族学价值。

文 / 夏眠

野外生存专家

科技著作《汉书·地理志》

说起地理，大家的第一印象多半是山川、河流。春秋战国时期的人们也是这么想的：抬头看到的是天文、低头看到的是地理；观察、归纳、总结山川河流的特征和规律就是地理。地理，更像是我们先祖对山川河流写的观察日志和说明书。

后来，东汉出了一位名叫班固的史学家，他左思右想：既然万物以人为本，那地理也是万物呀！地理和山川有关，山川和百姓的种地、捕猎有关，那地理不就和老百姓的生活有关嘛！

带着这样的想法，班固撰写了一本与众不同的地理书——《汉书·地理志》。

作为一位史学家，班固没有彪悍的体力和充沛的时间去考察国家的每一个角落，于是，他选择站在“巨人的肩膀”上，收集、整理前人留下的历史地理资料。他共收集、整理出三个部分。

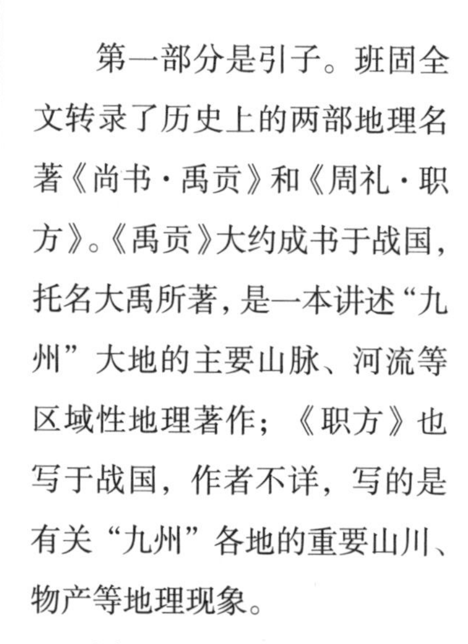

第一部分是引子。班固全文转录了历史上的两部地理名著《尚书·禹贡》和《周礼·职方》。《禹贡》大约成书于战国，托名大禹所著，是一本讲述“九州”大地的主要山脉、河流等区域性地理著作；《职方》也写于战国，作者不详，写的是有关“九州”各地的重要山川、物产等地理现象。

同过去的松散记录不同，

班固一开始就把天下看成由人划分出的疆域与政区，疆域与政区会发展、会延续。他以此作为全书的编写框架，对各个大大小小政区内各种地理现象的分布及其相互关系进行讲述，由此成就了他以人文地理为中心的新地理观。为了增加说服力，班固还简述了传说中从黄帝到西汉的历代疆域变迁情况。

第二部分是全书的主体。他按自己的地理观点，以政区划分中的郡为纲，县为目，逐一记录了汉平帝元始二年（即公元2年）西汉版图内103个郡及下辖1587个县、道、邑、侯国的政区建置沿革情况。在这些条目之下，分别记载有户口、山川河流、水利设施、灾害、名胜古迹、矿藏，甚至还有地方特产、民情风俗等，大大丰富了人们对于当时全国经济发展与变化的了解。

因为各地的地理志写作体例一致，为后世的查阅、研究等工作，提供了宝贵的地理学史料。

如果当时有旅游团，拿着这本书就能当作导游手册；如果当时有人口学家，拿着这本书就能当作人口统计的参照依据。

知识窗

一方水土养一方人，《汉书·地理志》中总结了好几个不同区域人的性格和当地风俗。

比如秦地天水、陇西等地，面对着林海山川，当地百姓性格质朴。同时，秦朝又要面对北方游牧民族的骚扰，当地百姓处于长期戒备状态，需要强身健体，随时抵御外敌。这样一来，这里的风俗文化就崇尚武力和勇敢。

再比如南方的楚国和越国，境内多山海湖泊，时常云雾缭绕，百姓早就对光怪陆离的自然景象习以为常，于是当地流行的便是巫文化。这也就有了楚国人重视祭祀、越国人喜欢用文身来躲避水神骚扰的不同风俗。

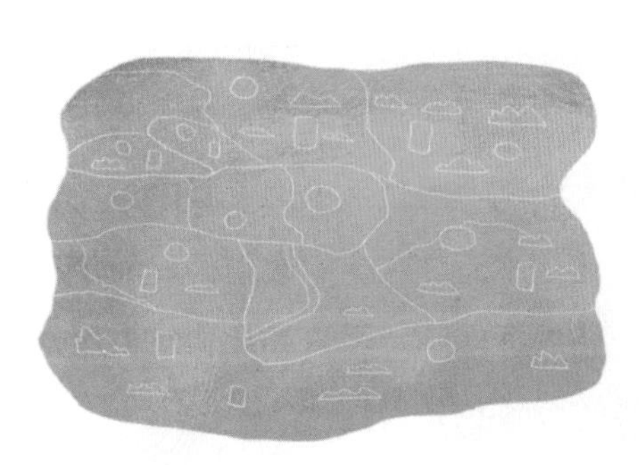

古代地图

第三部分是卷末，主要是以《史记·货殖列传》为基础、参考西汉刘向的《域分》和朱赣的《风俗》，整理了秦、魏、韩、赵等15个地理区域的兴衰史和地理特征。最后，他还贴心地附上了国家贸易的内容——

秦汉以来，我们的先祖就持续与其他国家进行贸易通商，诞生了赫赫有名的丝绸之路。

如果当时有经济学家，拿着这本书就能当作经济发展和国际贸易的重要资料。

《汉书·地理志》是中国正史中第一部以“地理”命名的地理学著作。班固写作之初，一定没有想到，他的这种写法，对后世2000多年来的中国地理史有这么大的影响！它开创了正史地理志以某一朝代疆域为范围，以政区建制为纲分条，附山川、物产、风俗的体例，成了正史地理志中最早的一部，也是最好的一部。

1977年，湖北省武汉市黄陂鲁台山12号墓出土了一件战国时期的青铜戈，上面刻有“阳春啬夫”等13个字，从铭文来看，阳春是战国时期的一个地名。这个发现，直接让考古学家挑战了“阳春白雪”“阳阿薤（xiè）露”“下里巴人”这些成语的具体解释。

一直以来，人们认为这三个典故是比喻人的趣味品流有雅俗高下之分：阳春白雪代表高雅音乐，阳阿薤露代表中上音乐，下里巴人代表民间音乐。

如果阳春是地名，那么这三个成语就可以解释为“阳春”这个地方的《白雪》歌、“阳阿”这个地方的《薤露》歌、“下里”这个地方的《巴人》歌。

《汉书·地理志》里有“阳阿”县的记录，归上党郡管，治所在今山西省阳城县西北阳陵；虽没有“阳春”的记录，但一枚汉印的印文证明汉朝确实存在一个叫“阳春”的小地方；有人说，“下里”是现今山东省泰山南边的一个地名，仅供参考吧。

根据学者的推测，《白雪》《薤露》《巴人》是流传在山西晋地，后来传入楚国的歌曲，能被解释成现代成语的意思，算是一个美丽的误会吧。

自从《汉书·地理志》诞生后，后世的15部正史中的地理志都以它为模板。作为我国第一部正史地理志，《汉书·地理志》体现了我国早期地理学的研究成果，为后来的历史地理研究开辟了道路，对于创立具有现代科学意义的历史地理学具有重大影响。当然，里面记载的难免有错误和疏漏，比如水道源流会有改道，比如矿产资源有所涉及但例证较小。尽管如此，它依然是研究古代史地的必备工具书。

古人御水的“高科技”

人类的生活与水息息相关。有了水，人们才能耕种、收获，从而得以维系生命……可它有时温柔，有时又化为“猛兽”，让人们恐惧不已。

从不甘屈服的祖先，开启了延续千年的治水之路，例如有大禹治水三过家门而不入，更有李冰父子“智斗”岷江……

治好了水，人们又发现，从前翻山越岭一绕就是几十上百千米的路途，若是人工挖通一段河，就能把一些地区的河流连起来，这样能让交通运输便利起来。

同时，这些水利工程还能身兼数项功能，比如灌溉农田、排水泄洪等。

有了水路，我们的水上交通工具也不能拖后腿。从一叶扁舟到一艘巨轮，从航行在河流之上到征服波澜壮阔的大海，离不开掌握方向的船尾舵、减少沉船风险的水密隔舱……为每一次航行保驾护航。

在历史的漫漫长路中，人类用智慧不断创造更多“高科技”，去治水、利水、御水……

60. 都江堰——唯一的无坝引水工程

若是去旅游爱好者的天堂四川游玩，你一定会有很多期待，吃吃四川火锅、重庆小面，看看乐山大佛，逛逛峨眉山、九寨沟，亲近一下大熊猫……不过，推荐你有时间也看看都江堰，相信你一定会被它震撼到！

不仅感叹青山绿水的美丽风景，更是感叹这项水利工程真是太厉害了。这个屹立千年而不倒的都江堰，将曾经旱涝无常的成都平原，改造成为人们口中的天府之国。

如此伟大的水利工程究竟是怎么建造的呢？一起来看看神奇的都江堰吧！

传说，从前岷江有一条孽龙，兴风作浪，祸害百姓。李冰来到这里任官后，决心为民除害，于是派儿子二郎去擒拿孽龙。

二郎和孽龙打了九九八十一个回合，最终孽龙战败，仓皇逃走。

在逃跑路上，它突然饿了，就在路旁小店要了一碗面条，谁知这面条竟是二郎的铁链所化，瞬间它被锁在了江中的铁柱之上，从此被囚禁在深潭之中。

后来，人们为了纪念此事还修建了伏龙观，可见李冰父

子此举在蜀人心中的重要性。

都江堰的离堆之上建有伏龙观，又叫作老王庙、李公庙，是为了纪念李冰父子降伏孽龙而得名的。

此观三面悬绝，一面用42级宽3丈1尺5寸石阶和开阔的大坝相连，使伏龙观显得特别雄伟庄严。

在伏龙观内有一尊李冰的石刻雕像，距今已有1800多年，这是我国现存最早的圆雕石像。

伏龙观东侧是宝瓶口，可以近距离感受到汹涌澎湃的江水。

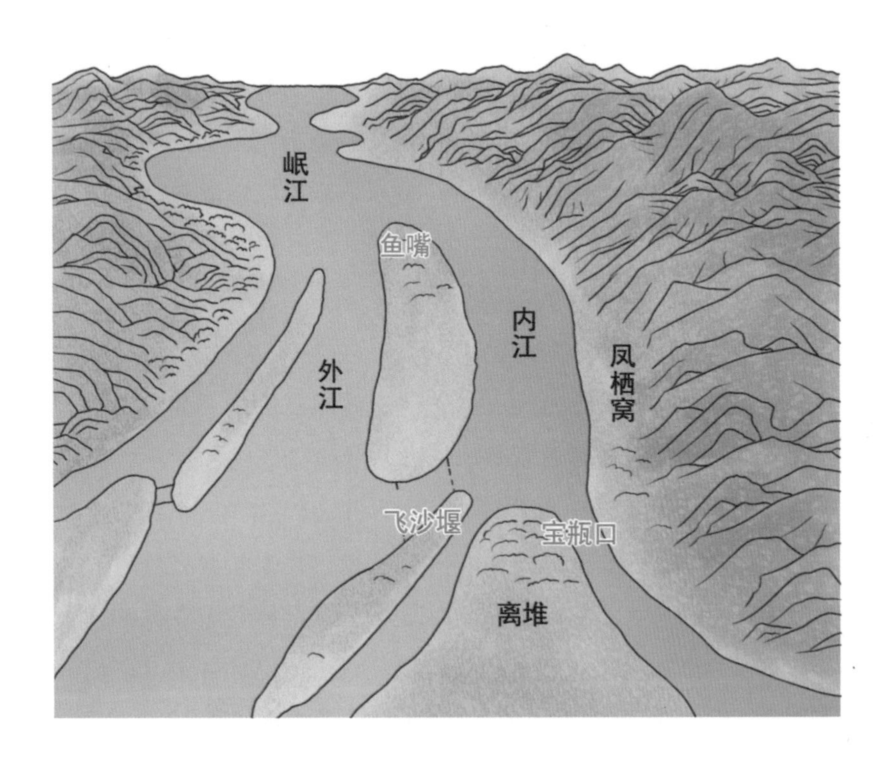

在2200多年前的战国时期，李冰受秦王任命成为秦国蜀郡的太守。上任后，他一心想把这里的水旱灾害治理好。

他明白治水要从波涛汹涌的岷江开始。

经过反复实地考察和总结前人治水经验后，李冰决定利用地形特点和资源条件，将岷江一分为二，内江直引成都平原，外江用来排洪排涝。

于是在公元前256年，李冰率领岷江两岸的人民，在岷江之上修建了都江堰水利工程。

知识窗

李冰是战国时期著名的水利专家。他和儿子一同主持修建了都江堰水利工程。在修完都江堰之后，他又去了四川什邡的洛水镇修建水利工程，由于积劳成疾，病逝于洛水镇。

他的一生贡献给了水利事业，为造福百姓做出了巨大贡献。

李冰的儿子李二郎因助父亲修建都江堰，立下了汗马功劳，被民众奉为神灵祭祀，俗称二郎神。

都江堰是现存世界上唯一一座无坝引水的水利工程，这和古代工程师们的智慧是分不开的。

他们因势利导，建造了具有分水功能的鱼嘴、能够泄洪排沙的飞沙堰、可以控制进水量的宝瓶口，再加上百丈堤、人字堤、离堆等附属工程，共同构成了整个都江堰水利工程系统。

在修建这样一个庞大的工程过程中，遇到了许多的难题。

首当其冲的就是内江要穿过玉垒山才能直引成都平原。当时，还没有发明火药，一座大山挡住去路，真是令人头疼！

不过，李冰父子想到了利用热胀冷缩的方法，以火烧石，再泼上冷水，令石头爆裂。

就这样，耗时几年，终于开凿出来一道将近20米宽的口子。因为其形状酷似瓶口，被人们称为宝瓶口。它是内江进水的咽喉，能够自动控制进水量。

将岷江的水一分为二的分水堤鱼嘴口也尤为重要。

在古代并没有水泥，李冰父子就用竹笼装卵石堆砌。竹笼把分散的卵石聚在一起，不仅能抗击流水的冲击，还能够泄洪，适应水位变化。

鱼嘴口的设计是十分巧妙的，它能够自动调控分配的水量，还能利用内江河床低于外江河床的地理优势，以保证在水流较小的枯水期有六分水流入内江，在丰水期的时候有四分水流入内江。

不过进入内江的河水中携带了大量的泥沙，为了减少进入宝瓶口的泥沙量，工匠们在鱼嘴后面的东南方修建了飞沙堰和离堆。飞沙堰也是采用了竹笼装卵石的方法堆砌。

这里的排沙设计非常神奇！

由于宝瓶口比内江更狭窄，水流湍急，到此处突然变窄，再加上离堆的阻拦，使河

水形成了回流。水中的沙石大部分会被甩至飞沙堰，少部分沉淀在飞沙堰对面的凤栖窝。

其实，飞沙堰不仅能够分离沙石使河水变得清澈，在丰水期的时候，宝瓶口控制了一定的水量通过，而多余的水可以通过飞沙堰流向外江。

这就是都江堰水利工程的二级自动分流。

古人充分利用当地的地形和水流的特性，巧妙设计了鱼嘴、宝瓶口、飞沙堰、离堆等。它们之间环环相扣，紧密相连，共同构成了集河水分流、排沙、防洪涝多种功能于一体的都江堰水利工程。

这项伟大的工程让当地百姓不再遭受旱灾、水灾，同时也为成都平原提供了生活用水、农业灌溉用水，使那里发展成为天府之国。

巧夺天工的都江堰，在世界水利史上写下了光辉的一页，让世界为之惊叹。难以想象，古人竟能设计出如此伟大的水利工程。

在2200多年后的今天，它仍然发挥着防洪、灌溉的功能，造福着川西平原的百姓。

都江堰作为世界上仅有的无坝引水水利工程，是古人对自然环境的认识和利用，是人民智慧的结晶，值得我们所有人为之自豪！

文/徐亚楠

61. 灵渠——水往高处流的奇渠

人们常说“人往高处走，水往低处流”，可作为古代四大水利工程之一的灵渠，却颠覆了这条定律，让水逆流而上。

你是不是好奇，它到底怎么实现了河水由低处流向高处呢?

“飞来石”。这是一块略呈方形的石头，传说是从天外飞来此地，用于镇妖的神石。

据说在修建灵渠之初，有一只妖魔猪婆总是出来作恶，白天建好的渠堤，晚上就被它拱倒损坏。秦始皇先后派来的两位工匠也因工程延误被杀。

直到第三位工匠来了后，他得到了神仙的帮助，从峨眉山飞来一块巨石，一下子将那出来作恶的猪婆镇压在河堤之上，让它永世不得翻身，这才使得灵渠顺利修建。

灵渠，古人也把它叫作秦凿渠、零渠、陡河、兴安运河等。整个灵渠自东流向西方，像一条贯通湖南湘江和广西漓江的天道。

全长虽然只有短短的30多千米，可却连通了长江和珠江两大水域，在加强南北交流中发挥了巨大的作用。在秦人眼中，它和万里长城一样伟大。

在南渠的北岸旁，矗立着一块巨大的石头，人们都叫它

而这块飞来石此后就矗立在河堤之上，2000多年来一直默默保佑着灵渠。

最初修建灵渠的原因，据说是2000多年前的秦始皇吞并六国之后，准备开拓岭南，统一中国。

可岭南地区以山地丘陵为主，地势复杂，在这里行军作战，部队粮食的运输都是很大的问题。

于是，为了运输军粮，保障部队供给，秦始皇任命史禄在湘江和漓江之间修建一条人工运河。

公元前214年，灵渠建成。

正是这条运河建立的水运网，保障了战争的物资供给，使得秦始皇迅速统一了岭南。

后期，灵渠更是成了沟通南北的水上之路，促进了南北的经济、文化发展。

作为我国古代最早开凿的人工运河之一，工程师在设计之初，充分利用了漓江支流始安水河道的有利地形，精心挑选了最合理的地方进行开凿。

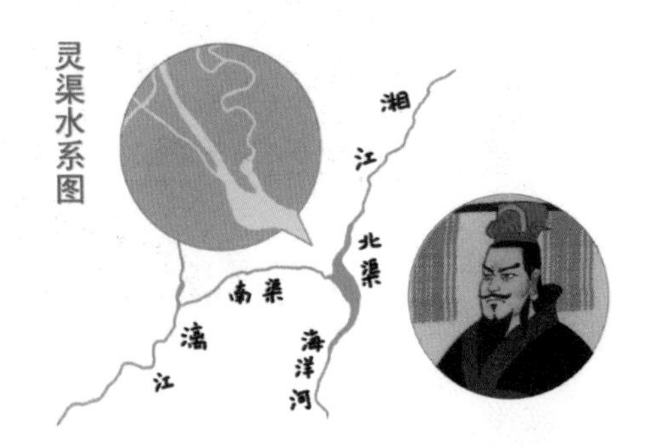

灵渠的主体工程由铧嘴、大天平、小天平、南渠、北渠、陡门、堰坝等部分共同组成。

在那个没有现代化挖掘工具的时代，在修建灵渠的过程中遇到了许多难题，这对于古代工匠来说是个很大的挑战！

知识窗

现在的灵渠渠系主要分为南渠、严关干渠、北渠。

南渠全长33.15千米，可分为四段：第一段即通常所说的秦堤，大部分为半开挖的渠道；第二段全线为开挖的渠道；第三段是利用天然小河扩宽而成的，同时增加了渠道的弯曲段；第四段大部分为天然渠道，通称灵河。

严关干渠全长10千米，用以分水，1952年建成。

北渠，全长3.25千米，开凿于湘江北岸宽阔的一级阶地上。

在和湘江水系连通时，经过史禄的反复测量，发现湘江水位始终低于漓江水系的始安水，怎么才能让低水位的湘江水流入高水位的灵渠呢？

工程师开动集体的智慧，实地考察了好久，最终他们在灵渠最前端，用石头垒砌了具有分水作用的铧嘴，以达到分流湘江水的作用。

因为这座长达70米的石嘴前面尖锐如铧，后面钝，形状像极了翻地用的犁铧，故被称为“铧嘴”。

而铧嘴后面的拦河坝分为左边的小天平坝和右边的大天平坝，二者呈人字形连接。

修建这两座拦河大坝，是为了在此处蓄水抬高水位，在汛期也能帮助泄洪。

我们知道，水坝一般是采用坚固的砂石作为地基防腐防冲击的，而这两个拦河水坝却都采用了松木作为地基，这样的建造材料是在许多人的意料之外的。

常识告诉我们，木头长期泡在水中会腐烂，不过令人想不到的是，这里的松木十分特别，可经万年的河水浸泡而不腐。

由这种松木形成的地基之上，放入千斤重的条石，再在条石上开凿燕尾槽，将浇筑大小相同的铁块放进去，使石块之间紧密相连。

这样修成的大坝历经了2000多年的河水冲击，至今仍屹立在那里，确实是固若金汤！

为了确保大坝的安全，工程师还对坝面做了特殊处理。因为当时还没有水泥，智慧的工程师就把片状的石块竖着插进去，用来加固大坝。

一块一块的石片紧密相连，远远望去就像鱼鳞一样，人们也因此称它为“鱼鳞石”。大小天平坝的坡面有上百米长，20米宽，都被满满地铺上了这种石头。

长期水流的冲击，会使这些石片往下越插越深，让整个坝体变得更加坚固。这样因地制宜的建坝技术真是厉害！

有了铧嘴和大小天平坝巧妙的分水设计，让三分水经由小天平坝流入南渠，连通漓江始安水；七分水经大天平坝流入北渠，回归湘江主航道。

在南渠和北渠的入口处都有闸门，用来调控水流量，以保证往来船只的顺利通行。

不过，在抬高了湘江水位，解决了水向高处流的难题后，新的问题又出现了。北渠河道的高差较大、流速过快，如果是一条直道，来往的船只速度不可控，容易发生碰撞，影响了航行的安全。这可怎么办呢？

为此，工程师根据灵渠这一片的地理环境，将航道设计成了多个弯弯曲曲的河道，利用这些增设的弯道，延长了渠道的长度。

这样的设计使得河段的坡度因距离拉长而变得平缓，就像盘桥和爬山中减缓坡度的S形弯道一样，大大减缓了江流的速度，有效解决了航行安全问题。

这条人工运河的设计复杂且精密，在南渠上，为顺利通航，创造性地修建有一个特殊的装置——陡门。

陡门是在河岸凹槽处卡入木杆，将捆绑好的树干搭在横向的树干上，形成一个拦水的木柱结构。

再把竹子编成的网状席面放在木桩前面，构成了一个拦水的水闸。这就合理地使三分水入漓江，七分水入湘江。

在枯水期时，水流较少，水深达不到通航条件，就利用陡门蓄水，提高水位，以便船只通航。

在灵渠共有这样的陡门 32 个，它的作用类似现在的船闸，可以说是最早的分级船闸的雏形，是现在著名的葛洲坝船闸和三峡大坝五级船闸的原型。

这也是灵渠又名陡河的原因。

当有船只上行进入陡门后，关闭陡门，等水流高度达到航行标准时，则船只进入第二座陡门，再将第二座陡门关闭蓄水，依此类推，逐级前进通过整个航道。

在船只下行到达陡门之前，先堵塞陡门，等蓄水达到要求之后再打开，船只随着陡门涌出的大量水流，顺势而下。

即使在枯水季节，也能满足航运的需要。

有河就有桥，据记载，绵延几十千米的灵渠先后建有几十座桥，每一座桥都有自己的故事。

比如马嘶桥，据说是东汉开国名将马援南征到此地，本想骑马过桥，无奈已经朽坏的桥面让马感受到了不安。战马嘶鸣不前，于是马援卖了战马重建，桥由此得名，这可是灵渠现存最早的古桥。

1988 年，灵渠成为第三批全国重点文物保护单位。2018 年，灵渠入选世界灌溉工程遗产名录。飞来石、马嘶桥、四贤祠等都已作为文物受到了保护。

灵渠建成后，历代在使用和维护渠道的同时，也为之增添了更多的历史记述，这使灵渠的传奇随着水的流淌而不断延伸和丰富起来。

灵渠是古代水利建筑中的一颗明珠，更是世界上最古老的运河之一。

文 / 徐亚楠

62. 船尾舵——船舶运转自如的法宝

2022 年 12 月，江苏省南通九圩港船闸出闸处发生了十分惊险的一幕。一艘大货船在离出闸口还有 1 米左右时，它的尾舵突然掉落，船舶瞬间失去了控制，左冲右撞，险象环生。

幸好相关部门的救援及时赶到，大家想了很多办法，才将约 1000 千克重的船尾舵打捞上来。维修人员迅速抢修，在最短时间内使船舶恢复了航行能力，驶离现场。

可见，船尾舵在船只航行中发挥着至关重要的作用。

这项中国的伟大科技发明，也影响了西方的历史。

据说当初就是它，改变了哥伦布的一生，没有它就没有欧洲的大航海时代。正是我国的船尾舵传入西方，哥伦布才能够驾驶着有舵的船，四次出海远航，发现美洲新大陆。

想来，此时的你，一定好奇船尾舵究竟是什么？它有着哪些科技奥秘？

船尾舵，也就是船舵，顾名思义就是装在船尾部的舵，它是用来操纵并控制船舶航行方向的装置。

舵是由船桨逐渐演变而来的。

早期，人们用桨在船两侧划水，借以推动船舶前行。但人力通过木桨在船两侧的用力往往不对称，就很容易使船舶发生转向。

而且，使用桨的船基本只能在内陆航行，走不了远路，出不了海。

后来，就有了专门设在船尾的桨，用来操纵船舶的行驶方向。随着对它作用的认识，人们逐渐扩大了桨叶的面积，这才慢慢形成了舵。

舵的出现，为人们的航海远行提供了更多的可能性，由此也开启了中国的海上丝绸之路。

1954年，广州市的先烈路进行翻修时，工人意外发现了一座汉代古墓。专家在古墓内竟然发现了一艘陶船。

这艘陶船有些与众不同，它全长54厘米，高16厘米，呈灰白色，陶船结构保存完整，共分为三个舱室，最引人注目的便是船尾的舵。

这可是世界上最早使用舵的舟船实物模型，强有力地证明了我国是世界上最早发明船舵的国家。

经过专家考据，不晚于东汉时期，我国就已经有了船尾舵。当时的一些书籍中也有了对舵的解释，可见舵在当时已经普遍应用了。

随着造船技术的进步，到了唐宋时期，船尾舵发展成熟。工匠根据航行需要，不断改进，发明了更多种类的船尾舵，例如更轻便的升降舵、平衡舵、开孔舵。

升降舵，它可以根据航道深度改变舵的高度。当船驶入浅水区时，把舵吊起来；当船驶入深水区时，再把舵放入合适的深度。

平衡舵，是把舵叶平均分布到舵杆的前后部，这样的结构能使舵杆前面的舵叶自动抵消舵杆后面舵叶转动的阻力，转舵力矩更小、更省力。

开孔舵，是在舵叶上开了数列小孔，舵叶两侧的水相通，这样的转向十分省力。

但不管哪一种船尾舵，一般都是由舵叶、舵杆、舵柄共同组成的。

古代的舵柄是套在舵杆上的一根直柄，舵杆下面连着舵叶。行船时，船长通过操纵舵柄使舵杆转动，舵叶发生方向的改变。

它类似我们汽车的方向盘，向左转的时候就操纵舵柄向左，向右转即向右操纵舵柄。掌舵一说，就来源于此。

试问一下，掌握这样一个方便轻快的部件，就能操控一艘巨轮的航向，会有哪个人能不喜爱呢？

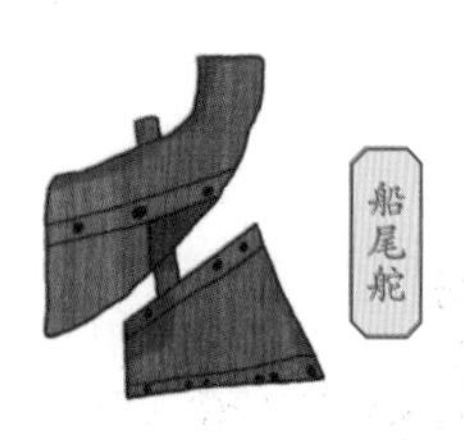

其实，船尾舵的转向原理很简单，舵叶可以说是它的核心部位。

当船正常向前行驶时，舵叶两侧受到的压力相等，船舶行驶的方向不会改变。

当我们需要改变方向时，操作舵柄，舵叶就会偏转一个角度。由于舵叶两侧的水作用力不同，形成压力差，从而轻松改变了船舶的航向。

现在我们虽然认为它的原理说起来如此简单，但当初它却是足以改变世界的先进科技！

中外科技对比

船尾舵传入欧洲后，对西方的发展产生了重要影响。

在 14 世纪，英国的主要船只就是柯克帆船，它后来成为大航海时代北欧船只中最为发达的船舶。

它最早起源于欧洲，是用于运输的货船，船型特点就是又短又宽，而且十分坚固。船体最尾端的舵，被称为“船尾中央舵”或“中央舵”。它只有一根船桅，而且位于船体中央，用以张开长方形的帆，人们称它为“横帆”。

我国对船尾舵的应用可是比西方早了 1000 多年，对世界航海史更是产生了重大影响。它的存在使人们能够轻松地操纵船舶。

它是我国造船技术中一项重大的发明，为古代海上丝绸之路提供了坚实的技术支持。在传入西方后，更是影响了整个世界。

船尾舵的发明，彰显了中国人的智慧，是值得所有人自豪的存在！

文 / 徐亚楠

63. 水密隔舱——船舶不沉没的科技

电影《泰坦尼克号》中，那艘当时全世界最豪华、最庞大，号称永不沉没的客运巨轮泰坦尼克号，在第一次航行中就沉没了，令人印象深刻。

据它的总设计师介绍，这艘轮船使用了16个单独的水密隔舱，以保障其安全性。

这次海难发生在1912年的大西洋航线上，但其实，比泰坦尼克号早1000多年前，我国就已经开始使用水密隔舱技术了。

有了它为船舶保驾护航，人们能更安全地航行在波澜壮阔的大海中。

中外科技对比

18世纪时，这项中国人使用了1000多年的技术逐渐被欧洲人效仿。

1795年，英国海军总工程师塞缪尔·本瑟姆将军受到英国皇家海军的委托，设计并建造了一批与众不同的军舰。这些军舰都使用了中国的水密隔舱技术，这也是西方第一次将此项科技应用在船舶设计中。

此后，水密隔舱技术在欧洲乃至全世界广泛应用，有着深远的影响。

现在，你是不是迫切想知道，水密隔舱技术究竟有什么神奇之处？

元朝时，一位不远万里，从意大利来到中国的旅行家，曾著有一部《马可·波罗游记》。在书中，他记录了中国的许多人文、地理、风俗等。

其中，在介绍当时福建泉州先进的造船技术时，就提到了水密隔舱技术。

在远洋运货物或人员途中，波涛汹涌的海水不时撞击着船体，而触礁、暗流、狂风暴雨等意外情况，更是每艘常年在海上行驶的船舶时时担心，但又很难完全避免的。

一旦船舱破损进水，整艘船就可能有下沉覆没的危险，而水密隔舱技术的出现，降低了这种风险，大力保障了船舶航行的安全，人们再也不用那么担心沉船意外了。

早在晋代时出现的八槽航船，一艘船的船体就已带有8个不漏水的船舱了。据说它的前身，是一种木制的八槽舰，最早是由一支经常在水上作战的农民起义军制造的。

这种八槽航船，一般高约30多米，有四层。最底层的船体分割成8个船舱，各个船舱之间要单独密封起来。这样就算其中一个或几个船舱破损进水了，也不会渗水到别的船舱，因此称为“水密”。这就保证了船舶仍可正常航行，从而大大降低了船舰进水后的沉船风险。

1974年，福建省泉州后渚港出土了一艘南宋木船。它看起来残破不堪，幸好船底保存完整，能给人们更多的复原空间。

残船底部保存完好的水密隔舱，是由12道隔舱板分成的13个船舱，舱壁之间勾连十分严密，水密程度极高。

这艘古船证明了我国宋朝先进的造船技术，为当时繁荣的海外贸易提供了强有力的技术支持。

经常在海上航行的人们很快发现了这项技术的非凡意义。

唐朝以后，封闭的水密隔舱技术已经开始普遍应用了。而到了宋元时期，在海外贸易的船舶中，大都使用了水密隔舱技术。

有人说，这项技术是借鉴了竹子的横隔膜结构，这么说也是有道理的。因为横隔膜将每根竹子分成多个空竹筒，这和水密隔舱技术的原理非常相似。

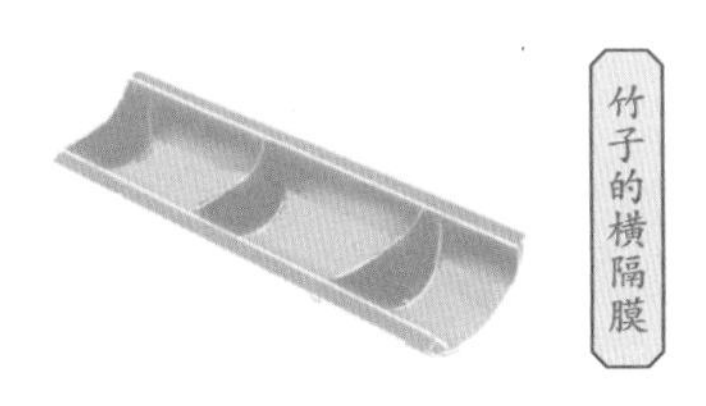

竹子的横隔膜

现在，相信你已经明白，所谓水密隔舱，就是用隔舱板把船舱分隔成一个个独立且水密性极好的舱室。

知识窗

水密隔舱作为我国造船史上一项重大的科技发明，持续了上百年的辉煌。可如今随着木船慢慢消失，掌握这项技艺的工匠越来越少。

2008年，“水密隔舱福船制造技艺”被列入国家级非物质文化遗产。2010年入选了联合国教科文组织《急需保护的非物质文化遗产名录》。

目前，水密隔舱技艺的传承人仅十几人，而且都是上了年纪的，希望未来有更多年轻人对它感兴趣，把老祖宗留给我们的这项技艺传承下去。

看到这里，你是不是好奇，这隔舱板是怎么保证每个舱室不透水呢?

这就要从隔板的设计来说了。

水密隔舱的隔板，使用耐腐蚀、韧性强的杉木制成。其边缝处采用榫接的方式，并且还填塞有捻料，这些都充分保证了各个船舱的水密性。

这项“黑科技”的优点是显而易见的。

最重要的一点，当然是它可以提高船舶的防沉性，相当于为船舶的航行上了一道安全锁。

独立且密封性好的隔舱，即使在远航过程中有一两个船舱破损进水，海水也不能流到其他舱室，只要派船员将破损处修补好就可以了。

若是进水的船舱过多，还可以把舱内的货物抛弃以达到减轻载重的目的，使船舶浮在水面，等到达最近的停靠点进行维修就可以了。

其次，它增强了船舶的强度。

水密隔舱的隔板与船体板通过铁钩顶紧密连接，发挥了加固船体的作用，增强了船舶的横向强度。

在隔舱板和船底的交接处，还装置有抱梁肋骨，将隔舱壁、船壳板、龙骨三者紧密连成一个整体，构成了立体的三角骨架，能够加强船的坚固程度，更利于远程航行。

而且隔板还能横向支撑船舷，增强船体抵御侧向水压的能力。

另外，它还提高了货物装卸的效率。

船体分舱的结构，能够对船上的货物进行分类、分舱管理和装卸等，能让货物变得更加井然有序，装卸也变得更加方便快捷。

由我国首创的水密隔舱技术，对我国造船业的发展有着深远的影响，为世界船舶史的发展也做出了巨大贡献。

它的发明，降低了船舶的沉没率，加强了船体的坚固性，让人们能更安全地航行在波浪翻滚的大海上。

如此伟大的科技，希望能让更多人知道它，并将它传承下去！

文/徐亚楠

64. 京杭大运河——南北交通大动脉

现在，我们从北京到杭州的出行方式有很多，乘坐 2 个小时的飞机、6 个小时的高铁、十几个小时的火车，以及开车走高速公路等。

可在古代，如此遥远的距离，只有驾马车是最方便快捷的。即便这样，在不迷路的情况下，也要花费至少 30 天的时间。

这还要最好的马、最有经验的车夫才行。

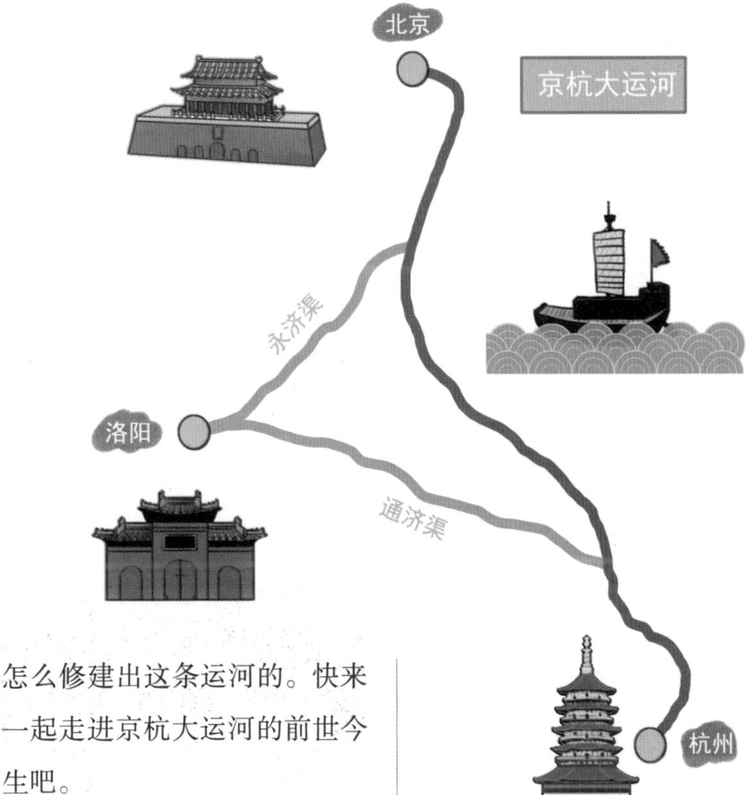

为了解决南北交通不畅的问题，古人修建了一项伟大的水利工程——京杭大运河。它的距离之远、跨越地区之多，都是前所未有的，堪称一条拉近两地距离的“高速公路”。

现在，你一定好奇古人是怎么修建出这条运河的。快来一起走进京杭大运河的前世今生吧。

作为早期开凿的运河，京杭大运河始建于公元前 486 年的春秋时期。

到了 7 世纪初隋炀帝杨广时，他主持修建的大运河共分为四段，有连通洛阳和江苏的通济渠，有从洛阳经山东终至涿郡的永济渠，有将江苏镇江和杭州连起来的江南运河，以及改造过的邗沟。

这条2700多千米的大运河全线贯通后，以当时的都城洛阳为中心，北至涿郡（今北京），南至余杭（今杭州），西至长安（今西安），使各地区的联系更加紧密。

2015年6月13日，京杭大运河通州段立“京杭大运河北起点”标志碑，正式确立通州为京杭大运河的北起点。

元朝定都现在的北京后，为了不再绕道洛阳，开国皇帝忽必烈下令截弯取直，开济州河、会通河等，以与江苏的运河河道相连，这才形成了我们现在意义上的京杭大运河。

改道后的大运河，比原来可是缩短了900多千米的路程，相当于节省了半个月的“船程”呢。

到了明清时期，政府高度重视运河调运粮食的能力，在大力扩建运河的同时，还对原来已经淤堵废弃的河段进行了疏通和整修，运河沿线的城市因此逐渐繁荣。

乾隆皇帝一生曾六次下江南，每次南巡都要走这条“高速公路”。在南巡途中，乾隆体察民情、兴修水利，效仿祖父康熙皇帝安定江南，维护国家稳定。

当然，作为工作娱乐两不误的资深前辈，他也游山玩水，感受了独特的江南水乡之美。

当时，乾隆日常食用的茶水、牛羊肉等，都是提前通过京杭大运河运往镇江、扬州等地的。

可见，在当时，京杭大运河已经在南北交通中发挥着至关重要的作用。

清末时，京杭大运河不少河段出现淤废、断航，直到中华人民共和国成立后的大规模修整，才让运河再度有了活力。

2002年，京杭大运河被纳入“南水北调”三线工程之一。

2022年，京杭大运河全线水流贯通。

畅通了2000多年的京杭大运河，对我国的政治、经济、文化都有着深刻的影响。

每年南方的上百万石（dàn，

古代的1石等于现在的60千克）漕粮、数万匹的丝绸锦缎、数不清的小商品物件要经由这条运河一路北上，运往最北端的都城。北方的皮货、杂品等也不断南下。

运河边上的城镇，例如杭州、苏州、扬州、济宁等地，也成为商品集散地，商品贸易发达。

运河的存在，在加强中央集权、维护国家统一的同时，也促进了沿河城市经济的繁荣发展，及地区之间的文化交流。

京杭大运河也是我国里程最长、工程量最大的运河。它全长1794千米，从北京到杭州，途经北京、河北、山东、江苏、浙江五个省份，将海河、黄河、淮河、长江这四大江河贯通起来。

这可是一个复杂的大工程，在修建过程中要考虑各个地区的地质、水文、工程建设等难题。

对以交通运输为目的的运河来说，不仅要有足够的水源，还要保证船舶可以安全行驶。

这个问题听起来好像并不难，但在运河的实际建设中却是困难重重。

燃灯塔

在开凿建设中，或是地势较高水源断流，或是地形起伏较大坡度较陡，又或是横穿长江、黄河等水域，不过这些难题，都在古代工匠的集体智慧之下一一解决了。

比如，在山东省境内的京杭大运河，地势与两端的河道相比居然高出了将近40米，是大运河全线位置最高的路段，被人们称为“运河水脊”。在雨水少的季节，就会发生断流。

为了解决这个难题，工程师们在济宁附近的汶河上修建了一座拦水坝，开凿新渠将河水引到运河地势最高的南旺。

加上周围的水泉和水库的蓄水，将众多水流汇集到南旺，再由此向南北分流，从而保证了运河水源的充足。

不仅如此，南旺的分水工程还巧妙地形成了“七分朝天子，三分下江南”的合理分流，将更多的水流向缺水的北方。

这样精巧的设计，不仅保证了下游居民的正常用水，还确保了运河上船舶的顺利北行，让人不得不佩服！

为了解决地势起伏较大、坡度较陡，让上下河流之间的水运得以畅通的问题，工程师可是费了不少心思。

在杭州和嘉兴段的大运河有着不小的落差，为了解决这个问题，复式船闸——长安闸便应运而生了。

它的核心就是“三闸两澳”。三闸，是指上、中、下三道隔水的闸门；两澳，则指旁边的蓄水池。通过抽水、放水控制闸室的水位，保证船只的顺利进出。

在京杭大运河上，还充分运用了先进的梯级船闸技术，这就保证了上下游的船只可以顺利排队通过。

元朝时就已经在会通河上建造了31座船闸，这可是世界上最早的梯级船闸。

明朝时的梯级船闸达到了38座，这样的数量和规模可是远超我国三峡大坝的双线五级船闸。

京杭大运河全程设计合理，运用当时的先进科技，巧妙地化解了遇到的每一个难题，保障了各段运河的畅通无阻，这是无数古代工匠智慧的结晶。

法国被列入世界文化遗产的米迪运河，于1667年动工，1681年竣工。

米迪运河全长360千米，其中有240千米的主河道、36.6千米的支线河道，以及两条引水用的水源河道及两小段连接河道。

在运河上，还有300多座各类船闸、渡槽、桥梁、泄洪道和隧道等，其中仅船闸就有65座。

米迪运河连接了地中海和大西洋，是欧洲近代最重要的土木工程之一。它独特的设计，使运河和周边环境融为一体，形成一道美丽的风景，可谓水利建筑中的佳作。

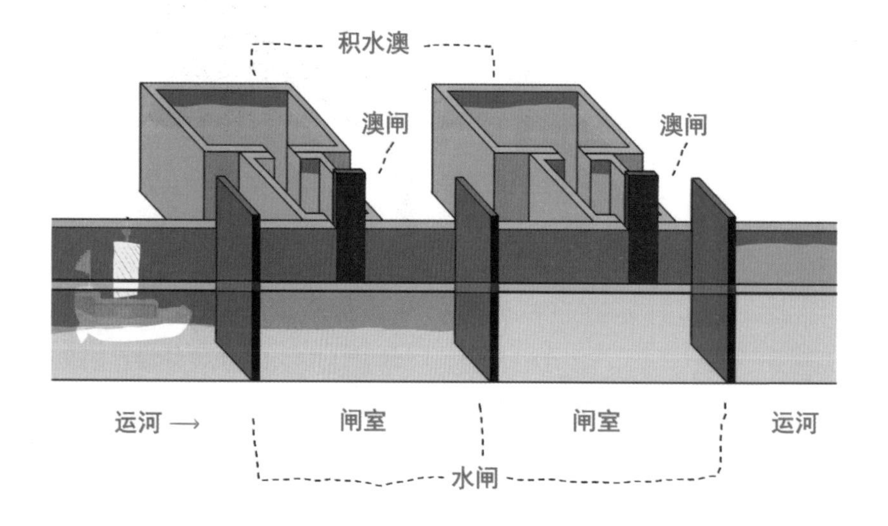

同时，在我国乃至世界水利史中，京杭大运河也占据着重要地位，影响深远，目前已被评为中国的第46个世界文化遗产。

作为曾经的南北交通大动脉，它对维护国家稳定、商业繁荣、文化交流同样起着至关重要的作用。

文 / 徐亚楠

65. 郑和航海——带上最牛的技术出海

600多年前，明代的“三宝太监”郑和，可是个大名鼎鼎的航海家和外交家，因为他有一个前无古人的伟大创举。

在1405年到1433年前后28年的时间里，他以使团最高领导人的身份，带领中国船队七次下西洋。

船队从西太平洋穿越印度洋，先后到达今天的越南，泰国，印度尼西亚的爪哇、苏门答腊，斯里兰卡，柬埔寨，马来西亚，菲律宾，印度的古里等36个国家和地区。

可以说，船队的足迹遍布印度洋、西太平洋、南亚等地，最远曾到达非洲东岸、红海。

这先后七次下西洋的总航程，相当于绕地球跑了三圈多，可谓15世纪初叶世界航海史上的空前壮举了。

大家都知道郑和七次下西洋的事，却很少有人知道他也曾下过东洋。在郑和为下西洋做准备时，我国东南沿海地区发生了严重的倭寇骚扰事件。

为了边防问题，明成祖决定派郑和去日本进行政治交涉。于是在1404年，郑和踏上了下东洋之路。

当然，此次出使日本非常成功，日本当时的执政者源道义当即下令逮捕了倭寇首领，并向中国明朝政府保证以后不会再出现类似事件。

要知道，现在出门航行只要带上钱就行，可在当时，不仅要有钱，还要有造船的技术

和专业的航海人员。

更别说如此大规模、远距离的航行，必须要有足够多并且坚固的船舶、有经验的船员，以及持续有力的后勤保障作为航海的基础。

好在这样的航行有当时的政府，举全国之财力和技术作为其支撑。

作为一国政府的外交出航行为，每一次航海，都有上百艘不同大小、不同船型、不同用途的船舶，组成庞大的船队。

每一次航行，都要长达两三年之久。要确保不迷路，还能安全返航，足以见得当时的航海技术可真给力！

你是不是好奇，究竟有哪些特别厉害的科技为他们保驾护航呢？一起来看看吧。

据说，郑和在第二次航行出使泰国时，差点儿全军覆灭。

原来，在船队行至广州一处海面时，突然狂风暴雨，汹涌的海浪冲击着船体，像是马上就要把船掀翻了。

在如此危急的情况下，郑和带着船员一起跪地祈求天妃女神保佑。刚结束祈求，好像真的灵验了一样，海面上很快变得风平浪静，船队也转危为安。

其实，每一次航行都可能遇到类似的情况，除了神女保佑的信念，最重要的是船体自身的坚固，以及船员们长年累月的航海经验。

每次下西洋，有近200艘航船、两三万人员。这些船分工细致，生活设施齐全。有装丝绸、瓷器、茶叶等的宝船，有装载米、面、粮、油等充裕食物的粮船。

还有保障人船安全和抗击海盗等的战船，以及供官员和家属、水手生活居住的坐船、马船等。

甚至还有供养猪、种菜、种药材、酿酒，以及种植盆景供人观赏的船只。它们可是汇

哥伦布是意大利的航海家、探险家，他在去美洲探险时，整个船队仅3艘帆船，90名船员。他的航海船队规模最大时也只有17艘船，船员1000多人。

葡萄牙航海家、探险

家达·伽马航海时，率领4艘船和约170名水手，组成了远征队，探索从欧洲绕过好望角到印度的航线。

在15世纪的西方航海中，其船队规模、船只大小居然和百年前的郑和航海相去甚远，可见我国古代的造船技术和天文航海术曾一度领先西方。

集了当时最先进的造船技术。

在诸多船中，郑和宝船最为重要，也是船队中较大规模的船。

它的船型为“福船”，主要特征为方头、阔尾、尖底。宝船的长和宽也有固定的比例2.5∶1。这样的船稳定性更好，能在大海中行驶得更远。

它还采用了层层叠积的加厚船板，就像是给士兵穿了一层厚重的盔甲一样，加强了整个船只的坚固程度和抗撞击的性能。

可以说，那些东南亚海盗的小船在它面前，简直没有一点儿威胁。

郑和宝船的一身神装，也都是当时最先进的。

在保证船只稳定和防沉船方面，它采用了水密隔舱技术，把船体用木板分隔成一个个水密性极好、互不相通的船舱。

这样，既能保障船舱进水后减小对航行的影响，又能在卸载货物时进行高效管理。

船尾的平衡舵装置，使水手们能更轻便地操纵方向。两侧“减摇龙骨”的设计可以让船舵在水流作用下减小船舶的晃动，从而保证整个船舶的稳定性。

为了适应海上多变的天气，宝船上的帆是硬帆式的结构，帆篷上面还带有桁条。其实这样的帆很重，升起来很费力，但它的受风效率却很高，能够提高船的航行速度。

同时，它的桅杆没有固定的横桁，可以灵活地转动，这样即便风向改变了，或者八面来风都不是问题。

在茫茫无际的大海中，如何做到准确分辨方向而不迷路，也是至关重要的一点。

郑和当时使用了海道针经，也就是指南针导航和“牵星术”，即与天文导航相结合的航海技术。

水手们在夜间观测天上星宿，白天观测太阳，利用星宿和太阳的位置及其与海平面的角度和高度，再用“牵星板”确定航行中船舶的位置及航行路线。

在看不到日月星辰的时候，再用指南针进行导航。这项技术在当时可是代表了世界天文导航中最先进的水平。

不过再坚固的船只，也怕火。可是没有火，长时间的航行照明就成了一个大问题。这可难不倒聪明的航海家们。

他们选取蚌壳中平整的部分，切割成了长方形，再进行细致的打磨，使蚌壳变得既光滑又平整。

经过打磨的蚌壳厚度竟然仅 0.1 毫米，非常透明。将蚌壳放在宝船的木格窗上，就好像我们现在的玻璃一样，不仅能保证屋中透亮，还能遮挡海上的风浪。

用蚌壳“玻璃”采光，让我们不得不对古人的智慧竖起大拇指说：“真厉害！”

郑和下西洋还取得了卓越的科技成就——《郑和航海图》。它记录了郑和下西洋的航海之路，是全世界最早的航海图集，也强有力地证明了当时我国先进的航海技术。

它是一个从右向左展开的手卷式图集，一共有 20 页的航海地图，109 条针路航线，即用指南针引路的航线，2 页的过洋牵星图。

全图以南京为起点，最远到达了非洲东岸的慢八撒，也就是现在的肯尼亚的蒙巴萨。

郑和航海在当时是一项伟大的创举，开辟了贯通太平洋西部与印度洋等大洋的航线，比哥伦布发现美洲大陆早 87 年，比麦哲伦环球航行早了 114 年，在世界航海史上有着非常重要的位置。

郑和先后七次航海出行，无论是从规模之大、航行之久、距离之远，还是从造船技术、航海技术上来讲，都是领先西方其他国家的，它向世界证明了中国人的智慧。

同时，郑和航海还促进了我国和亚非各国的政治、经济、文化交流。

文 / 徐亚楠

科技著作《水经注》

若是问起对三峡的印象，许多人脑海中一定会浮现出“巴东三峡巫峡长，猿鸣三声泪沾裳”的画面。这名句，正是源于南北朝时期郦道元的《水经注》。

不过你可能不知道，其实他并没有去过长江，也没有见过三峡。可他怎么做到仅用短短百字的诗文，就生动形象地描绘出了三峡两岸的风景呢？

此时的你是不是有许多疑问，就让我们一起去了解郦道元和《水经注》的故事，从中找出答案吧。

“姜太公钓鱼，愿者上钩”，虽然这个历史故事早已被大家熟知，可对这姜太公的钓鱼之地却十分陌生。

郦道元在外出考察时，特意来到渭水支流的磻（pán）溪，因为据说姜太公曾在此处钓过鱼，那里还有其居住过的房屋呢。

郦道元还专门拜访了附近的老人们，打听关于姜太公钓鱼的传说，并且细心地将故事记录下来，还为其注作提供了丰富的资料。

可见，《水经注》不仅记载了多条河流的情况，还将人文地理、谚语方言、传说故事等融入其中。

内容如此丰富，真是令人迫不及待地想去了解它。

在 1400 多年前的北魏时期，郦道元作为官员，曾调到全国多地任职，其中就去过山东、河北、河南、陕西、内蒙古等地区。

从小就对祖国大好河山充满兴趣的他，终于有机会去游览那些名胜古迹，名山大川了。

经过一番游历，他发现当时的地理著作是如此匮乏，对于各地山川水系的记录或是年代久远，河道已变迁；或是对其认识错误，文字记载与实际情况严重不符。

看到这样的情况，郦道元做出了一个重大决定，那就是以我国第一部记述河川水系的专著《水经》为底本，为其注作。

就是缘于他的这个伟大决定，这才创作出了这本地理巨著《水经注》。

知识窗

《水经注》具有相当高的史料价值，引书达 438 种，通行版本有 3 种。

它逐一讲述了各条河道的概况，以及河道沿线的山陵城邑、建筑名胜、珍物异事、历史故事、神话传说、风俗习惯等。它比《水经》增加 8 倍多河流水道，比经文增加 20 多倍注文。

《水经注》与南朝宋史学家裴松之的《三国志注》、唐初学者李善的《文选注》合称中国古籍的“三大名注”，还有人将前两本书与刘峻的《世说新语注》合称南北朝时期的“三大名注”。

名为《水经》作注，实际上以《水经》为纲，记载了大大小小的 1000 多条河流以及相关的历史遗迹、神话传说等，可谓我国古代记载内容最全面、最系统的地理著作。

全书共 30 多万字，是《水经》篇幅的 30 多倍。共分为 40 卷，记载有济水、易水、渭水、泗水、沂水、洙水、长江、黄河等 1252 条河流，是《水经》记载河流数量的 10 多倍。

看到这样的对比数据，让人不禁为郦道元竖起大拇指，直呼“真厉害啊”！

一部《水经注》，将古代自然地理翔实地展现在了人们眼前。

例如，他对河流的发源、入海、干流、支流、河谷宽度、河床深度、水量、水位的季节变化、含沙量、结冰期等，以及河流沿岸经过的瀑布、伏流、急流、滩濑（lài）、湖泊的记载都十分细致。

其中，还有洞庭湖、太湖、大明湖等 500 多个湖泊、沼泽，60 多处瀑布，20 多处温泉。

还记载有各种地貌，如山、岳、丘、峰、岭、坂、冈，川、野、沃野、平川、平原、原隰（xí）等，以及 70 多处喀斯特地貌的洞穴。

此外，还有植物、动物，各种自然灾害方面的记载等。

这可真是包罗万千啊！

作为一本合格的地理著作，自然离不开人文地理。

郦道元在书中记载的城市达到了 2800 座，古都 180 座。他还将小于城邑的聚落，细致地划分为镇、乡、亭、里、聚、村、墟、戍、坞、堡等 10 类，将近 1000 处。

其中，居然还包含国外的一些城市，例如如今印度的波罗奈城、巴连弗邑、王舍新城等。

书中还有许多其他方面的内容。

所记的交通，分为水陆和陆路交通，包含了桥梁约 100 座，津渡也将近 100 处。

所记农田水利工程，可以细分为坡湖、堤、塘、堰、堨（è）、坨（tuó）、水门、石逗等，还有许多屯田、耕作制度的资料。

所记矿产资源，十分丰富，例如金属类的有金、银、铜、铁、锡、汞等，非金属类的有雄黄、硫黄、盐、石墨、云母、石英、玉、石材等，还有煤炭、石油、天然气等。

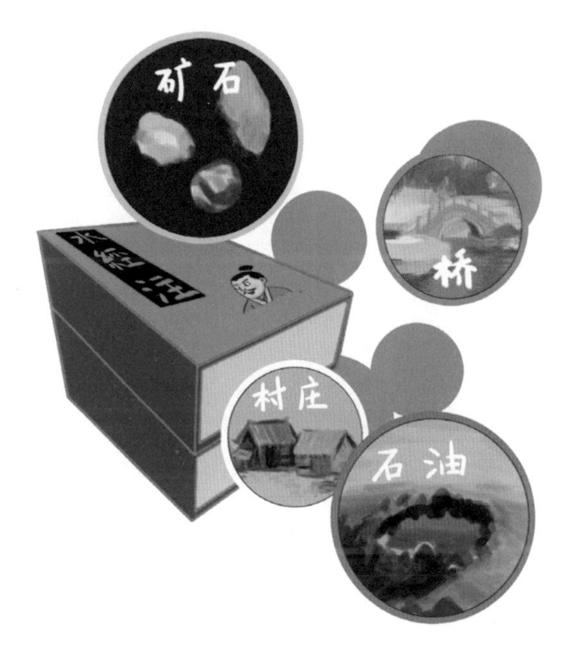

所记的兵要地理，可是包含了以前大大小小 300 多次战役，其中一些战役生动地说明了地形的重要性。

在《水经注》中，郦道元除了实地考察，还大量参考了前人的资料。

据说，光是他参阅过的书籍，就多达 400 多本呢。其中大家最熟悉的《三峡》便是引自盛弘之的《荆州记》。

其实，也是因为当时他处于南北分裂时期的北朝，局势所迫，无法前往南方去了解地理形势，他只能大量阅读他人的相关记载，谨慎选取其中的内容了。

《水经注》内容丰富，描述翔实，涉及地理学、历史学、文献学、文学等诸多学科，可谓是难以超越的存在。也正是它，让后人对古代地理有了更清晰的认识，其科学价值、艺术价值等值得我们去细细阅读。

作为古代中国的地理名著，《水经注》为我国古代地理学的发展做出了巨大贡献，在中国乃至世界的地理学历史中都占有一席之地。

文 / 徐亚楠

中国独有的丝绸发展之路

从采集兽皮、鸟羽、葛、麻等作为织衣材料，到逐渐学会种麻植桑、养蚕缫(sāo)丝、育牛养羊，古人学会了自己来生产纺织原料。

从原始的纯手工缝接、编织成衣，到逐渐学会借用纺织工具，来做出更加精美的织物，再到纺出蚕丝绸缎，中国人的穿衣品质越来越“高大上”。

更被人称道的是，特有的气候和物种，让中国人走出了一条独有的“丝绸工艺技术发展之路”。

66. 养蚕——衣锦还乡的荣耀

在我国上古神话传说中，有黄帝的妻子嫘祖教民种桑养蚕、织丝、制衣的故事，史称“嫘祖始蚕”。

因为制衣裳而兴教化，嫘祖被尊为人文始祖，北周后被人们奉为“先蚕”（蚕神）。

这是关于养蚕最普遍的传说，说明我国古代先民早已掌握了养蚕技术。

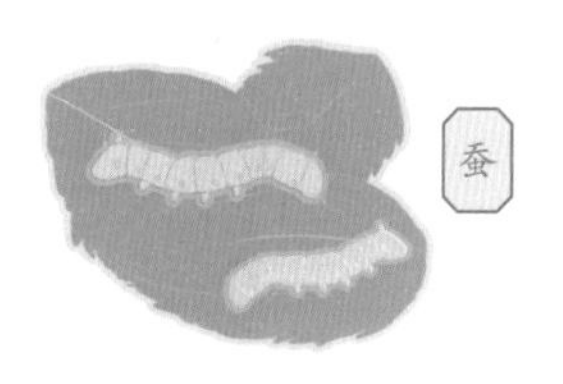
蚕

而关于蚕的起源，在魏晋南北朝的小说《搜神记》中，有一则女化蚕的神话故事。说古代有一个男人被掠走了，只剩下他的女儿和之前骑的马。

一天晚上，思父心切的女儿在喂马时说：“你要是能把我的父亲救回来，我就嫁给你。”那匹马听了，一阵嘶鸣，挣脱缰绳飞奔而去。

一个多月后，男人骑着马回来了。在得知马救他的真相后，愤怒的男人杀了这匹马，还把马皮剥下来晒在院子里。

这天男子外出，女孩对着马皮嘲笑它不知死活，忽然，马皮卷起一阵狂风带着女孩飞走了。

过了几天，人们在一棵树上找到裹着马皮的女孩，她已经化为了蚕，这棵树后来被称为桑树。

实际上，在我国很多地方

生长着这样的桑树。在桑树上生长有一种害虫，它食用桑叶后，可以吐丝作茧，这就是后来的桑蚕。

结茧后，它就会钻出这层覆有绒毛的茧壳，羽化为蛾子。

人们将这种白色的蚕茧壳浸湿后，发现它竟然可以拉出细细长长像珍珠一样亮晶晶的丝缕，这丝缕既能捻合成一根丝线，也能像麻线一样纺织成布。

要知道，用这么柔软、轻盈的丝线制成的衣物，比起用麻类植物纤维制成的粗麻布、葛布来，那上身体验肯定是一个天上，一个地下。

于是，人们开始有意种植桑树，饲养桑蚕，并把这种蚕移到室内来驯养。

为了获得更多的蚕茧，人们不断对野蚕进行培育、杂交，以让选育出的新家蚕，在吐丝、结茧等能力上更有优势。

据说有一种叫作“青白”的家蚕，就是由野蚕和家蚕杂交而来的。

据考证，距今5000多年前，先民已经开始养蚕，并且积累了先进的养蚕技术。

1926年，考古人员在山西省运城市夏县西阴村遗址，发掘出半个被切割过的蚕茧，样子就像剥开的花生壳。

1958年，在浙江省湖州市钱山漾遗址，出土了一批盛在竹篮里的丝织品，有绢片、丝带、丝线等。

这两个新石器时代的遗址，表明我国至迟在距今5000多年前，就已经开始了对于蚕丝的利用。

商周时期，为了大力发展养蚕技术，朝廷专设了“女蚕”

来主管养蚕的事。后来又推行“亲蚕”制度，也就是天子和诸侯家，要专门留出种桑和养蚕宝宝的地方。

这在当时，可是富国强民的重要国策呢。

随着统治者对桑蚕事业的重视，当时的养蚕方法已经比较成熟。

比如知道“浴种”，也就是用水或药液清除附着在蚕卵表面的杂质和细菌，再浸泡蚕种，促进蚁蚕孵化的技术。

还知道保持和调节蚕室内的干湿度及温度。

这说明当时的人们，对蚕的生长过程及环境已经有了一定的认识。

此外，当时的人们已经有了保护生态环境的意识，比如只养春蚕，禁养夏蚕，这样一年只养一茬，就不会因为过度采集桑叶而损害桑树了。

伴随着养蚕技术的进步，人们对蚕的习性认识也越来越深。

蚕蛹不易分雌雄，但化成蛾后却很好区分雌蛾、雄蛾。蚕怕高温、大雨的天气，喜欢湿润。若来不及缫丝，会有大量蚕蛹化蛾，从而破坏茧层，这时就会采用曝茧、震蛹的杀蛹方法来处理鲜茧。

在蚕的选种、制种技术方面，人们已经可以控制家蚕制种孵化的时间，较有代表性的就是永嘉八辈蚕。

知识窗

永嘉八辈蚕，是三国时期吴国培育的一种蚕，一年内八次出茧，也就是一年八熟，因此被称为“八辈之蚕”。

人们区分蚕的方法也有多种：有以体色和斑纹来区分蚕的品种的，也有按饲育和繁殖时间区分的，还有以茧区分蚕的。

利用杂交原理，人们把不同性状的蚕种结合在同一个个体中，从而培育出新的品种，这样就有了不同茧色、斑纹、体态等的数百个品种。

宋朝时，我国的养蚕技术趋于完善，已经有了一套完整的生产过程，以及具体的操作方法和要求。

比如，广西创造的用醋浸泡或者熏野蚕的取丝方法，每个蚕茧能得丝长六七尺。

将养蚕经验进行总结归纳的是元朝人。他们能根据蚕的肌肤颜色，知道蚕宝宝的饥饱情况，以此来确定喂食的桑叶量。

他们还提出蚕在不同生长期，对采光、温度、风速、饲叶速度等八类条件的禁忌和注意事项等。

明朝人学会了淘汰低劣蚕卵。

而清朝人很重视品种改良，一些地方都有适合自己当地生态条件的地方蚕种。还创办有蚕学馆或蚕桑试验地，专用以学习国外育种、养蚕经验。

昆虫在一年内发生的世代数，叫作化性。

北方地区的人们，为了增加蚕茧量，会利用冷藏法改变蚕种的化性，因此有了一化性蚕、二化性蚕和多化性蚕。

这样就可以从春天一直孵化到深秋，甚至在冬天也能饲养蚕种了，这可是我国古代人民的伟大发现呢。

通过调节温度、湿度、光线等生活条件，人为控制蚕的发育过程，自然可以延长蚕的生长期。这样就能让它吃的桑叶更多，吐的蚕丝也更多。

若是遇上桑叶减少，或者劳动力不足的年份，还可以缩短蚕的生长期，让蚕提前吐丝结茧。

有了充足的蚕茧，蚕丝就可以自由交易了。

战国时期，蚕丝制成的衣服有了精美的图案，丰富的色彩，外出当官的、有钱人等，无不以“衣锦还乡”为荣。而穷苦的老百姓只能穿棉麻布衣，于是，衣物成了身份和地位的象征。

现在藏族和蒙古族在迎送、馈赠等礼节中，仍有使用丝质哈达表达敬意和祝贺的，可见我国

历史上丝织品的重要性。

秦汉以后，随着张骞出使西域，丝绸之路打通之后，代表东方文明的蚕丝技术也渐渐传到了欧洲各地。

欧洲贵族热衷于来自神奇东方柔软光滑的丝织品，于是，丝绸价格一路猛涨，堪比黄金。

公元前11世纪，我国的蚕种和养蚕技术由东北传入朝鲜。

公元前2世纪张骞通西域后，我国的养蚕技术随着丝绸之路逐渐向南传入东南亚及西亚地区。

近代以来，西方科技突飞猛进，养蚕技术也蓬勃发展。蚕体解剖学、病理学，巴氏制种法等新兴科技出现，在19世纪之后陆续传入中国。

6世纪中叶，欧洲人为窃取这种丝绸制作技术，特意雇用了两个印度和尚来到中国。作为一名狂热的佛教徒，梁武帝萧衍批准他们去了苏州。

两人在苏州的几年里，尤其喜欢往丝绸作坊跑，还常常和工匠拉家常。

离开时，他们只拿了一些竹竿，说是给家乡人瞧个新鲜。事实上，他们是将蚕种与桑树苗藏在了竹子里。从此，养蚕技术传到了欧洲。

中国是世界上最早开始养蚕的国家，养蚕技术是古代中国人民创造的重要技艺。

世界就是从一根根晶莹的蚕丝线、一匹匹精美柔滑的丝绸，了解到古老而神秘的中国的，因此也称中国为“丝国”（Seres）。

文 / 王冲

67. 缫丝——古代“抽丝剥茧”的秘密

在我国上古神话中，就有黄帝的妻子嫘祖，发现天虫，养蚕制丝的传说。

这里的天虫，便是指蚕。

作为中国古代女性中的杰出代表，她在全国上下教民种桑养蚕，缫丝制衣，带领原始社会人类从蛮荒走向文明，结束了以兽皮、树叶、羽毛等为衣的历史。

你一定很好奇：即便嫘祖当初发现了蚕，可她又是如何知道从蚕茧中抽出蚕丝的呢?

关于这个问题，还有一个“含茧得丝”的美丽神话故事呢。

相传，黄帝做了部落联盟首领后，开始带领大家全力发展生产。作为妻子的嫘祖，专门负责给做衣冠的部门提供原料。

除了采摘吃食，带领妇女剥树皮、织麻网、剥兽皮毛，也是她的日常工作。

有一天，她们在采摘时，发现了一种毛茸茸的白色小果。像吃桑葚一样吃到嘴里，

发现没什么味道，还咬不烂。反倒从浸湿后的小果上渐渐理出丝绪，牵拉出了长长的细丝线。

聪明的嫘祖看到这白色丝线，观察了好几天，才弄清这是一种桑树上的虫子吐出的细丝绕织而成的，并非果子。

从此，在嫘祖的倡导下，先民开始了栽桑养蚕、治丝以供衣服的历史，人们将她尊为“先蚕娘娘”。

那是距今4000多年前的故事了。这也说明，我们的先民有开发利用自然资源的意识。

知识窗

当蚕吐丝的时候，它会昂起头，开开心心、认认真真，一寸一寸地将蚕丝吐出来。

只不过它没意识到，正是它吐出的丝将自己的身体裹得紧紧的。

大概，这就是人们常说的“作茧自缚”吧。

实际上，中国是最早利用蚕茧抽丝的国家。

据考古学家的研究发现，我们的先民，早在8500多年前就已经开始利用蚕丝了。

历史遗迹

在河南省的距今8000多年前的舞阳贾湖史前遗址中，考古学家检测到了蚕丝蛋白的残留物及骨针等编织工具，这表明中国先民在当时已开始利用蚕丝。

在河南省荥阳的距今5000多年的青台遗址中，出土了目前发现最早的丝织物残片，证明在这之前，缫丝工艺已经出现。根据判断，这应该为野桑蚕丝。

在山西省夏县，出土了距今5000多年的蚕茧，以及一枚距今约6000年的石雕蚕蛹，雕刻精细，而这里，有可能是当年嫘祖教民养蚕的地方。

在浙江省距今4000多年前的吴兴钱山漾遗址中，发现了我国最早的丝织品实物，根据丝线，判断为家养蚕治丝。

蚕在吐丝作茧时，实际上是一边吐丝，一边吐出黏糊糊的丝胶，从而一圈一圈地将千丝万缕的蚕丝黏结在了一起。等丝胶变干后，就凝固成了一个硬硬的茧壳。

想要从这茧壳上，找到一个丝头并抽出完整的生丝线来，可不是一件容易事！

在远古时代，利用蚕茧治丝的先民发现，在雨水中长期浸泡的野生蚕茧，用手指或木棍轻轻一搅动，就能抽拉出一根根细细长长的生蚕丝。

在5000多年前，先民终于将野蚕驯化为家养蚕，从此开始了规模化养蚕，而缫丝技艺，也在不断总结优化、创新发展中。

先秦时，人们要一边往冷水盆里添加新茧，一边用纯手工的方式揉搓脱胶。等用筷子按一定方向轻轻搅动，再将蚕丝头一点点挑起来后，把几根丝系在一起集中抽离出来，卷绕在光滑的筐等简单的绕丝工具上即可。

绕好的丝线，可以直接用于纺织丝绸，而盆和筐，就是原始的缫丝工具。

绪，表示每粒蚕茧的蚕丝头，而这种找丝头的基本办法，就叫索绪。它的工作原理，一直到今天仍然为自动缫丝车所采用。

但纯手工抽出来的原始生丝，粗细不均，蚕丝脆弱易断，抽丝速度也严重限制了制丝工艺的发展。

经过长期艰难的摸索实践，人们发现，采收蚕茧后，要经过剥茧、选茧、烘茧、窖茧等环节。

剥茧，是指在蚕茧外面有一层茧衣，丝缕松散杂乱、强度差，不能缫丝，必须先把它剥去，以便于后面的选茧。剥除的茧衣量必须适当，以免影响出丝量。有茧衣的茧，又称毛茧。

选茧就是挑选蚕茧。好的蚕丝，需要好的蚕茧来实现，要根据蚕茧形状、大小、色泽，茧层的缩皱、薄厚、松紧等，来挑选出那些能够缫丝的优质蚕茧，剔除受污染的、毛茧等劣质蚕茧。

选茧是提高蚕丝品质的关键一环，和好粮酿好酒是一个道理。

烘茧，是利用热能及时杀死鲜茧内的蚕蛹，并烘去适量水分成为干茧的过程。这样可以保证蚕茧的质量，防止发生霉变等。

把选好、烘干的蚕茧撒上盐，装入大罐子里，用泥密封起来收藏，就称作窖茧。蚕茧在常温下一周左右就会变成蛾破茧而出，这样做，是为了争取更充裕的时间来缫丝。

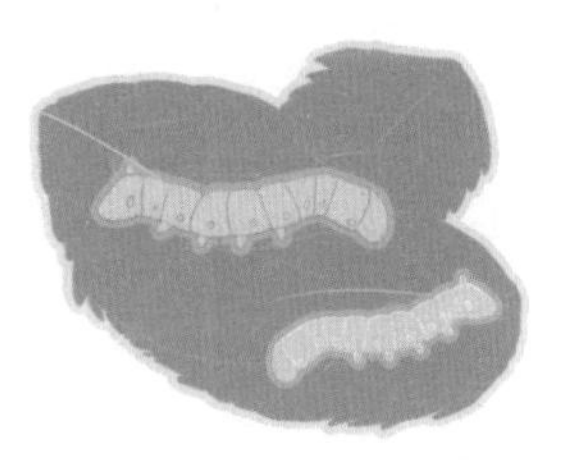

把筛选好的蚕茧放在水里煮一煮，茧壳就会

变得又松又软，丝也就容易抽出来了。

这样，从一团乱蚕丝中抽取丝缕的缫丝工艺，就能达到治丝的目的。

这种煮茧缫丝的技术，在商朝时就已经相当成熟了。

秦汉时期，用热水煮茧的技艺得到普及。

此时的人们，也已经普遍利用简单的手持木框或竹筐来作为绕丝工具，辘轳式的原始版手摇缫车开始出现。一开始是用来为缫丝卷线，后来用于纺织工艺。

这时的缫丝工艺，越来越细化。而自从有了这些工具，缫丝的产量持续增加，品质不断提升。

汉朝每年能生产出上万匹的丝绸产品，除了供给国内有钱有势的权贵使用，还通过陆、海两条“丝绸之路”远销国外。

毕竟，蚕丝得之不易，普通百姓吃饱肚子最要紧，并不讲究穿得好看不好看。

绕丝工具，最早主要有“工”字形和“X”字形。

唐朝时，结构简单，易于操作的手摇缫丝车逐渐得以普及。人们将传统缫丝工艺过程，包括煮茧、索绪、集绪、抽丝、绕丝、合股集合为一体。

到了宋元时期，水温成为缫丝工艺的一个重要参数，人们也已经总结出了煮茧时的最佳水温。

人们在缫丝时，要利用特定的工具煮茧，抽取及缠绕蚕丝，也就是俗称的抽丝。

用热水缫丝，可以去掉大部分将丝素黏在一起的丝胶，同时除去油脂杂质。水温越高，溶解掉的丝胶越多，剩下的就是不溶于水的丝素。

利用丝素与丝胶的这一不同点，抽取脱胶后蚕茧的丝头，整理若干粒蚕茧的丝绪，集合在一起抽出，也就是抽绪。

再通过丝线表面附带的残留丝胶，合股黏着在一起完成并丝。如此，不断添加新茧，也就是不断添绪、接绪的技术环节。经过一系列工序，就完成了缫丝工艺。

缫丝完成后，基本上就可以开始制造丝绸了。

当然，为提升蚕丝的品质，还要对抽取的生丝进一步加工处理，通过练丝以及络丝、并丝、整经，成为织造的原材料。

这个时候，新工具脚踏纺车开始出现，生产效率显著提高。

一直到明清时期，缫丝工艺有了新的突破。

这时发明了缫出的蚕丝能快速干燥不粘连的“出水干”美丝法，这样的蚕丝白净柔软，使传统缫丝技艺达到顶峰。

历史上，各个朝代的统治者一向主张“农桑并举”，要求每年春耕开始，上至皇亲贵族，下至小老百姓，不论男女，都要“亲蚕”，以尽“蚕桑”之礼。

可见，吃饭和穿衣，一直以来在中国人心中极为重要。

想要取得好茧丝，就要从茧丝长度和重量等方面去提升。

茧丝长度的影响因素有很多，比如蚕的品种、饲养条件等。一般春茧茧丝长度明显优于秋茧。

将一粒煮熟的茧子，找出丝头后绕在一个长度固定的工具上，根据绕的回数就可以计算出茧丝长度，这就叫一粒缫。

但这个操作过程需要小心、细致，以免细细的茧丝断开来，所以目前一般采用定粒缫。就是将煮熟的几粒茧子以一定绪数，也就是丝头数，一般是每绪八粒进行缫丝，同样绕在长度固定的工具上，这样，就能得出茧丝的长度。

茧丝量，是一粒茧子缫得的总丝量，当然是越多越好，而茧丝越长，茧丝量往往就越大。

中外科技对比

4世纪左右，中国的养蚕和缫丝技术向南传入越南、缅甸、泰国等东南亚地区，又经东南亚传入印度。

6世纪后，逐渐传到欧洲。此后，西班牙、意大利、法国等国才逐渐开始养蚕、缫丝。

可以说，中国是世界上最早养蚕的国家，缫丝工艺是中国特有的一种蚕丝纺织工艺。全世界所有国家的蚕种和育蚕技术，大多数来源于中国。

目前，世界蚕丝生产国已有40多个，但中国仍然是最大的蚕丝生产国，年产量占世界总量的70%以上，左右着国际市场。

文 / 郑越

68. 提花机——织出一片锦绣丝绸路

我们平时常用“衣、食、住、行”来说明人类生活的基本需要，“衣”居首位，这也是人类从野蛮走向文明的重要标志。

原始社会，先民靠着兽皮、树叶等蔽体御寒。后来，逐渐学会了采集野生的葛、麻、蚕丝等，并利用鸟兽的毛羽，或编或织，或缝或连缀，做成简陋的衣服来穿。

距今1万年左右，人类在缝制和编织的基础上，发明了纺织技术。只不过，那时候还是纯手工纺线织布，或者说是用手工来编织织物。

随着人类生活水平的提高，纺纱、织衣，成为日常生活中的一项重要手工业生产活动。

在距今大约7000年前，出现了目前已知最简单、最原始的专业织布工具——腰机，这是提花机的前身。

腰机由几根木棍组成，结构简单，操作方便，也很便于携带。

织布者只要席地而坐，将卷布轴缠在腰臀部，用两只脚蹬住经轴绷紧织物，用分经棍将经纱按奇偶数分成上下两层后，先用手提线综杆形成梭口，再以骨针引纬，打纬刀打纬，投梭打纬，如此反复，就能成功织出织物了。

腰机以人来代替机架，“腰机”的叫法就源于此。

此时的腰机，巧妙地利用了人与工具的优势，已经具备

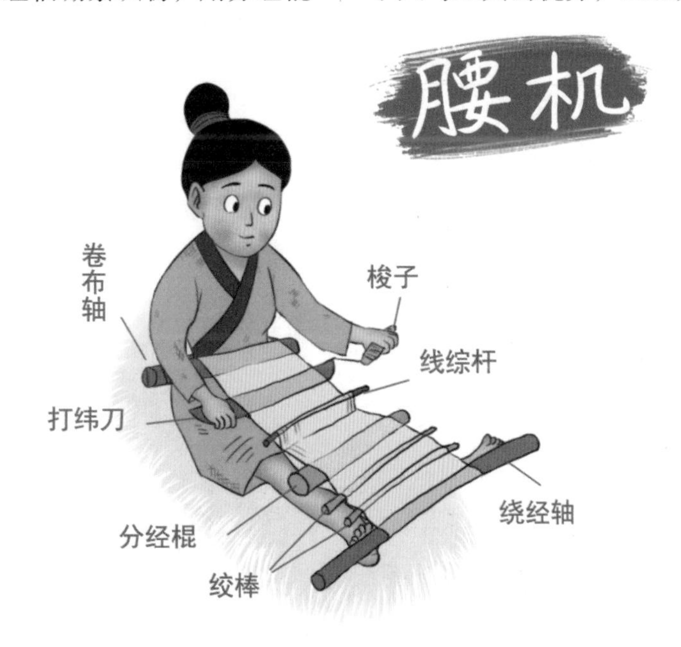

上下开启织口、左右穿引纬纱、前后打紧纬纱这三项最基本的织布机功能，也就实现了经线和纬线纵横交织成布帛的纺织技术。

它一经出现，立即受到家家户户的欢迎。虽然需要费点人工，织出的织物也简单，但相比之前的纯手工制作，已经算是织布的大进步了。

时间久了，一些长期用这种机器纺织的人发现，腰酸背疼，身体根本受不住。

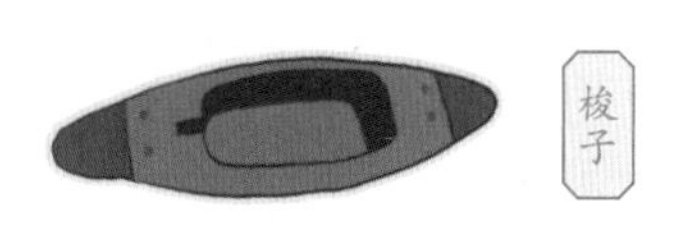

梭子

春秋战国时期，工匠们在原始腰机的基础上进行改良。于是，出现了一种全新的脚踏提综开口的踏板织机。因机身倾斜，故又称“斜织机”。它织造出的是平纹素织物。

斜织机有一个专门的机架，还有一套完整的织机装备，比如经轴、卷轴、综片等，只不过当时是单综片。

它是采用物理学上的杠杆原理，用脚踏板来代替手工控制线综杆，虽然仍很简单、原始，但相比腰织机，织布工手脚并用，生产效率提高了10倍不止。织物的质量也稳定有保障。

最重要的是，它帮织布者解决了长期坐地的劳累，这可是大好事呢。毕竟坐着就能轻松完成，出活量还多，谁会不喜欢呢？

踏板织机是中华民族引以为傲的发明，后来经由“丝绸之路”逐渐传到中亚、西亚和欧洲各国。

欧洲直到6世纪才出现这类织机，到13世纪才开始广泛采用。

汉魏时期传入东亚地区的卧式踏板织机，为周边国家纺织业的发展还做出了较大贡献呢。

随着纺织品的产量有了保证，质量保持稳定，人们开始把精力放在追求织物的精美程度上。

怎么才能让衣物好看呢？首要的，当然是面料的质地和式样。

向来喜欢美的人们，不再满足于只能织出平纹的织物，开始追求带有复杂花纹的织物，不晚于公元前1世纪提花机应运而生。

在提花机出现之前，织物上的花纹要靠“挑花”来实现，即在棉布或麻布的经纬线上用彩色的线挑出许多很小的十字，构成各种图案。

提花织机，是在腰机上增加了一套提花装置，这样就可以在织物上织出更丰富的变化，进而形成花纹图案。

就陆续出现了单蹑单综机、双蹑单综机、双蹑双综机等形制。

随着织造工艺的发展，人们逐渐摸索出一个用综线来代替挑花杆的方法，这就是多综式提花机。而且已经出现了由多道综线来完成提花织造的改进版织机——多综多蹑织机，从而成为后期各种提花机发展的范本。

这可是当时最先进的织机了，已经可以织造鸟兽、龙凤等较为复杂的花纹图案了。

为了让织机反复、有规律地织出一些复杂的花纹，人们先后发明了以综片和花本作为提花装置来贮存纹样图案信息，从而形成了多综式提花机和各类花本式提花机。

这种花本式提花机，也叫“花楼机”“束综提花织机”。所采用的提花技术，现在来说，就是一种图形信息存储技术。

就如同今天印刷机的图样模板，编好一套程序后，就可以自动反复运行，不需要一次次重新设置。所以，这可以说是人类最原始的“计算机”了。

汉朝时，这种提花方法已经用于斜织机和水平织机。人们通常采用脚踏板来控制将经纱吊起分组的装置，以织制花纹，专业的叫法是“一蹑控制一综”。

“综”是指织机上将经线吊起分组的装置；“蹑”是指织机上的脚踏板。

织物从平纹、斜纹到缎纹，为了织出复杂的、较大的花纹，就要不断增加“综”数。于是，

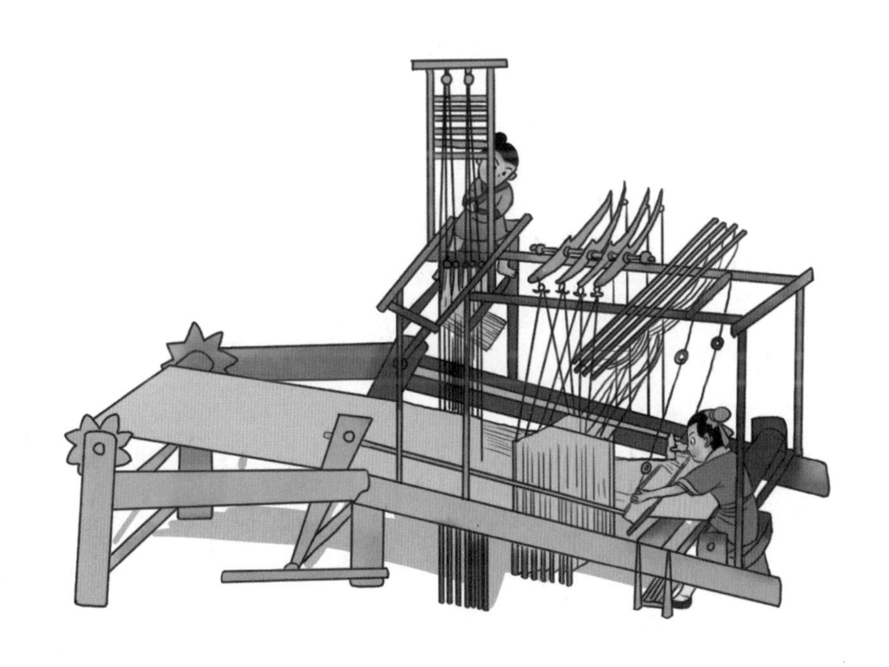

有了它，不管是小幅的，还是一些大型的提花织物，都能顺利织出了。

说到它的发明，不得不提及在西汉大司马霍光家里，传授织造技术的陈宝光的妻子，她用的绫锦机有 120 综 120 蹑，60 天就可以织成一匹布。当时，每匹布的价值高达万钱。

操作花楼机时，需得两人配合操作，一人坐在三尺高的花楼上做挽花工，口唱手拉，按提花纹样逐一提综开口；另一人在下面踏蹑引纬做织花工。

这样，花纹的纬线循环可以大大增加，花样也可扩至很大，且更为丰富多彩。它代表了我国古代织造技术的最高成就。

可这套设备又笨又占地儿，还得几个人联动才能干好活儿，劳动强度高，效率却很一般，因此并不受普通老百姓的喜欢。

三国时期，头脑聪明、热爱发明的马钧一看，好嘛，这么大的块头，几个人操作起来又累又不出活儿，干脆换个“迷你版”得了。

于是，他就把当时常见的五十综的用五十蹑，六十综的用六十蹑，一律改为了十二蹑，而且花本已移到花楼上面。

这下好了，改良后的提花机，精巧、简单、适用，一个人就能轻松搞定。织出的花纹更精美，产量还高。

2012 年，四川成都老官山汉墓出土了 4 个西汉时期的织机模型，织机上残存多片综框，是一种多综式提花机。

据专家初步判断，这是蜀锦织机的缩小模型，是我国迄今发现的最早的提花织机。

它的出现，说明我国提花机的出现，应不晚于公元前 1 世纪。

唐代以后，束综提花织机已经较为普遍，织造的绫锦产品花色则更加丰富多彩。至此，我国古代的提花织机发展到巅峰。

明清时期，随着西方先进科技的传入，提花织机也开始了其现代化转变。

提花机是中国古代织造技术的最高成就，作为中国古代一项极为重要的发明，它的出现对世界近代科技史也有影响。

1801 年，借鉴花楼机上的提花原理，法国人贾卡发明了新一代提花机，从而使丝织提花技术进入了一个新时代，也为以后电动提花机取代手工提花机创造了条件。

文 / 郑越

科技著作《周礼·考工记》

《周礼·考工记》，原名《考工记》，只是因为现在见到的，是作为《周礼》一书的一部分，所以才有了《周礼·考工记》这一书名。

而作为“三礼”之首的《周礼》，原名《周官》，全书分天、地、春、夏、秋、冬六个篇目。传到西汉时，因“冬官”一篇缺失，河间献王、藏书家刘德以《考工记》补入，也叫《冬官·考工记》。书的内容，是把天、地、四时和六大官职联系起来的一套国家官职制度系统。

知识窗

关于“三礼”，有两种说法：一是指祭祀天、地、宗庙的礼仪；二是指《周礼》《仪礼》《礼记》，这是记录我国周代礼仪制度的三部儒家经典，对历代礼制的影响最为深远。

其中，《周礼》属于团体行为的具体规范；《仪礼》偏重个人行为的具体规范；而《礼记》则偏重对具体礼仪的解释和论述。

有传说，《周礼》和《仪礼》的作者为周公，就是周武王姬发的弟弟姬叔旦，因为他的封地在周地，故称周公。《礼记》是由西汉经学家大小戴叔侄两人分别删记、整理而成的。

而《周礼·考工记》作为一本我国现存最早的手工业专著，作者不详，约写于春秋战国时期，主要汇编记载了先秦时期的 6 大类、30 个工种的手工业各工种规范和制造工艺，可惜有 6 种已失传，后人从中衍生出一个，现在实为 25 个工种。

作为一本古代科技专著，全书虽只有 7100 多字，科技信息含量却很大。而其记载的有关古代纺织技术，也是我国现存最早的文献资料。

我国自商朝以来，已经掌握了较高的纺织技术。

春秋战国时期，丝织手工业发展很快，蚕桑生产对各国的政治、经济影响很大。因此，统治者非常重视对纺织手工业的管理。

除推出加强种桑养蚕、进行丝织物生产活动的富国裕民政策外，统治者对于纺织手工业，从纺织原料的征集、收藏、加工，到纺织、织造、练漂、染色等工作，都设有专门的组织来管理和生产，而且各部门之间也有非常细致的工作分工。

这些，在书中都有涉及，而对于丝麻织物，还有其他衣物的加工及质量检测，也有详细记载。

比如，在我国古代，蚕丝和苎麻是纺织的主要原材料。对于丝麻纺织物来说，为了保证其质量，在纺织之前，必须经过两道加工工序：

第一道工序，是清除蚕丝、苎麻原料中的残余胶质，以避免纺织过程中发生粘连，同时也能确保纺织物的通透性。

第二道工序，是对蚕丝、苎麻染色后的材料进行加工处理，这是为了保障纺织品的颜色美观。

对于湅（liàn）丝工艺，也就是将生丝煮熟的工艺，说是把生蚕丝分类挑选后，浸泡在用草木灰过滤后的温水中7天，再捞出煮熟，除去丝胶，才可制成柔软洁白的纺织原料熟丝。

据《周礼·考工记》记载，妇女的纺织生产被称为“妇功”，从事这种劳作的人与王公、士大夫、百工、商旅及农夫并列，称作“国有六职”，也就是我们前面说到的6大类工种。

这反映出在战国时期，纺织业已成为社会经济中的重要部门。

我们平时说的“丝丝入扣”“游人如织”“经纬之术”，在《考工记》中都有提到，而这些词语，竟然都与纺织有着密切的关系。

作为我国古代第一部明确记载官府手工制造业及其技术规范的科技著作，它对中国古代的各项官营手工业的材料要求、制作工艺、操作规范等知识，都有较完整的收录与说明。

文/郑越

建筑的诉说

远古时期，我们的祖先生活的环境十分恶劣，不仅随时面临着被野兽袭击的危险，还要承受严寒酷暑、狂风暴雨等。在这样残酷的条件下，他们努力寻找着属于自己的生存空间。

从最初的挖穴而居、构木为巢，到后来的木骨泥墙、干栏式建筑，这些可以说是中国最早的建筑。人们在建造中不断总结经验，榫卯技术的出现为我国古代木结构建筑奠定了基础。

随着时间的推移、社会科技的发展，在各个时期形成了极具特色的建筑形制，或是飞檐翘角、斗拱穿梁，或是江南风雅幽静的山水园林、北方大气磅礴的宫殿楼阁，都可谓中国古代建筑的精华。

建筑，在为人类提供安适居所的同时，更是人们心灵的寄托，它向人们展现了一个时代的精神，默默诉说着过往的历史。

69. 长城——屹立在东方的巨龙

一句“不到长城非好汉”，激起了多少人登临长城的雄心壮志。

看到长城之前，人们多半会哼着“万里长城永不倒”的曲调赶路；看到长城之后，人们多半会被它的气势震撼，说不定还会腿软，甚至怀疑自己真的能爬完长城吗？

身为现代人，爬长城都会累得气喘吁吁，满头大汗。那么在几千年前的古代，没有吊车，没有机械设备，古人是怎么建造起这坚不可摧、屹立千年的长城的？

传说秦始皇时期，孟姜女的丈夫范喜良在新婚时被抓去修长城。

转眼大雪纷飞的冬天来了，想到天寒地冻，丈夫无衣御寒，孟姜女便连夜赶制棉衣，一路忍饥挨渴，尽历千难万险赶去长城脚下找他，谁知却得知丈夫早已劳累而死，并被埋在长城里筑墙的噩耗。

她悲痛欲绝，向着长城方向仰天大哭，这哭声感动了天地，一阵响雷之后，长城瞬间倒了八百里，露出了丈夫的尸骨。

这就是家喻户晓的孟姜女哭长城的演绎故事，它见证秦朝修建了万里长城，也展现了劳动者的艰辛与牺牲。

长城是世界上修建时间最长的建筑。在秦始皇之后的2000多年里，历代统治者可谓前赴后继地修筑长城。

长城主要分布在北京、河北、内蒙古、黑龙江、陕西、

河南等十几个省份，如山西的大同长城、雁门关长城，陕西的榆林明长城，甘肃的嘉峪关长城，齐齐哈尔的金界壕等。

要是把各个时期修筑的长城加起来，将长达21196千米，相当于你现在从中国最南边到最北边跑两圈。这是多么令人震撼的数字，也是万里长城的名称由来。只可惜，我们现在见到的长城，多修建于明朝。

长城由点到线、由线到面，把沿线军事重镇连接成一道密网的完整防御体系，其体现出的军事防御思想，在军事发展史上有重要地位。

作为军事工程，长城是我国古代用来防御外敌的有效法宝，它由关城、城墙、烽火台、敌楼等构成，形成了一套完整的军事防御体系。

古代人有“居庸之险，不在关城，而在八达岭”的说法。

声名远扬的八达岭长城位于北京西北的延庆区内，是护卫京城的重要屏障。它依靠险要的山势而建，居高临下，是明长城重要的军事关隘，也是自古以来的兵家必争之地。

同时，它也是万里长城中保存最完整的，深受中外游客的喜爱。

关城在长城体系中起着主导地位，选址或在地势险要的两山峡谷之间，或在河流转折之处，或平川往来必经之地，既有利于防守，又能节约人力和物力，还能起到“一夫当关，万夫莫开”的效果。

明长城的关城有许多，例如有着“天下第一关”之称的山海关，以“险”闻名的雁门关，还有号称“天下第一雄关”的嘉峪关等。

城墙是长城防御系统的主要组成部分，可以说万里长城中90%都是城墙。城墙包括墙体、墙顶、垛口、宇墙等，与其他部分连为一体。

城墙的修建一般是依据地形，或平缓，或高大险峻，或宽大坚固，或低矮狭窄，比如居庸关长城。

另外，城墙的修建还遵循“因地制宜，就地取材”的原则。按照建筑材料，可以把城墙分为土夯墙、石砌墙、砖包墙。在沙漠中，甚至还有利用红柳枝条、芦苇与砂粒层层铺筑的城墙。

知识窗

在甘肃敦煌玉门关外的戈壁滩上，有这样一段独具风格的汉代长城，它竟是由砂石和植物共同筑成的，一层砂石、一层植物。

植物大多是附近生长的芦苇、红柳、柴草，层层夯筑，形成了阻挡外敌南下的城墙。

经历了2000多年的风吹日晒，它至今仍巍然屹立。这段汉长城的构筑方式在世界建筑史中可谓一大奇观。

烽火台，也叫烽燧、烽台。历史上有个“烽火戏诸侯”的故事。传说古代周幽王为博得美人褒姒一笑，点燃烽火，戏弄各地诸侯。

后来真的有敌人来犯时，再次点燃烽火，传递敌情，却无人来救援，最终灭国。

可见，烽火台是用来传递军事情报的，也是长城的重要组成部分。叫烽燧是很有讲究的，白天燃烟，叫作燧；夜里点火，称作烽。

敌楼，是用来瞭望敌人的小楼。在长城的军事防御体系中，它发挥着至关重要的作用。不仅可以观察敌情利于作战，还能为守城士兵提供一处可以休息的空间，平时也可以适当储存一些弹药、武器等。

说到这里，你一定很好奇，在古代没有钢筋水泥，长城为什么能经历千百年的风雨依然屹立在中华大地上？

这可就要靠古人的智慧了，用四个字来描述，就是：就地取材！

古代长城的建筑材料以泥土、石块、砖为主。在万里长城中，有的地方是用泥土建造的墙。其实它是夯土墙，需要用木板作模，把泥土倒进去，将其捶打得很结实。泥土一般选择黏性较大的黄土。这种方法建造的城墙是十分坚固的。

在山区修筑长城时，山上石头多，硬度强、成本低廉，石头就成了首选的建筑材料。在辽宁省的明长城，大部分位于山区，它的墙体自然多用块石砌筑而成。

明长城中也有许多使用砖砌的城墙。砖是由黄土、沙土制成土坯，烧制而成的，砖砌的墙最为坚固。

但怎样才能使砖与砖之间坚固地黏在一起呢？当然是用“胶水”了！

古代的“胶水”，是用熬煮好的糯米汁和石灰、沙子按照一定比例混合而成的，也叫作糯米灰浆，黏合性超强，甚至可以看作古代版的“混凝土”。

在长城出现的2000多年来，以长城为中心，南北文化的交流始终没有停止过。

长城对于世界了解中国、中国走向世界有着不可替代的作用。

万里长城，是中国古代的军事防御工程，是一道连绵不断的坚固长墙，在一定程度上阻挡了北方游牧民族的袭扰。

它修建时间之久、工程量之大、规模之大，都是世界上绝无仅有的。

这是凝结着中华民族几千年的智慧与创造力的宏伟建筑，饱经风霜依然坚不可摧，可见古代人的建造技术水平高超。

长城是中华民族的象征，代表着中华民族坚强的意志和不屈的精神，是中国人永远的骄傲。

同时，它既是中国的，也是世界的，是人类文明史留下的宝贵遗产。

文 / 徐亚楠

70. 安济桥——一座有“仙迹”的桥

在河北省石家庄市赵县，有一座又长又宽，像一条银色巨龙横卧在洨河之上的大石桥，它就是著名的赵州桥。所在地赵州，是赵县的古称。

北宋时，哲宗皇帝路过此地，正式赐名“安济桥”，寓意安全渡过，利济天下。

当你走在石桥上，置身其中时，一种古朴、雄伟壮丽的气息扑面而来，真不愧有“中国第一石拱桥”之称。

这座跨越千年历史，一直矗立在这里给人们带来出行方便的石桥，传说还是神仙亲身体验过的！

据河北当地的民间传说，工匠祖师鲁班，在得知洨河汹涌，影响人们出行后，便来此修建此桥，百姓对此赞不绝口。

这件事传到了天上，神仙张果老和专管财政的柴王爷很好奇，也想看看这座桥到底建得怎么样。

他们变成老头儿，张果老悠闲地倒骑着毛驴，毛驴背上的褡裢放入太阳和月亮；柴王爷推着聚集了五岳名山的小车。

两位仙人刚一上桥，桥便晃动了一下，鲁班急忙跳下去扶住桥身，仙人们顺利过桥。两位仙人不由得赞叹：鲁班修的桥可真坚固啊！

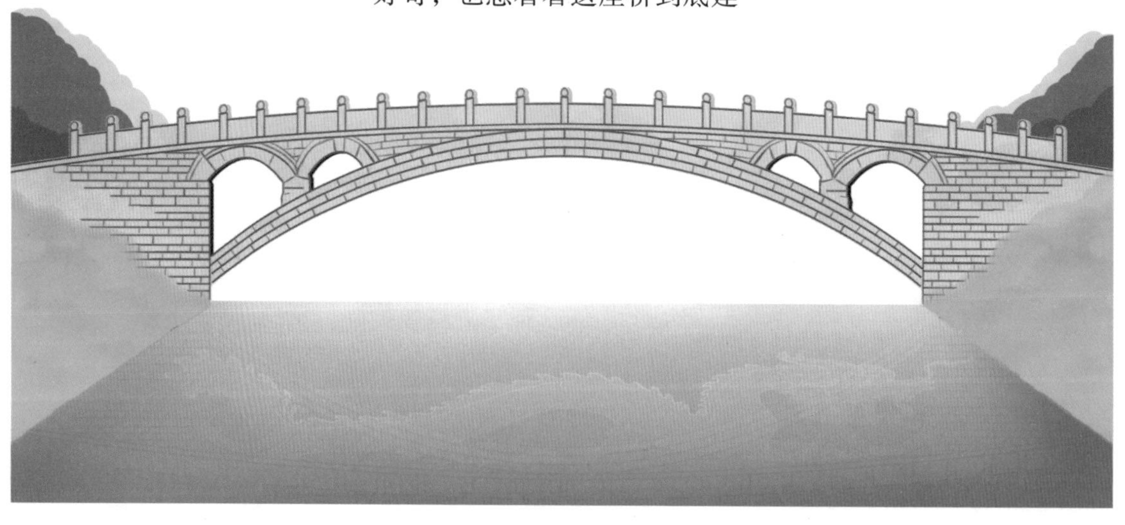

自此，桥身上留下了驴蹄印、车道印等“仙迹”。

其实，安济桥的建造者另有其人。

在距今1400多年前的隋朝，赵州作为南北交通的必经之地，却因洨河隔断了交通，十分不便。朝廷任命匠师李春作为总设计师，率领一批能工巧匠建造此桥。

工程约在595年开始动工，历经11年，建成于606年。可能这座桥建得太好了，才导致民间认为一定是鲁班附身才能造得出来，久而久之，就传成鲁班造桥了。

14世纪时，法国的泰克河上出现类似的敞肩形的赛雷桥，比赵州桥晚了700多年，且该桥早在1809年已毁坏无存。

据世界桥梁史的考证，赵州桥这样的大型敞肩拱结构，欧洲到19世纪中期才出现，比中国晚了1200多年。

安济桥，桥身全长达64.4米，宽9米，桥主拱净跨度37.02米，而桥拱净高只有7.23米，圆弧拱的设计，降低了桥面高度，而大跨度的桥面宽度，为通行提供了很大便利。

它的桥身上，还刻有精细的龙、狮等纹饰。上面的石雕至今苍劲有力，令人流连忘返，可见其设计和建造的独出心裁。

安济桥在建成的千年间，经历了多次地震、洪水、战事，始终安然无恙，并非其所在地是天选之地，而是因为，选址在洨河的粗砂之地，可以大幅提高整座桥的承重能力。

同时，周围的地基还是紧密的粉质黏土。可不要小瞧了这种土层，现代研究证明，其每平方米的承载力高达34吨。天然地基的稳定，可以减轻地震带来的伤害，这就给了赵州桥满满的“安全感”。

安济桥的设计，是独具一格的。别看它只有简单的一个拱，这可是世界上最早使用敞肩圆弧拱的石桥。

在它的左右拱肩之上，还各开有两个对称的小拱。这样不仅节省石料，还能减轻桥的自身重量。到了雨季，洪水频发，两肩上的小拱还能大展身手，承担起分流泄洪的责任，以减少洪水对桥身的伤害。

知识窗

整个赵州桥，是由一座单孔割圆式石拱桥组成，在桥身两端的肩部，各有两个小孔拱，所以又称敞肩桥。

安济桥的建造方式，也是独具匠心的。其采用的纵向并列砌置法，是将 28 道各自独立的拱券，纵向并列组合在一起，这是一个“化零为整”的过程。

这种砌置方法，让安济桥的维修和乐高玩具一样，只需要把坏掉的拱券里的石头替换成新的，就大功告成了，省时、省力，更省心！

为了使这些组合在一起的拱券更好地成为一个紧密的整体，李春可是费尽心思。

每一道拱采用“上宽下窄，略有收分”，以及设置铁拉杆、腰铁、勾石等方法，加强了各拱券之间的横向联系，为桥身的坚固上了一道保险栓。

除了这些硬件装备保障安济桥能屹立千年，桥身上的软件设计——石雕，也为它增添光彩，保驾护航。

主拱正上方的龙头，又叫吸水兽，寄托了人们对石桥不受水侵害的美好愿望。

桥的栏板上，雕刻有各种形态的龙，或穿岩而过，仿佛下一秒就要从栏板里飞出来；或盘踞嬉戏，嘴里吐出精美的水花；或前爪相抵，各自回首遥望远方。还有兽面狮头、形态生动的八瓣莲花、栩栩如生的竹节等雕刻，十分精致美观。

我们现在看到的安济桥，实际上是经过八次修缮的。

修缮时间从唐代开始，到现代，跨越千年。20世纪50年代的第八次修缮，也是规模最大的一次。

这次修缮对安济桥进行了最全面的测量和修整。工程师尽最大努力保留了它原有的雕刻，在其结构和样式上也尊重原有设计。

目前，赵州桥已经被列为重点保护文物，作为景区向中外游客开放。

如今，安济桥是世界上历史悠久、保存最完整、横跨河流长度最大的单孔石桥，还有着“天下第一桥”的美誉。

它超前大胆的“敞肩拱”结构设计和建造，向世界展现了中国古代工匠高超的建桥技术和建造智慧。后世建造的石桥，也多参考借鉴了安济桥的设计。

安济桥，不只是中国桥梁史上的一个里程碑，对世界后代桥梁建筑也有着深远的影响。

文 / 徐亚楠

71. 苏州园林——诗情画意的人间仙境

人们常说“上有天堂，下有苏杭”，苏杭美景数不胜数，最令人魂牵梦绕的便是那古色古香的苏州园林。

若你置身园林之中，会发现墙外虽是车水马龙的喧嚣，但园内的飞檐翘角、花草树木、鸣鸟嬉鱼，都有一种悠闲、恬静的氛围感。在这方寸之间，竟容纳了大千世界，可谓步移景异。

那么，苏州园林有哪些奥秘呢?

苏州园林中现存历史最悠久的便是沧浪亭，它的主人曾是北宋诗人苏舜钦。“清风明月本无价，可惜只卖四万钱”，在被贬出汴京后，失望难过的苏舜钦，与妻子南下，在现今的苏州花了“四万钱”买下这套占地约60寻（古代八尺为一寻）的宅院。

他还在院子里建了一个亭子，取名为沧浪，后以亭名为园名。

他自号沧浪翁，在院中或驾舟游玩，或赏月吟诗，并写有一篇《沧浪亭记》的散文描绘园中美景。因常与欧阳修、梅圣俞等北宋人气偶像作诗，沧浪之名便传开了。

苏舜钦去世后，此园多次更换主人，范仲淹、梅尧臣、范成大这些北宋“大V”都曾是园林的主人。于是，苏州园林直接成了后世文人墨客的打卡地。

苏州园林，是指苏州的古典园林建筑。这些建筑是古代不差钱的人建造的，例如贵族、官僚、地主、商人等。住宅和庭园两用，集居住、赏景娱乐、游玩等功能于一体。

在距今2000多年前的春秋战国时期，吴王的宫苑可以说是较早时期的园林。随着时间的推移，园林在宋朝发展成熟，明清时期达到鼎盛。

在建造园林时，主人常常将写意山水的艺术和士大夫的情怀融入其中，让园中人感受到闲情雅致。当然，现在我们看到的园林，多为明清时期所建。

16世纪初，解官回乡的御史王献臣，为自己建造了一座理想中的宅院。取“筑室种树……此亦拙者之为政也”之意，命名为拙政园。它以水为中心，错落有致的假山，精致的庭院，搭配恰到好处的花草树木，让人感受到江南水乡的韵味，主要景观有兰雪堂、涵青亭、远香堂、香洲等。

拙政园是“中国四大名园”之一，被列入世界遗产名录，是苏州园林的典型代表。

苏州园林的设计者，大多是文人雅士，因此它的主导思想便是诗情画意。你一定很好奇，这诗词、山水画可是将美景呈现在纸上的，是平面的，怎么样才能变成立体的园林呢？

这可难不倒设计者和建筑师。在实际建造中，设计师别出心裁，对每一处景观都精雕细琢，使观景的人仿佛置身于画中。

中国古代非常讲究对称，有钱人更是患上了“对称强迫症”，不大气的房子怎么能显示得出我有钱有势！而在这江南水乡，苏州园林却是另外一番景象。

它在建造时，采用不规则的平面，使得各厅堂与园门不在一个中轴线上，而且还力求在这有限的面积中，达到曲折而多变的景致效果。在园林中，你只要转身就能看到完全不一样的景致。

在园林里，你可别小看那园林中的一块石头、一池碧水、一座小楼……它们在建筑师的手中变得不再普通，拥有了各自的“小秘密”。

在苏州园林中，每一块石头都“各尽其职”，或叠石为山，大小相间，堆砌而成，远望成峰；或岸旁布石，相互交错，防止池岸崩塌。

出自叠山名家戈裕良之手的环秀山庄，它的假山堪称一绝。置身其中，能感受到源于真实山川的一峰突起、悬崖峭壁、谷溪山涧、小径幽深……它们的形态和轮廓如此生动，颇有自然之趣。

知识窗

说到苏州园林，不得不提刘敦桢先生，他是我国著名的建筑学家、建筑史学家，是苏州古典园林研究的开拓者之一。

刘敦桢与著名建筑学家梁思成先生可谓齐名并肩，为我国建筑界做出了巨大贡献，有着“南刘北梁”之称。

刘敦桢的巨著《苏州古典园林》，图文并茂，内容丰富，是研究苏州园林的经典之作，能让人们更深入地感受中国古典园林的魅力。

园中池水清澈，水面辽阔，池岸旁交错的石块，与周围的假山、树木一起构成了浑然天成的山水画之景。池中倒影也是园林中一道独特的风景线。倒影如画，将叠山、楼阁、桥梁倒映在清澈的水面。

为了让大家更好地欣赏这美景，在靠近池边的建筑前都不栽植荷花。即便栽植，也是在一定范围内的。

苏州园林中的建筑也是各具特色。园中的建筑种类多样，有厅、堂、楼、阁、轩、榭、亭、廊等。你若细心观察就会发现，这些建筑的大小、形状竟无一雷同。其建筑多为木结构，屋顶由梁

柱支撑，墙体只起到划分空间的作用。

房屋大多是向往“自由风”的，不用封闭的隔墙，采用半透空的“隔扇”，门窗也都是通透的。在屋中的人，能更好地感受园林的意境之美。

日常生活中见到的北方建筑，大多色彩浓厚，屋顶平缓，显得大气端庄，而苏州园林的建筑与北方的截然不同。

其色彩淡雅，白色的墙，灰黑色的瓦顶，黑色、红褐色的门窗，给人一种幽静素雅的感觉。

它的屋顶陡峭，屋檐飞翘，像极了飞鸟展翅，为建筑增加了一丝俏皮灵动，让人赏心悦目。

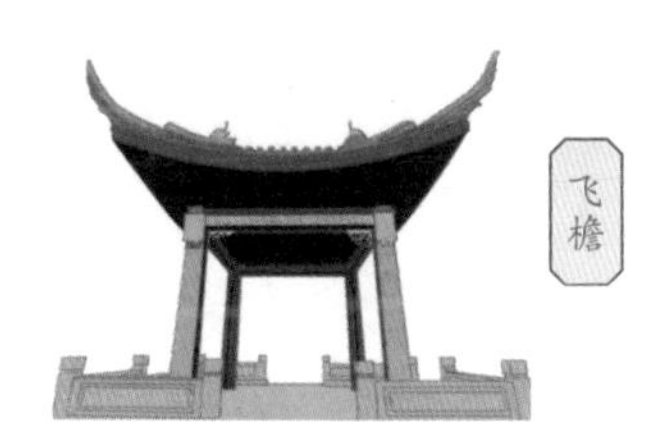

中外科技对比

在世界园林史中占据重要地位的日本园林，其实也深受中国古典园林的影响，将中国园林的自然之美与日本文化和地理环境相结合，形成了具有独特风格的日本园林。

日本现存园林有桂离宫、龙安寺、清水寺、金阁寺等。它的种类多样，有无水之庭的枯山水，以白砂、树木作为点缀；以池水、泉水为中心的泉池式；在入茶室前的各种景观构成的茶庭；园内堆土筑成假山的筑山亭……

苏州园林，将山水意境之美化为实物，将人文情怀融入其中，蕴含了深厚的中华文化，是江南地区一道独特的风景线。

它的建造是很讲究的，运用了造园学、美学、人文学、植物学、水利学等多方面的知识，彰显了古代能工巧匠们的博学多才。

作为世界文化遗产的苏州园林，在世界造园史上有着不可代替的地位和极高的艺术价值，是古人留给我们的珍贵宝藏，是一幅浓缩中华文化的人间仙境图。

文 / 徐亚楠

72. 应县木塔——天下第一奇塔

在我国山西省朔州市的应县，有一座整体为纯木结构的塔，它没有使用一根铁钉，在经历了近千年的风吹雨打后，依然屹立在华夏大地，这就是应县木塔。

我们通常叫它应县木塔，是因为它位于应县，又是中国历史最悠久的纯木结构的塔。其实，它有自己的专属名称——佛宫寺释迦塔，简称释迦塔，这自然是因为塔内供奉有释迦牟尼的两颗灵牙遗骨。

当你来到木塔之下，抬头仰望，一定会被它的古朴、高大，还有壮观震撼。在感受到它的独特魅力后，你一定会想，古人在建造这座木塔时，都使用了哪些“黑科技”呢？

位于山西省朔州市应县城西北佛宫寺内的释迦塔，是现存最高的木结构楼阁式佛塔。全塔共用 54 种斗拱，被称为“中国古建筑斗拱博物馆”。

每年端午节，当地人会换上新装，一起到木塔前烧香拜佛，并登上木塔的最高层，寓意节节高升。

据说最初，辽国为观察敌情，将驻守幽州城的军队整体搬到了当时的应州。建城后，为了瞭望敌营、宣传佛教、祭祀先祖等，辽兴宗的萧皇后提出兴建此木塔，并于 1056 年建成。

明成祖朱棣在此地驻扎时，感叹于此塔建造之奇观，挥笔写下“峻极神工”四个大字。

后来，明武宗朱厚照为庆祝前一年平定西北的应州大捷，亲临此塔并写下了“天下奇观”四字表示赞美。

现在我们从远处看前塔后殿里的木塔，或许会觉得它“平平无奇”，可退回到起重机、混凝土、搅拌机统统没有的古代，要建造这么一座高67.31米的八角形木塔，可是地狱级别的难度。

塔内外还全部采用重达2600吨，3000立方米的红松木建造，难度更是提高到了噩梦级别。不对，是噩梦里都没有的级别。

知识窗

当建筑大师梁思成知道“应州塔”的存在后，对塔的关心超过了自己的日常生活，他曾寄信给照相馆，愿支付全部费用只求帮寄一张应县塔的照片。

1933年，他终于见到了心心念念的佛宫寺释迦塔。而这次对木塔的测量，也是他考察古建筑生涯中最惊险的一次。当他全神贯注测量塔顶和塔刹时，突然一道惊雷，吓得他差点儿松开安全铁链摔下塔去。

此后，追随梁先生的脚步，越来越多的人来到这里一睹应县木塔的风采。

在应县民间有一个传说，说当年玉皇大帝为了使鲁班创造的这座木塔能长久屹立在中华大地，特意安排天上的火神爷和龙王爷送来了避火珠和避水珠。自此以后，木塔就有了自带的防火、防水功能。

千百年间，无论是肆虐的洪水、年复一年的风霜雨雪侵蚀、地震频发的天灾，还是炮火纷飞的人祸，它都稳如泰山。洪水绕道、大火熄灭，简直是一座拥有“金刚不坏之身”的木塔！

从外面看木塔，只有五层，其实它可是内有乾坤。从第二层到第五层，每一层间都有一个暗层，所以实为九层木塔。它就像一个庞然大物耸立在这座城市的西北角，令来往的人驻足凝望。

不管你是从北门还是从南门走进木塔，看到眼前的景象，一定会不由得发出一声感叹。

沿着楼梯拾级而上，你会看到塔内每一层，都有一座座十分精美的彩塑佛像，有释迦牟尼像、菩萨像等共34尊。

这些佛像形态各异，造型优美，服饰色彩艳丽，看到后不由得让人眼前一亮。佛像身下的坐骑，有狮、象、马、大鹏、金翅鸟等多种神兽，个个栩栩如生。

四周的墙壁上，绘制有飘带飞舞的飞天壁画，还有或端坐，或侧身，或回首怒目的四大天王壁画，形象生动而逼真。

当然，应县木塔的真正魅力，并不在于它古朴端庄的外观和内部精雕细刻的佛像，而是它独特的千年不倒的建筑方式。

应县木塔的建筑奥秘，就在于建造木塔时，工匠使用了独特的双层套筒式结构和其中的关键构件——斗拱。

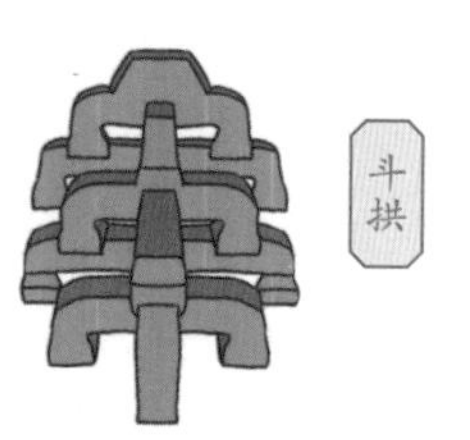

双层套筒结构，顾名思义，是由两个八角形相套而成的，也叫内外槽。

内槽由 8 根柱子支撑，里面用来供奉佛像。当人们绕着内槽一路上行，便是一路礼佛的过程。外槽由 24 根柱子组成。

在内外槽之间，有地栿、阑额、普柏枋和梁、枋等连接。这样的双层结构，为木塔的稳固性拴上了一道安全链。

外槽之外，设置有平座，其实是用斗拱挑出的一圈观景阳台。古人在登塔远眺时，推开门走到平座吹吹小风的同时，又能一览应县美景。

或者，有风吹来时，你也可以闭上眼睛，静静地聆听塔檐下传来的悦耳的风铃声。

斗拱是建筑中独特的存在，代表中国古代建筑的高超技艺和工匠的智慧。应县木塔使用了近60种不同形式、不同功能的斗拱，分布在全塔的各个部位。比如每两层之间的暗层，就是斗拱结构，这可是木塔稳定强有力的保障。

每当遇到强地震或狂风时，木材受到冲击往往会发生移动和摩擦，这时候斗拱就要开始“发力”了。它能吸收和损耗一定的能量，从而起到调整结构变形的作用，这就大大提高了木塔的抗震能力。

除了斗拱，木塔的地基主要由黏土、砂类等组成，这就保证了地基的承载力远大于木塔的重量，这也是木塔千年不倒的原因之一。

对于木材里的蛀虫，则是由塔上成千上万的居民——麻燕来自动组成护卫队进行清除的。

中外科技对比

中国古代建筑对周围国家和地区有着很大的影响，日本法隆寺的建筑设计就深受中国南北朝建筑的影响。

法隆寺，又称斑鸠寺，位于日本奈良，建于607年。它有金堂、五重塔、大讲堂、梦殿、大宝藏院等建筑。金堂里美轮美奂的壁画，十分立体真实；朴素别致的五重佛塔，底层形象生动的塑像……法隆寺虽然源于中国风格，但也有着非常浓厚的日本特色。

应县木塔目前被认为是“世界上最高的木塔”，也是“世界三大奇塔”之一。

应县木塔、意大利比萨斜塔、巴黎埃菲尔铁塔并称“世界三大奇塔”。

它的双套筒结构和斗拱构件，使整座木塔刚柔并济，充分体现了中国古代匠人精湛的建造技术。可以说，以现代科技也很难建造出这样的木塔。这是古人留给我们的瑰宝和木构建筑的奇迹，我们一定要更好地保护和珍惜这座千年古塔。

文 / 徐亚楠

73. 紫禁城——皇帝的家

初到紫禁城，一眼看去朱墙黄瓦，数不清的宫殿，宏伟壮观。你一定很好奇，这里为什么叫作紫禁城呢？

古人常将帝王的居所称为紫微宫、紫宫，又因那里属于禁地，一般人不能进入，于是便有了紫禁城的叫法，现在一般称为故宫。

那么，如此规模宏大、装饰精致的皇家宫殿，古人是如何建造出来的呢？

1406 年，明朝皇帝朱棣任命工匠世家出身的蒯（kuǎi）祥为总设计师，以南京故宫为蓝本，在自己做燕王时的封地北京建造皇宫和城墙。

工程于 1420 年建成。此后的百年间，富丽堂皇的紫禁城成为明清 24 位皇帝的家，代表着皇家至尊的权力和威严。

只不过，现在的紫禁城已经不再是禁地，而是一处供游客参观游玩，能让大家近距离地感受它的皇家威严和魅力的地方。

目前中国有五大故宫之说：北京的紫禁城，是明清两代的皇宫。

沈阳故宫，也称盛京皇宫，是清朝的第一座皇家建筑群。

南京故宫，也叫南京紫禁城、明故宫，是明朝皇宫。

台北故宫，也就是台北故宫博物院，是台湾地区规模最大的博物院。

明清宫苑，是依照北京故宫仿造的影视剧拍摄地。

此外，有“小故宫”之称的西安大明宫，是唐朝的皇宫。

这座独一无二的皇家宫殿，位于北京中轴线

的中心，这可是妥妥的C位。宫殿整体呈长方形，南北长961米，东西宽753米，占地面积72万平方米，建筑面积15万平方米，建有大大小小的宫殿70多座，房屋9371间。

虽说四面有10多米的高墙围着，不至于走丢，可从参观入口进去时，要是看到有院内路线图兜售，你一定要记得买一份或提前带一份，不然走在里面很可能会绕晕迷路的。

整个紫禁城是由四面的4个城门和高12米、长3400米的宫墙围成的长方形城池，外面环绕有一条52米宽的护城河。作为皇家禁地，在古代，每个城门都有严格的出入制度。

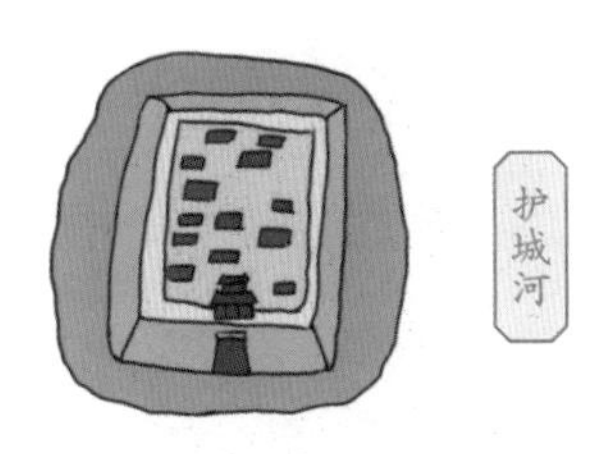

南面的午门是紫禁城的正门，因居中向阳，位当子午，故名午门。午门前有端门、天安门、大清门，后有太和门，城墙上开有几个门洞。

居中的正门最为特殊。在古代，平时只有皇帝一人能进出，皇后在大婚之日入宫时可走一次，再就是殿试的前三名在离开时能走一次，可谓天下读书人的终极梦想。

北面的神武门为后门，共开有3个门洞，帝后从中门出入，嫔妃、官吏、侍卫、太监等要走两侧的门。

东面是东华门，因皇帝死后的棺材由此门送出，又被称为“鬼门”。与其遥相呼应的是西面的西华门，邻近皇家园林，因此，帝后出游西苑时多由此门出。

紫禁城内的建筑布局，整体上是南北取直，左右对称的。比如现在左边的劳动人民文化宫，明清时是皇帝祭祖的太庙；右面对着的中山公园，是皇帝祭神的社稷坛。沿南北中轴线分开的是外朝和内廷。外朝是皇家处理政务的场所，以太和殿、中和殿、保和殿三大殿为中心。

高大辉煌的太和殿是举行重大国事活动的地方，比如登基、大婚、宣布科举名次等。中和殿是皇帝在仪式前休息或接受大臣朝贺的地方。保和殿是众多读书人梦寐以求的殿堂，三年一次的殿试就在这里举行。

除此之外，两边还有皇帝讲经论史的文华殿，和举行小型典礼仪式的武英殿，一文一武，遥遥相望。

里面的内廷，以皇帝住的乾清宫、皇后住的坤宁宫，以及中间皇后庆生和接受朝贺的交泰殿为中心，这也是正宫。

后面两侧分别为东六宫和西六宫，紧凑而幽深，可自成院落。妃子们吃喝玩乐、聊天八卦全在这里进行，是属于皇帝和其家人的专属生活区，也就是后宫，一般不许男子进入。

作为古代皇家生活和办公场所的紫禁城，什么都要最好的！

据专家考证，紫禁城光使用的木材种类就超过 40 种，主要有云杉、硬木松、落叶松、金丝楠木等。这些木料木质较硬，不易变形开裂，抗腐蚀能力强，再刷上松香和油漆，保证了紫禁城历经百年而不腐蚀虫蛀。

紫禁城的台基、石阶、护栏以及各种精美的石雕等，大量使用了汉白玉和青石玉。仅保和殿后的云龙阶石，重量就超过了 200 吨，可见开采和运送耗费的大量人力、物力等。

这些千挑万选、来自全国各地的珍贵建材，经过工匠们的智慧凝聚成了紫禁城。它的每一个角落，都值得你驻足欣赏，一砖、一瓦、一红墙，都是古代劳动人民的心血。

知道皇帝家里铺的是什么地砖吗？那可是专为皇家订制的“金砖”。

它质细而实，在敲击时有如金属碰撞一样的声音，且价比黄金，才有此称。在苏州御窑，烧制一块金砖，要经过多道工序，耗费上百天的时间。

如此珍贵而堪称艺术品的地砖，只有三大殿这样皇帝经常光顾的大殿才有资格使用。每一块金砖上工匠的名字，都是他们的汗水和求生欲呀！

金砖

游览距今600多年的紫禁城，最令人印象深刻的便是黄色的琉璃瓦和红色的宫墙。

琉璃瓦在烧制成功后，还需要涂满釉料进行二次烧制，这样才能形成又光又亮的釉面层。

除了彰显皇家气质的黄色，还有代表不同意思的紫、蓝、绿等色。琉璃瓦防水性强、耐腐蚀，能很好地保护建筑不受雨水侵蚀。

传说，在宁寿宫的九龙壁上，有一块琉璃瓦是假的。

原来因为工期紧张，工匠们夜以继日地烧制琉璃瓦出了岔子，不小心将白龙腹部的一块琉璃瓦打破了。这时一个叫马德春的工匠急中生智，将楠木雕刻出龙腹形状，代替了那块琉璃瓦。

乾隆看到“完美无瑕”的九龙壁，连连称赞，足见当时工匠技艺的高超。

红墙面是由颗粒较细、颜色较深的红土、糯米、白矾按照一定比例，兑水后抹在墙面上的。红土中的氧化铁，能更好地着色，还耐腐蚀、耐高温。

最值得称道的，是紫禁城的榫卯结构。一个完整的榫卯结构中，突出的为榫头，凹进去的为卯，两者就像乐高玩具一样拼接起来。榫卯交错而成的承重构件，就是我们常说的斗拱。

斗上加拱，层层叠叠，在无形中遵循着力学原理，起到稳固和支撑作用，它的抗震能力自然不在话下。

在紫禁城内，满眼是精美细致的装饰，随手一拍便是最美的风景。有趣多样的重檐庑（wǔ）殿顶、悬山顶、攒尖顶……各种功能的脊兽，有尊贵祥瑞的龙和凤、明辨是非的獬豸（xiè zhì）、护宅消灾的狻猊（suān ní）等。还有随处可见的各类精美纹饰，色彩鲜艳，生动形象。

抬头仰望奢华精致的天花板，也就是藻井，色彩丰富、栩栩如生，仿佛一条真龙盘踞在屋顶。

可以说，紫禁城的设计，处处透露着古人在建筑上的智慧。作为世界上规模最大、保存最完整、以木结构为主的宫殿建筑群，紫禁城将我国古代高超的建筑技艺荟萃一堂，其无与伦比的成就对我国乃至世界建筑史都有着深刻的影响。

紫禁城作为世界文化遗产，是留给全人类的宝贵财富，被誉为“世界五大宫之首”，当之无愧。

文 / 徐亚楠

74. 布达拉宫——雪域高原上的珍宝

西藏二字，本身就像带着神秘的吸引力；作为西藏象征的布达拉宫，更像一块磁铁吸引着各地的游客。

其实，我们经常可以看到它的身影，那就是50元人民币背面的图案。可当你真的站在它面前时，必然会发出一声长长的赞叹。

7世纪时，一位16岁的小姑娘，从长安远嫁到西藏，她就是文成公主。当时吐蕃王朝的赞普，也就是藏族的王松赞干布，为了迎娶这位尊贵的公主，在红山上修建了像盛开的雪莲一样的宫殿——红山宫，这就是最初的布达拉宫。

文成公主来西藏时，不但带来了佛经、中原文化、农书、历法等，还教会了人们纺织、造纸、酿酒等，为藏族的科技和文化做出了杰出贡献，赢得了当地人民的尊重。

如今，历经千年，布达拉宫法王洞内的文成公主雕像依然那么光彩照人，就像人们对她的思念一样，从未减退。

布达拉宫，起建于山腰，屹立在红山之巅，仿佛与身边的山岗融为一体。布达拉是梵文的译音，原意是佛教圣地、观音菩萨的所居之地。

相传红山上有999间房子，规模宏大，但后来毁于战争和火灾。

17世纪中叶，五世达赖喇嘛为巩固政权重建白宫。直到1933年十三世达赖喇嘛圆寂，灵塔殿建于红宫西侧，布达拉宫的重建和增扩工程才完美收官，也就形成了现今的规模。

如今，坐落在世界第三极之上的藏式风格的布达拉宫，就像雪域高原上的一颗明珠。占地面积 40 万平方米，相当于 56 个足球场那么大。主楼红宫高达 115 米。站在最高处，似乎伸手就能触摸到白云。

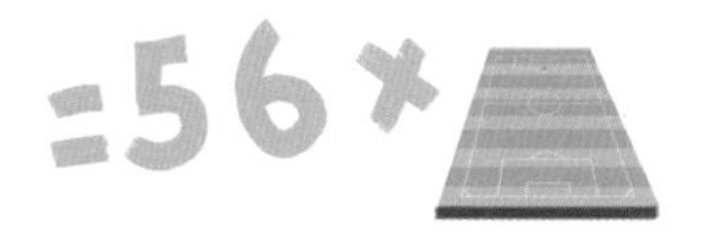

走近认真数一数，你才会发现，外面看是 13 层，但里面实际是 9 层，正所谓内藏玄机。

布达拉宫的房间数量多达 1206 间。

它的主体建筑，根据外墙颜色可以分为红宫和白宫。红白相间的宫殿，色彩鲜明，层次错落。红宫位于布达拉宫的中心，是历代达赖的灵塔殿和佛堂。

五世达赖喇嘛的灵塔最大，高达 41.85 米。殊胜三界殿可是它最高的殿宇，那里不仅供奉了乾隆帝的画像，还有一块汉、满、蒙、藏多民族文字写的“当今皇帝万岁万万岁”，见证了两族人民交往的友好情谊。

分布在红宫两侧的白宫，是达赖喇嘛日常生活，从事宗教、政治活动的地方。

东大殿是布达拉宫最大的殿堂，这里是举行重大活动的地方，比如达赖坐床典礼、亲政大典等。

布达拉宫里有无数珍宝，最突出的是被尊为镇馆之宝的帕巴拉康观音像。

目前这尊佛像在布达拉宫的圣观音殿，位于红宫最高层。它从 7 世纪流传至今，由天然檀香木制成，全身贴满了金粉。

据说，这尊佛像为松赞干布的本尊像，是天然形成、未经加工的，面容慈祥和善，圆润饱满。

当你置身其中，才能感受到这座宫殿设计与建造多么令

人惊叹！

历经千年，整座建筑依旧坚如磐石，这就要归功于建筑师的智慧了。

首先，宫殿使用了木、石、土进行建造。难以想象的是，它的宫墙居然达到了2~5米的厚度。墙身由花岗岩砌筑而成，墙基深入红山岩层，既保证了整体结构的稳定性，又增强了抗震能力。

其次，在宫殿下面修建的大规模地垄结构，支撑起了整个宫殿的重量，在世界上也是独一无二的。用方形石块垒成的地垄墙，一个个像井一样，有的深达十几米。

地垄

在游览布达拉宫时，你会感觉自己仿佛置身于一个神秘的世界。这里是一个黄金的国度，到处金光灿灿。由黄金包裹的灵塔，镶满了珠宝。据说仅五世达赖的灵塔就用了3700多千克的黄金，整座宫殿差不多就是一座“不动的金山”。

同时，你又像在一座美术博物馆。大量精美的壁画，内容丰富多样，有故都长安送别、公主进藏的场景，也有佛像、宗教徒的祈祷仪式，更有修建宫殿的过程展现。各种人物表情生动形象，色彩鲜明，为人们呈现了一场视觉盛宴。

知识窗

在布达拉宫内收藏有大量精美的唐卡，是藏族文化中一种独特的绘画形式。

它的绘制要求极为严苛，使用的颜料也十分珍贵，需要从金银、玛瑙、松石、孔雀石、朱砂等矿物和藏红花、蓝靛等植物中提取，正是这些天然原料，保证了唐卡历经百年依然色泽艳丽。

同时，其制作工艺也相当复杂，耗费时间长，所以历来极为珍贵。

布达拉宫不仅是藏族建筑中的杰出代表，还深受汉族文化的影响。整座建筑藏族特点鲜明，采用了藏族的碉楼体建筑形式，宫墙采用花岗岩砌筑，墙上有藏式的黑边方窗。许多细节之处借鉴了汉族建筑的特点，例如飞檐翘角、斗拱、藻井等，真称得上是汉藏合璧的珍宝。

藻井

在这个缺氧但不缺信仰的地方，布达拉宫是无数人心中的圣地。作为世界上海拔最高的宫殿建筑群，曾经的西藏政权中心，它是拉萨以至青藏高原的标志性建筑。它的建筑规模之大、建造技术的高超、内部装饰的奢华，都是无可比拟的。

布达拉宫还是汉藏人民团结合作的有力佐证，向世界证明了西藏自古以来便是中国不可分割的一部分。

文 / 徐亚楠

科技著作《营造法式》

小时候，看到村里的一些老辈人总是自己动手做一些简易的桌、椅、板凳。他们手拿着尺子在木头上量来量去，原来是为了精确测量木头的尺寸，做出合适的家具。

想一想，做一个小小的家具都要如此，更不要说我国古代精致的木构架建筑了。

其实，在千年前的《营造法式》一书中，就对建筑结构设计的尺寸和用材制度进行了规范。

早年，我国著名的思想家、文学家梁启超，不远万里给在美国求学的儿子梁思成寄去了一本建筑学著作《营造法式》。他还在信中跟儿子说，1000 年前就有这样优秀的作品，可以说是中华民族文化的荣耀了。

一心从事建筑事业的梁思成读到它时十分惊喜，立即成了这本书的忠实粉丝。

此后，他和妻子林徽因花费了大量时间研究这本“天书”，甚至连两人的结婚日期也是为了纪念宋代建筑家李诫，还给儿子起名为“从诫”，也是师从李诫的意思。

那么，这李诫是何许人物呢？他就是《营造法式》的作者。

知识窗

李诫，字明仲，河南郑州人。他的祖辈和父兄都曾在朝为官，从小受到了良好的家庭熏陶，好学多才。

长大后曾做过县尉、知州，在将作监（主管土木工程的部门）供职 13 年之久，是北宋时期著名的建筑学家。

他曾主持修建了许多大规模的建筑，如开封府衙、太庙、钦慈太后佛寺、朱雀门等。

北宋建国百年后，朝廷大兴土木，建造了许多的宫殿、府衙、庙宇、园林等，造型十分华丽，负责施工的一大批官员贪污成风，导致国库紧张。

为防止此类弊端，皇帝命人专门编写了一部明确房屋建筑等级、标准、规范，以及有关建筑工料、劳动力消耗、指标限额等的《元祐法式》，可这本书漏洞很多，颁行结果令人很不满意。

1079年，皇帝下诏让当时掌管宫室建造的官员李诫重新编修。

当时的李诫，可是一位有着10多年建筑工程经验的老师傅。他参考前人留下的大量资料，又收集了身边工匠提到的各类工种的操作规程、技术要领，以及各种建筑构件的形制、加工方法等，终于编成了这本有着建筑学界百科全书之称的《营造法式》，并于1103年刊行全国。

那么，此时你是不是迫切想了解这本书主要写了什么内容呢？

《营造法式》，顾名思义是关于建造的法度、制度。它是由北宋官方颁布的，是在建筑设计和施工中杜绝官员腐败贪污的“好帮手”。

全书共有36卷，合计357篇，分为释名、诸作制度、功限、料例和图样五部分，前面列有“看详”和目录各1卷。

释名，就是对书中出现的建筑物及构件的名称做出一个规范性的解释，好比我们在学习数学知识的时候，老师会告诉我们自然数是什么、集合是什么，有2卷。

诸作制度，包含了诸如石作、大木作、小木作、雕作等工种的操作规程和相应的做法，有13卷。

功限，是建筑用工、劳动用工的限额和计算方法，有10卷。

料例，则是规定不同工种建筑材料的限量和相对应的材料质量，有3卷。

图样有6卷，包括平面图、断面图、构件详图，以及各种雕饰图和彩绘图，工种和做法比较齐全。

看详，是说明以前各种数据、做法及由来。

这本书的收录内容丰富，是由当时诸多建筑

设计和施工经验汇集而成的一本建筑学百科全书。

翻开《营造法式》，你会发现书中有将近三分之一的篇幅是关于建筑生产、管理的内容，也就是功限和料例。

这部分的规定十分清晰细致，甚至贴心地标明了工作时间。按照季节将工种分为春季和秋季的中工，夏季的长工，以及冬季的短工，以中工为标准，长工和短工的工值各增减10%。

而在料例卷中，关于各种材料的消耗也都有详细而具体的定额。材料的等级、质量、大小，运输的方式、远近，加工的成本、工艺等，也都有严密、细致的工值管理规范和标准，的确是对付贪污腐败的"制胜法宝"。

中外科技对比

当我们看到英国的大本钟、罗马的角斗场、拜占庭的圣索菲亚大教堂，也会感叹其他国家建筑的壮观。

其实关于西方建筑，有一本流传至今保存最完整的古典建筑的典籍——《建筑十书》，作者是古罗马建筑师维特鲁威。撰于公元前32—公元前22年，分为10卷。

书中不仅记载了建筑设计原理、建筑材料、城市规划、施工设备、施工工艺等，还阐述了建筑科学的基本理论。

它对后世建筑影响深远，是西方建筑界的百科全书。

作为当时建造技术和经验的集合，《营造法式》可随时供施工的工匠参考。对于建筑中各种形体的半径、周长、斜长的比例数字都进行了详细的列举。

例如在木构架结构中，有立柱的都要有"侧脚"，柱头向内微微倾斜1%。并且走廊两侧的边柱高度也不是那么随意的，要从中柱向两端逐渐加高。

这样建造出的木架构建筑整体向内倾斜，使建筑物更加稳定，同时也为屋顶四角的飞檐创造了条件。

《营造法式》也是最早将模数制运用在建筑业中的。

模数是一种基本的尺寸单位，作者李诫将建筑物的长、宽、高，以及斗拱的宽和高都用“分数”定出标准，也叫作“材分制”。

它以“分”为基本单位，加上“契”和“足材”作为辅助。例如大木作制度中规定“材”的高度为15分，宽为10分。它可以使不同的建筑物及各构件的尺寸统一协调。模数制的应用不仅能降低造价，还提高了建筑设计和施工的效率。

就像我们在遇到事情时要随机应变一样，《营造法式》告诉我们，在建筑设计中也要具有灵活性。

书中虽然对各作制度都有严格要求，但在其后附上了“随宜加减”，并且没有对群体建筑的布局和尺寸有所限制。

简单来说，这本书告诉设计师，抓准原则，其余你们自由发挥。

正是给了建筑师们一个富有创造性的空间，才使得我国古建筑能够以多姿多彩的形态，绽放在历史的各个角落。

作为我国古代劳动人民在建筑方面的智慧结晶，《营造法式》巨著的存在仿佛为人们打开了古今对话的大门，让我们更加了解当时的建筑，感受它们的独特魅力。

它的出现，标志着我国古代建筑已经发展成熟并且达到了相当的高度，对后世的建筑技术发展产生了深刻的影响。

文 / 徐亚楠

科技改变生活

在几千年的历史进程中，我们的祖先用智慧发明创造，用科技改变生活。

先民的智慧是我们难以想象的。

你可相信，在2000多年前就已经有了类似“游标卡尺”的新莽铜卡尺，不仅可活动，而且精准度极高，能准确测量生活中器物的长度、直径。

而一个小小的铁环——马镫的发明和使用，改变了骑兵的作战方式，甚至改变了战争的格局，被认为是我国古代最伟大的军事发明之一。

更有雕版印刷术、活字印刷术的出现，使得书籍的制作更方便快捷，促进了文化的传播和发展，提高了人们的文化素质。

制盐工艺让人们吃上了有滋味的饭菜，运用琢玉技术雕刻出让人们赏心悦目的物件……

先民在劳动实践中不断总结经验，发明创造，用科学技术改变了生活的方方面面，让人们的生活变得更加美好！

75. 琢玉工艺——玉不琢，不成器

在中国的传统启蒙教材《三字经》中，有一句话叫作“玉不琢，不成器”。我们也常用它来比喻人如果不经历培养、锻炼，就难以成才，难以成为一个有用的人。

其实，这句话本义是指，如果玉石不经过打磨，就成不了器物。一块块其貌不扬的石头，只有经过匠人的一次次打磨、雕刻，才能成为令人赏心悦目、爱不释手的器物。

这可真是神奇的变化！让我们一起来看看，匠人是怎么琢玉成器的吧。

相传，楚国有个叫卞和的人，在荆山中开采到一块石头，他认为这是块美玉，于是，献给了本国最有权势的人——楚厉王。可楚厉王让宫里的玉匠相看，都说这只是一块平平无奇的石头罢了。

楚厉王一听，非常生气：好啊，竟然敢骗本王！于是，他下令砍去了献玉人卞和的左脚，还把他驱逐出了楚国。

后来，楚厉王的弟弟武王做了国君后，卞和不甘心，再次献上了宝玉。有眼不识真宝玉的玉匠经过鉴定，依然认为这是一块石头，这就使得悲剧重演，卞和又被砍去了右脚。

待到其子楚文王即位，卞

和在山里哭了三天三夜，以致眼里都哭出了血。礼贤下士的文王，派人去问明情况后，为了验证玉石真假，就叫玉匠雕琢这块石头，里面果真是难得一见的美玉！这块玉，就是后来的“和氏之璧”。

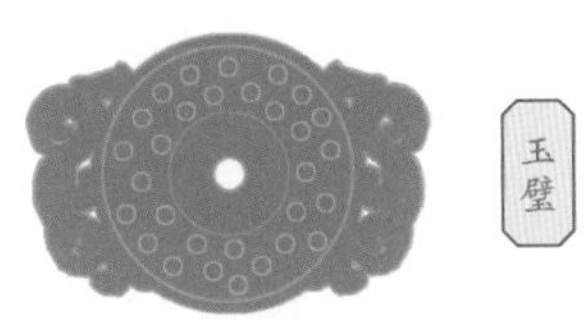
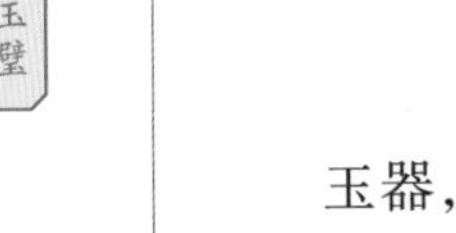

玉璧

看来一块玉石，只有经过琢磨，才能展现它真正的价值。

琢玉，其实就是对玉石进行加工，使其成为精美绝伦的玉器。

早在原始社会，我们的祖先就已经开始使用玉器了。

据考古发现，我国最早的玉器出土于内蒙古赤峰市的兴隆洼遗址，距今约有8000~7000年。

而长江下游的良渚文化、石家河文化等遗址，也有很多的玉器出土。到四五千年前，玉器已被用于国家的各项日常事务中，此时的制作精度有明显提高。

到了夏、商、周时期，玉器的种类、形状变得更加丰富，甚至出现了专门的制玉工坊。随着时间的推移，玉器深入社会各阶层，逐渐被人们广泛应用。

玉器，随着朝代的变迁，也在展现着不一样的风格和特色。

例如秦汉时期的玉器趋于霸气和豪放，这和当时强大的国家实力有关。动乱的魏晋南北朝时期，玉雕艺术缺乏新意，而且产量少。

隋唐时期的玉器，重写实，又结合了异域风情。宋元玉器，则更加古朴典雅。明清时期玉器的发展，进入了全盛时期，各种精雕细琢的玉器更是数不胜数。

古代玉器的种类，有礼器、兵器、佩饰、葬器、器皿、陈设等。玉礼器有玉璧、玉琮、玉圭、玉璋、玉琥和玉璜等。玉兵器有玉刀、玉戈、玉钺（yuè）等。玉佩饰有玉环、玉扳指、玉组佩、玉刚卯、玉严卯等。玉葬器有玉衣、玉覆面、玉琀、玉握等。玉器皿有玉杯、玉碗、玉簋（guǐ）、玉灯、玉瓶。玉陈设则有玉山子、玉屏风、玉花插等。

这些玉器的形状千姿百态，其中最有趣的就是动物形的玉：活灵活现的玉兔，小巧玲珑的玉鸟，上颈下弯到胸前的玉鹤，霸气外露的玉鹰，还有虎、龙、猪、牛、熊、鹿等各种形状，个个栩栩如生，看起来又特别“萌萌哒”！

玉兔

在清代，乾隆盛世时期，扬州作为重要的玉产盛地之一，精品迭出。如今珍藏在北京故宫博物院，以大禹治水故事为蓝本的大禹治水图玉山，可谓玉雕中的经典之作。

它高达2米多，重5000千克，用料多、雕琢精、器型大，是世界上最大的玉雕之一，展现了当时高超的琢玉工艺。

这些令人赞叹不已的玉器，可都是经过捣沙研浆、开玉、扎砣、冲砣、磨砣、掏堂、上花、打钻、透花等一整套的制玉工艺，才成为珍品的。

捣沙研浆，是把琢磨用的沙加工到精细。解玉时通过砣与玉之间的沙，慢慢磨掉玉石的某些部分。

用来琢玉的沙也十分讲究，分为红沙、黑沙、黄沙，其中黑沙硬度最高。这些用来琢磨玉石、解剖璞玉的沙也被叫作“解玉沙”。

开玉，是把没有经过雕琢的大块璞玉用类似锯的工具分解。开玉时的条锯实为钢丝制成，在使用时加解玉沙，不断加水，才能慢慢把玉材“磨”开。

扎砣，作用其实相当于“切”，是把多余的玉料裁去，使玉器有个大概的雏形。“砣”是琢磨玉的轮子，它以木做轴，用铜做圆盘，薄薄的边缘像刀一样锋利。

冲砣是粗磨，也就是做坯。它可以把玉料上的棱角磨平，使玉变得更圆润。经过这个步骤，玉器也就基本成型了。

磨砣，则是对坯进一步的加工，磨出细节之处。磨砣与扎砣相似，但更厚一些，用它磨玉器的表面，会使玉器变得更加细腻，有光泽感。

掏堂，是把玉器内部挖空的意思。例如一些瓶、碗、杯、鼻烟壶等，都要先在玉器上钻一个眼儿，用特别的砣一点点把玉的内部磨掉。使用钢卷筒旋入玉器中央，工完，就会留下一根玉梃（tǐng），取玉梃可是操作难度最大的，稍有不慎就会前功尽弃。

玉瓶

上花，就是在磨好的器物上雕刻出各种花纹。这需要使用小的扎砣，扎砣的形式不同就会留下不同的花纹，也可以叫作丁子。

打钻，这是雕琢镂空花纹的重要步骤。它是一个管状的磨具，由弯弓和轧杆组成，轧杆底端镶有金刚钻。用其在玉器上钻出圆形的沟槽，钻到了一定深度时，就可以把中心的圆柱打掉，形成镂空。

透花，也就是做浮雕，镂空花纹，其工具为“搜弓”。在钻透圆孔以后，用弯弓并钢丝一条，用的时候解钢丝一头，将其穿过玉孔，再绑好。工匠的右手握着搜弓，来回拉动，钢丝加上浸了水的沙，就可以根据玉片上设计的线条进行切割。

葫芦瓢做的木砣，和牛皮做的皮砣，是用来磨光的工具。在玉器雕刻完成后，用其抛光，更有光泽。

玉鸟

琢玉工艺的步骤复杂，使用的工具、操作的手法是历代琢玉工匠精心挑选，细心总结的，每一个步骤都是匠人们智慧的体现。

在漫漫的历史长河中，琢玉技艺在古代科技史中占据着独特地位。

正是它的存在，让我们看到一块璞玉从最初的“灰头土脸”，经过精雕细琢，变得晶莹剔透、璀璨夺目。

玉器上的每一个线条，都见证了琢玉技艺的发展。玉器也被逐渐赋予了越来越多的文化内涵，成为中国文化的重要组成部分。

文 / 徐亚楠

76. 制盐——想不到的战略物资

作为“百味之王”的盐，是我们日常生活中不可或缺的物资，也是司空见惯的调味料。想象一下，如果没有了盐，那你的一日三餐将是多么乏味和难以下咽啊！

可在历史上，古代先民却曾经历过一段不知盐、不食用盐的历史时期。人类最早何时开始食用盐，估计就和学会用火一样，曾走过一段漫长的岁月。

中国古人最早学会食用的，叫“卤”，是天然盐。后来，才有了卤水经人工加工结晶，然后称为“盐”。“盐”的本义，就是在器皿中煮卤。

传说距今四五千年前的炎黄时期，山东半岛胶州湾一带，有一个原始部落，部落里有个聪明人叫作夙沙氏。

每次外出打猎，聪明能干的他都能满载而归。和大伙儿一样，夙沙氏抓到什么，就做熟了吃什么，食物味道是真正的“原汁原味”。

有一次，他像往常一样，用陶罐打了海水准备煮鱼吃。陶罐刚放到火上，只见一头野猪从前面飞奔而过。夙沙氏当即两眼放光：站住！我明天的食物！别跑！

野猪当然不会听他的，夙沙氏就一路狂追了上去。等他扛着野猪回来时，陶罐里的水已经熬干了，只在底部留下了一层白白的粉末。

夙沙氏用手指蘸上点尝了尝，味道又咸又鲜，等他将野猪肉烤好就着吃时，那肉惊人的好吃！

煮卤

那细细的、白色的粉末，就是最早从海水里熬煮出来的盐。夙沙氏“煮海为盐”，开创了中国人工制盐的先河，因此被后世尊为盐神、盐宗，堪称制盐业的鼻祖。

公元前 1000 年左右，居住在尤卡坦半岛的玛雅人，发现可以利用太阳蒸发得到盐。他们通过树干上的槽渠把水分流到石锅中，然后经过太阳的暴晒，蒸发出盐。

看来最初的制盐，都要靠太阳呀。

玛雅人还会在锅里放上芦苇，盐水足够黏稠时，会在芦苇上形成结晶。

从这则传说故事中，我们可以推测出，夙沙氏所在的部落，因为长期住在海边，率先学会了用海水煮盐。

到了距今 3000 多年的商周时期，当地已经普及了用海水煮盐的办法。这样出来的盐，自然是海盐。

20 世纪 50 年代，福建出土了公元前 5000—公元前 3000 年仰韶时期的文物。这些文物包括煎煮盐的器具，和炎黄时期的夙沙氏煮盐传说不谋而合。

可以肯定，至少在 4700 多年前，我国山东、福建一带的人们，已经学会了煎煮海盐。

盐作为调味料，很快被人们接受。不仅如此，那些原本容易腐烂、变质的食物，一旦被盐浸渍过，就能保持很长时间不变质，这让人们对于盐更是爱不释手。

可海盐的获取非常麻烦，需要不断地煮，费时、费力，还费燃料。一大锅海水也只能获取一点点盐，实在来之不易。

于是，自盐诞生起，人们就特别重视它。周王朝时，有一个职位叫“盐人”，专门负责掌管和盐有关的大小事务。

那时候用盐，已经很讲究了：不同的场合，要用不同的盐。祭拜用苦盐、散盐，接待客人用形盐，天子、诸侯的食物要用饴盐。

可是，盐的数量还是太少了，只要有一点点流通到市面上，就立刻被哄抢。这使得不少住在内陆的人开始探索：没有海，我们拿什么制盐呢？

这一找，有人发现：有些地方的井水是咸的，那不如就打井取水，把这些水取上来制盐。这种用打井的方式，抽取地下卤水制成的盐，就叫井盐。

有些地方的石头，就是天然的盐矿，扒下来就能吃，被称为崖盐或岩盐。

还有些地方的湖水是咸的，被称为湖盐或池盐。

各地的人们纷纷想办法获取盐。此时，齐桓公手下的大臣管仲，正在为齐桓公称霸而苦恼。招兵买马、改革生产，都需要钱啊，没钱咋整？

如果收税，怕被天下老百姓骂；如果不收税，钱从哪里来？

冥思苦想之时，管仲看向了餐盘里的食物，他灵机一动，告诉齐桓公，把全国的盐铺和铁匠铺都收归国有，国家可以把盐和铁的价格定得比现在高一点点，百姓既能承受，国家也多了收入。

齐桓公立刻答应了，有了经济实力，自然有钱招兵买马，进而让其他诸侯国臣服。

在中国古代王朝的大多数时期，盐的生产和售卖被国家严格控制。一旦有人私自买卖食盐，轻则坐牢，重则丧命。

随着农业技术的发展，人口越来越多，对盐的需求越来越大，产盐技术也突飞猛进。

北魏时期，我国沿海居民将海水引入盐田，通过日晒、风吹等自然方式蒸发卤水，获得食盐，这是“晒盐法”在世界上最早的应用。

大唐盛世，盐的产量不断增长。虽然海盐依然高居榜首，但池盐和井盐的产量也跟了上来。

海盐虽然还处于日晒和自然蒸发阶段，但井盐已经有了突破性进展。人们在前代的基础上，改进了技术，采用了辘轳式滑车的方法，在井架上悬挂滑车，用木桶往更深的地方采取卤水。

杜甫都曾赞叹，滑车取卤水制盐真是方便哪。

为了追求盐的口感，工匠还在传统的煎制技术中，加入了提纯技术。这都为后世制盐的发展提供了基础。

北宋开始，海南岛地区的人们发现，日光充足时，把太阳晒干的海滩泥沙浇海水过滤，制成高盐分的卤水，再把卤水放在池中暴晒蒸发掉水分，剩下的结晶就是盐了！

宋朝的井盐也非同一般，四川人在汉唐的经验上，发明了冲击式凿井法，凿出了卓筒井。

别小看这口井，它有30多米深，有人说它是中国古代第五大发明，甚至为后世的石油钻井技术提供了灵感。

有了卓筒井，井盐产量爆炸式增长，比之前的产量增长了6倍多！

盐的技术就这样一代代发展着，到了清朝，无论是井盐、海盐，还是池盐的技艺都达到了世界先进水平。

其中1853年燊海井深度达1001.42米，更是证明了中国井盐技术的强大。

清朝盐业的发展也使得税收大增，盐税也成了清朝后期财政收入的四大支柱之一。

文 / 夏眠

77. 新莽铜卡尺——是穿越吗

1892年，清代一位名叫吴重熹的官员，意外看到了一件造型奇特的古代铜器，器身上刻着鱼鳞纹，还铭刻着一行文字："始建国元年正月癸酉朔日制"。

吴重熹的父亲是著名的金石家、考古学家，他从小跟随父亲学习，耳濡目染，知道"始建国"是新莽王朝的年号，却不知道这件器物的具体用途。反复琢磨后，他得出一个结论：这是一把大钥匙。

100年后，在江苏省扬州市的一座东汉早期砖室墓中，发现了一件同样的青铜器具。有人说是车马器，有人说是兵器。经过考古人员研究考证，大家都惊呆了：这不是传说中的新莽铜卡尺吗？

就是这把东汉原始铜卡尺，成为"现代游标卡尺的鼻祖"。

中华人民共和国成立后找到了两把铜卡尺，分别收藏在中国历史博物馆和北京艺术博物馆。但由于没有确切的出土地点和出土年代，无法确定其真实性。

直到1992年，第一次在年代确凿的古墓中出土一把这类带有卡爪的专用测长工具——铜卡尺，才纠正了世人过去认为游标卡尺是欧美科学家发明的观念。

西汉末年，土地高度集中在地主手中，大量失去土地的农民沦为奴婢，王莽乘机率领部下取代西汉王朝建立了新朝。

当上皇帝的第一年，也就是公元9年，王

东汉早期墓中出土的铜卡尺，是由固定尺和活动尺两个主要部件构成的。其中的卡尺，就是“矩尺”，是青铜制，上面有刻度，分为五格，每格约2.31厘米，正合汉代长度的一寸，我们称为“五寸矩尺”。

莽施行了一系列改革措施，例如制定新的分配土地的标准，以让农民能够分配到更多的土地。

在中国古代，计量也被称为“度量衡”。计量长短是度，计量容量是量，计量轻重是衡，统称为“度量衡”。为了让测量更加精确，王莽颁布了新的度量衡测量工具，并且亲自制作了新的测量工具，其中就包括这把铜卡尺。

新莽铜卡尺是古代测量技术的一项重大创新，然而就是这把震惊后世的铜卡尺，竟然一度被后人认为是一把钥匙。

如果王莽知道了，大概会哭笑不得吧。但这并不是吴重熹的错。

新莽铜卡尺虽是世界上发现最早的卡尺，但在吴重熹生活的时代，由于史书上关于它的记载并不多，流传下来的实物也很少。

再加上朝廷对科技的不重视，他能找到的资料非常有限，得出错误的结论也就不足为奇了。

直到在晚清金石学家吴大澂（chéng）和古文字学家容庚的两本书中，才发现收录有五件卡尺的拓本，可惜卡尺的原物早已不知所踪。

知识窗

铜卡尺除固定尺和活动尺两个主要部件外，还有固定卡爪、鱼形柄、导槽、导销、组合套、活动卡爪、环形拉手等部件。

鱼形手柄位于固定尺上端，长约13厘米，中间有一个导槽，槽内放置着一个能旋转调节的导销，沿着导槽左右移动。

活动尺和活动卡爪之间有一个可供抓握的环形拉手。使用时，左手握住鱼形手柄，右手牵动环形拉手，左右拉动，就可以测量物体。

“矩尺”作为测量工具，一般不是随葬品，所以后世出土极少。

铜卡尺发明后，我国的测长工具，已从一把直尺发展到既可以测量圆球体的直径，也可以测量物体深度、长度、宽度和厚度的专用工具，比普通的尺子更加精确。

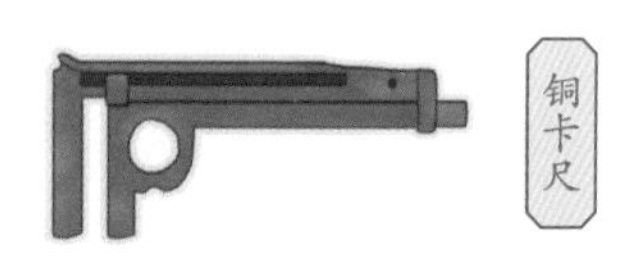

有专家认为，汉朝时，科学技术已非常先进，许多领先世界先进水平的器具和仪器被发明，就跟这类精密测量工具的使用有很大关系。

在这些机械设备中，就有很多圆形或圆轴类的零件。

可惜的是，因为年代久远，固定尺和活动尺上的计量刻度和纪年铭文都在岁月的流逝中，被锈蚀得难以辨认了。

也很难想象，就是这样一把锈迹斑斑的尺子，不仅让见多识广的考古人员感到震惊，甚至震惊了整个世界。

因为它长得实在太像1000年后的游标卡尺了，难怪有人脑洞大开，猜测王莽是不是从现代穿越过去的。

让我们来比较一下新莽卡尺和游标卡尺，看看它们之间有哪些共同点，又有哪些不同点。

现在，我们在测量长度时，除了常见的直尺、三角板，还有一种更为精密的测量仪器，那就是游标卡尺。它由主尺和游标两部分组成的，这可以对应铜卡尺的固定尺和活动尺。

游标卡尺是一种除了测量长度，还可以测量圆的内外径、物体深度或厚度等精准尺寸的量具。

主尺和游标尺上有两副活动量爪，内测量爪测量内径，外测量爪测量长度和外径。

铜卡尺也可以测量物品的长度、直径、宽度和厚度，尤其是测量圆柱体和不规则物体。

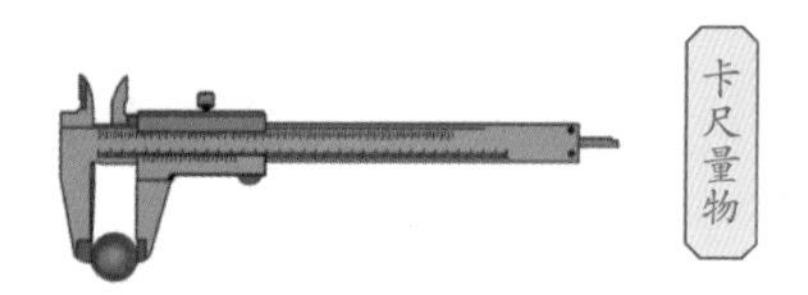

两者的使用方法，都是将器物置于卡尺的两个卡脚之间，或用卡脚分别抵住器物的内缘两边，这样就能很容易地读出直径或内径的准确数值，比使用普通的直尺测量要方便、精准得多。

有新莽铜卡尺时，已经出现了“分米”以下的长度单位

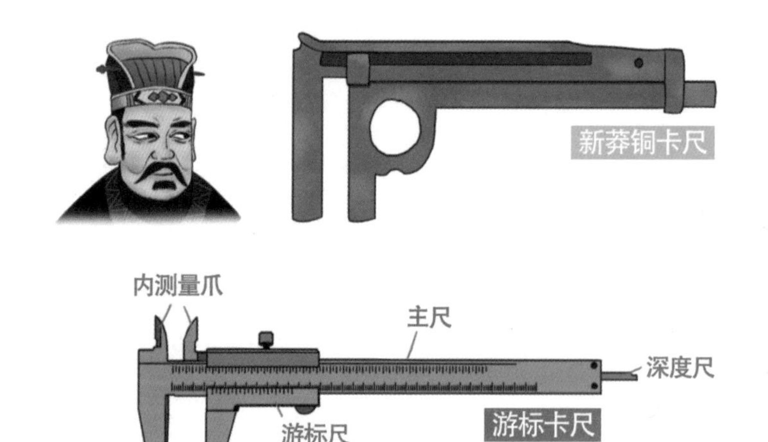

"厘米"和"毫米"，这已经很让人震惊了。

这样看起来，新莽铜卡尺的原理、性能、用途和结构跟现代游标卡尺非常相似。但事实上，新莽铜卡尺和游标卡尺之间还是存在很大不同的。

主要区别在于：

现代游标卡尺是应用微分原理，通过对齐主尺和副尺的两条刻线，能精确测量出物体的精密度。

而铜卡尺只能借助指示线，靠测量者目测估算出长度单位在"分"以下的数字。

我们常说"没有规矩，不成方圆"，"规"即圆规，是画圆的工具；"矩"是直尺，是画直线、方形和测量长度的工具，"矩"上的刻度就叫作"矩尺"。

《荀子·不苟》中记载：五寸长的尺子，就可以测量天下所有东西的长和宽。

正是因为有了新莽铜卡尺这样的精密测量工具，古人才能建造出宏伟的建筑，制造出精密的机械。

中外科技对比

新莽铜卡尺出现1000多年后，英国出现了"卡钳尺"，它的外形跟游标卡尺相似，但跟新莽铜卡尺一样，只是一把刻线卡尺，精度和使用范围都不高。

最具现代测量价值的游标卡尺，公认是19世纪法国数学家约尼尔·比尔（韦尼埃）发明的。在他的一本著作中，讲述了游标卡尺的结构和原理。

随着机械工业的快速发展，美国一家公司在1851年成功根据书中的构想制作出第一把游标卡尺，精度达到了0.1毫米，可以说非常精密了。

新莽铜卡尺虽是一把小小的尺子，但它是最早的滑动卡尺，在世界测量技术历史上占据着十分重要的地位。

它的出现，有力地证明了中国是世界上最先发明铜卡尺的国家。

难道王莽真的是穿越人士吗？这当然是不可能的。

这或许是因为，这些热爱科学和创造的智者都在思考同样的科学问题，于是找到了相近的解决方法而已。

文／彭皓

78. 马镫——改变世界的小铁环

嗨，你知道那达慕大会吗？这是内蒙古草原上的传统盛会，牧民们用这种方式来表达丰收的喜悦之情。

“那达慕”的意思是“娱乐、游戏”，大会上有赛马、摔跤、棋艺、歌舞等项目，重头戏自然是赛马。佩戴着彩色腰带和头巾的骑手们策马扬鞭，在赛场上风驰电掣，格外英武。

为了减轻负重，让马跑得更快，骑手们连马鞍和靴子都舍弃了，但有一个物件却必不可少，那就是马镫。

从外观上看，马镫似乎只是简简单单悬挂在马鞍两侧的两个金属“小铁环”，为什么骑手们这么重视呢？

你可别小看了这两个“小铁环”，有了它，骑手们不仅上下马变得更加方便、省力，骑行速度也提高了，还不容易从马上掉下来。

这简直就是脚踏与安全带的合体啊。

那达慕大会上，正是因为

两只马镫稳稳地固定、支撑住了骑手的双脚，让人马合一的骑手能够放心大胆地表演各种高难度的马术动作。

真没想到，两只平平无奇的小铁环竟然有这么大的用处。

但你知道吗，最原始的马镫并不是现在这个样子的，而且只有一只。

1958年，在湖南省长沙市一座1700多年前修建的西晋古墓中，考古人员发现了7个英姿飒爽的青釉骑马俑。

其中一个俑很特别，它拥有一件特别的装备——马鞍左侧用一根皮革带子系着一个奇怪的三角形物品，这就是马镫的原始形态。

1965年，在辽宁省北燕权臣冯素弗的墓中，出土了一双马镫。这双马镫虽然结构简单、造型普通，但它是迄今为止，有明确年代可考的双马镫实物，也是中国乃至世界上较早骑乘用的马镫实物。

什么，只有一只马镫？可人的脚有两只，骑手该如何把脚放在这个三角形里面呢？

经过研究，专家认为，原始形态的马镫，仅仅是帮助骑手上马时踩脚，对骑行并没有什么帮助，因此只有一只。我们可以叫它马镫的0.5版本。

让我们来看看马镫的定义，马镫是一对挂在马鞍两边的脚踏，供骑马人在上马时和骑乘时踏脚的马具。

这样看起来，单边的马镫还不能算是真正的马镫。那么，真正的马镫是什么时候出现的呢？

目前已知最早的马镫实物，出现在1600多年前的十六国时期。

那时的马镫，是用整块木芯做的双马镫，外面包裹着一层青铜皮，上半截是像把手一样的长柄，下半截是一个圆环。

这可以说是目前发现的、年代最早的马镫实物1.0版本！

当然，或许还有年代更早的马镫正沉睡在某个地方，静静地等待我们去发现。

可是，这个神奇、简单而又实用的小铁环，到底是谁发明的呢？

有学者认为：马镫或许起源于骑马民族，他们想要骑乘时不那么疲劳；或者起源于非骑马民族，他们有必要快速掌握骑马战斗的技能。

也就是说，马镫的发明者有两种可能：第一种是骑马民族；第二种是非骑马民族，也就是农耕民族。

他们之中，谁更有可能发明马镫呢？

骑马民族过着游牧生活，他们的骑术非常熟练，那达慕大会上，骑手们甚至可以不装备马鞍也能风驰电掣。

因此，我们可以认为，骑马民族对马具并没有太高的需求，也就没有动力去发明马镫。

农耕民族过着定居生活，长期受到来自骑马民族的侵扰，但他们接触马匹的机会很少，骑术也很不熟练，因此对先进马具的需求更加迫切。

有需求，有冶炼技术和生产力的支持，在四五世纪，农耕民族成功发明了双脚马镫。

成熟的马镫，由镫柄和镫环两个部分组成。镫柄也叫镫穿，负责将马镫悬挂在马鞍的两侧。镫环则是供骑手踏脚的部位。它们组合在一起成了一只完整的马镫。

马镫是一个平底的环形物，用皮带固定，常悬挂于马鞍两侧，供人上下马或骑行时将双脚放在上面。

有了马镫，在马鞍上坐稳或者控制马匹会更容易，也能解放双手更轻松地做出各种动作。

小小一只马镫，样式却不少，区别主要在于悬挂的部分。

根据悬挂部分的外形特征，马镫可以分为四个大类：直柄横穿型马镫、壶镫、T 形柄金属马镫以及 8 字形马镫。

10 世纪以后，马镫的样式逐渐趋于统一。

马镫的材质，最早是皮革；后来，随着中国冶炼技术的发展，有了银、铜、铁鎏银、铁等更结实耐用的金属马镫。

随着使用越来越频繁，马镫被改进得越来越方便踩踏。镫柄逐渐减短，镫体的上部变成圆弧

形，两个踏环则变得更宽更平，同时又具有一定的弧度，让骑手能更好地踏脚。

马镫虽小，但对骑马人的帮助及对骑兵的发展却产生了划时代的历史作用。

唐太宗李世民时，组建了一支骑兵部队，他们全都穿着黑色的铠甲，因此被称为“玄甲军”。

这支军队在李世民的率领下，不仅为唐朝建立立下了汗马功劳，也在对抗外族的战斗中发挥了巨大的战斗力。

其中，马镫功不可没。

确实，很少有发明能像马镫那样，只是两只平平无奇的小铁环，却又具有让整个世界为之改变的能力。

当马镫被应用到战争中，它的功能就被发挥到了极致。

不管是东方还是西方，骑兵在整个中世纪一直是各国军队的主要兵种。

中外科技对比

大约在 1500 年前，通过丝绸之路，马镫传播到了亚欧大陆，后来又传播到世界各地。

在西方的马文化界，马镫被称为“中国靴子”。

欧洲的国王们很快意识到了马镫的重要性，他们积极组建骑兵部队，后来一度成为横扫整个世界的力量。

国外有学者认为：如果没有从中国引进马镫，使骑手能安然地坐在马上，欧洲就不会出现中世纪的骑士精神和骑士文化。

有了简单实用的马镫，骑兵可以在飞驰的战马上全力对敌人发起劈、砍、射、刺各种攻击，而不必担心自己会掉下去。

马镫让骑兵与战马“合为一体”，骑兵成为冷兵器时代战斗力最强的兵种之一，对世界历史格局产生了重大而深远的影响。

文 / 彭皓

79. 雕版印刷术——“吹”来的新科技

前文提到，春秋战国时期，一个叫卞和的人得到了一块美玉，天下无双。他冒着生命危险，才最终把这块宝玉献给了楚国国君。国君找工匠把美玉从石头里挖出来，打磨好，命名为和氏璧。

这块和氏璧实在太美，让无数人垂涎，最后被秦始皇得到。

传说，他让大臣李斯在上面用大篆书写了“受命于天，既寿永昌”八个字，中心意思就一个：“我就是天命所归的皇帝！”这块和氏璧从此也被称为传国玉玺。

受命于天 既寿永昌

统一中国的秦始皇，认为自己太厉害了，必须让全天下人都知道自己的厉害。不仅雕刻和氏璧当作自己的签名，还到处在石头上刻字赞颂自己的功绩，这叫作“勒石”。

所谓勒石，就是在石碑上刻字。刻在石碑上的字可讲究了，通常都是当世书法名家写的原稿，具有极高的造诣。

后来，虽然秦国灭亡，但秦始皇留下的传国玉玺和石碑依然被人吹捧，尤其是石碑。秦始皇自我赞美的内容没什么好看的，但是书法家写的字真是漂亮呀。

不少读书人想要临摹石碑上的字，可是石碑太重了，要怎么样才能把字带回家呢？

此时有个聪明人，想出了一个既能够带回碑文，也不破坏石碑的办法——拓印。

他把一张韧性很强的薄纸用水浸湿，然后把它贴到石碑上，一边用刷子轻轻敲打，让湿润的纸进入笔画的凹槽中。

等纸干燥了，就用刷子蘸墨轻轻往纸上刷。刷完墨，再把纸慢慢揭下来。这样一来，我们就能得到一张黑底白字、附有石碑上文字和图案的拓片了。

拓片和印章给了当时的聪明人以灵感：既然能够用这个方法来复印碑文，那我能不能拿来复印图书呢？

聪明人就开始尝试。为了印刷方便，还把印章上凹下去的阴文改成了字凸起来的阳文，把拓片的技术也一同改进，让墨在纸上更为均匀。

就这样，时间到了1200多年前的唐朝中后期。

匠人将拓片换成了一块块木板，把准备印刷的字写在薄纸上，反贴在木板上后，再用刀在板上将每个字的笔画雕刻成阳文，雕刻好木板以后，就可以印书了。

当时的雕版印刷术已经日趋成熟，从事雕版印刷的工匠不少，他们主要集中在当时的大城市，比如成都、长安、洛阳、敦煌，并且那里都有雕版印刷的工厂。

知识窗

唐太宗李世民和长孙皇后夫妻感情很好，长孙皇后因病去世后，唐太宗十分伤心。

为了安慰皇帝，侍奉长孙皇后的女官便把长孙皇后评价历史上有名女子事迹的《女则》送给了李世民。

李世民看到亡妻书写的文章，哭得越发伤心了，他对身边的人说："皇后的书写得很好，我要让其他人看看。"

于是，《女则》被大量印刷供人学习传阅。李世民一定没想到，他出于对亡妻纪念印刷的小册子，竟然成了中国文献资料中最早的雕版印刷刻本。

这说明在唐朝以前，中国的雕版印刷技术已经成形并且使用广泛了。

别小看敦煌，当时可是同西域诸国通商的重要中转站，繁荣得很呢！

你一定想象不到，最热衷雕版印刷的不是书院，也不是官方的学校，而是寺院。唐朝佛教的兴盛，也促进了佛经的印刷。

其中，印刷量最大的便是佛教经卷，其次才是各种诗文集、历书、纸牌，甚至还有各种儿童启蒙读物。

这说明在唐朝，雕版印刷品已经融入平民百姓日常的吃喝玩乐、衣食住行中了。

唐朝之后，出现过动荡的五代十国。印刷术随着避难的人们迅速传播开来，甚至传播到中亚乃至欧洲地区。

五代十国印刷业的发展，打磨了无数工匠的技艺，在成都、福建、杭州形成了印刷基地，印刷数量和范围都超越了唐代，有些私人爱好者也开始印书了。尤其四川还出现了彩色印刷，当时有用红、黑二色刊印的《金刚经注》。

在甘肃省敦煌千佛洞的一个洞窟里，堆满了距今已有1100多年的古画和古写本。其中最珍贵的，是一卷雕版印刷的《金刚经》，是到目前为止世界上现存最早的，有确切纪年（868年）的雕版印刷品。

这为宋朝印刷业的繁荣奠定了基础，也为中国古代四大发明之一——印刷术的出现提供了最肥沃的土壤。

雕版印刷现在看起来或许有些呆板，可在当时，大部分的图书都是靠手抄的，不仅费时费力，还容易抄错。雕版印刷术的发明，开创了人类复印技术的先河，让复制图书的难度大大降低，也让知识能够广泛传播和更长久地保存下来。

中外科技对比

宋朝以后，印刷术传到了中亚和西亚，进而传到了欧洲。欧洲现存最早的，有确切日期的雕版印刷品，是德国南部1423年印的《圣克里斯托菲尔》画像，比我国的雕版印刷晚了600多年。

15世纪中期，德国人约翰内斯·古腾堡发明了铅活字版印刷术。19世纪初，改良的铅活字制作技术传播到世界各地。

1804年，英国人针对活字版的弊端，发明了泥型铅版印刷术；1829年，法国人谢罗发明纸型铅版印刷术。

在15世纪中期之前，雕版印刷可以说是世界范围内使用最广泛的印刷术，当时的中国书籍总量超过了全世界其他地区的总和。

秦始皇肯定想不到，当初他用来记录自己功绩的石碑和玉玺，竟然成就了受人追捧的雕版印刷术。

文 / 夏眠

80. 活字印刷术——“偷懒”的成果

1 世纪中叶北宋建立后，饱受战乱之苦的老百姓总算过上了安居乐业的日子。

江南地区发展得很好，吸引了一大帮文人墨客。在这样的气氛下，人人都喜欢读书，大大小小的书院林立，促进了杭州印刷业的发展。

杭州一家书坊生意很好，提供刻版、印刷一条龙服务，忙得一个叫毕昇的刻版师傅晕头转向。

毕昇很喜欢这份工作。小时候因为贫寒和父母逃荒，一路流落到了杭州，好不容易求了一份可以吃饱穿暖的差事，自然想要好好干。

尽管刻版、印刷比手抄书效率高，但依然费时、费工、费料。如果要刻印一本司马光的《资治通鉴》，那需要花上好几年。

书坊为了节省成本，每次雕好的刻版都会小心收藏，等到下一次再拿出来使用。没过多久，书坊的仓库里就被大大小小的雕版堆满了。

杭州的气候潮湿，木质雕版很容易发霉腐烂被虫蛀。若是放到气候干燥的北方，雕版又容易开裂。一旦雕版出了问题难以修复，那就只有报废，刻版师傅不得不重新制作。

除此之外，雕版是一个极其考验细心程度的活计，只要

刻错一个字，刻版师傅只能一边哭一边雕一张新的。

毕昇吃够了返工的苦。他对着雕版思考：刻100个字，错一个字就重新做，岂不是太浪费了。只要重新做雕错的字，不就行了吗？

重做是因为所有字都刻在一块木板上，那如果这些字彼此独立，平时能够分开，要用的时候再并在一起，不就可以重复利用且节省时间了吗？

这么想着，毕昇开始尝试改进工艺。

他先后尝试了无数次，最后选择使用胶泥作为原材料，做出统一的字模。一个字一个模具，用火烤硬之后，就能直接取用了。

这里有一个细节，就是字模上的每个字，都是反的，字的笔画要略突起，就像我们现在看到的印章上的字一样。

这样用它印出来的，才是我们平常看到的正字。

比起雕版印刷，胶泥字模可以根据书稿随时取用，现场排版，还能重复使用，只是要先准备好一块四边带铁框的铁板作底托。

排版时，在底托上先铺一层含有松香、蜡、纸灰等的混合物，再在上面摆满要印的字模，注意所有字模正面朝上即可。

排满一版后，用火把混合物溶化，等到和胶泥字模结为一体了，趁热用平板在活字上把字面压平整，就可以在字面上刷墨、覆纸，开始印刷了。

想一想，用这样的方式印刷，一本两本的显不出优势，可要是几百上千本，那就是成效显著啊！

等到印刷完成了，把版面拆散，每个字模就可以收起来等待下次使用。

更重要的是，泥活字不怕被虫咬，也不怕干燥开裂，比起堆成小山的木板，更方便携带。

遇到不常用的生僻字，还可以随时烧制出来使用。

可惜的是，毕昇还没能把

他的发明发扬光大就去世了。

知识窗

有关毕昇的生平记录很少，就连毕昇创造的“活版印刷”都被误传为“沈氏活板”。

1990年，湖北省英山县发现有个墓碑上写着“先考毕昇”。通过对墓碑和相关文献的考证，毕昇应该是雕版印刷行业的从业者，没什么贵族血统，就是一介平民。

可见，平民也能创造出震惊世界的成果。

后来，有一个叫沈括的名人，他是个对科学极其感兴趣的政治家，偶然收藏到了这套泥活字。他非常喜爱，还把这种印刷方法写进了著作《梦溪笔谈》中，这才让毕昇在悠悠历史长河中有了一席之地。

活字字模

毕昇的活字印刷，在当时并未普及开，大部分印刷匠人依然沿用雕版印刷，因为活字印刷对于字模的要求太高了。

毕昇去世前，还没有办法烧制出特别整齐划一的胶泥字模，印刷的字不够齐整，不够美观。

而且，胶泥字模强度不够硬，往往用过几次就无法继续使用了，这在很大程度上限制了胶泥字模的运用。

可是，世界上的任何新发明都是如此。

正如最开始的蒸汽船，速度比不上大帆船；最开始的汽车，速度比不上马车；最开始的计算机，有三四个房间那么大；所以，最开始的活字印刷术，只是一个个很容易歇菜的胶泥活字。

但这些技术通过不断迭代升级，终于成为我们现在看到的样子。

最开始的发明虽不够精细，但作为历史上新事物的发明者，无疑是伟大的。

毕昇便是这样的发明者。他发明的胶泥活字是一套完整的活字版技术，是让中国的印刷术进入高效发展活字版印刷时代的标志。可惜的是，在毕昇之后许多年里，都没有出现改进胶泥活字印刷术的人。

直到300多年后，一个叫作王祯的人，在撰写《农书》时，发现雕版印刷太困难，便请木匠制作了3万多枚木活字。字模制作完成后，王祯用这套木活字印刷自己编纂的县志，只花了1个月就印刷了百余本。

王祯还设计了轮盘，把活字放在轮盘上，方便排字工人选取。

明朝大户华燧不差钱儿，他认为木头和胶泥质量都不够好，无论是储存时间还是油墨附着性都不够强。于是，他选择铜做活字的原材料。

1490年，他试做了铜活字，印刷出50册《宋诸臣奏议》，这可能是中国现存最早的金属活字印刷品了。

不过华燧曾经跟朋友感慨：现在有钱人家大都用铜来做活字了。说明当时拿铜做活字印刷的不止他一家。

真正开始研究和推广金属做活字的，必然有钱。因为古时候的钱叫铜钱，铜就是钱！

天下最有钱的莫过于皇帝，从清朝的康熙皇帝开始，就开始大力推广铜活字了。在1701年的时候，他还让人做了25万枚铜活字，印刷《古今图书集成》。

可惜的是，这些铜活字，后来被康熙的孙子乾隆拿走铸成了铜钱。

作为四大发明之一的活字印刷术，是中国古代劳动人民经过长期实践和研究发明的，它让书籍走进了寻常百姓家。

这是中国普通劳动者智慧的体现，更是印刷史上一次伟大的技术革命。

目前历史学家认为，德国人约翰内斯·古腾堡和毕昇是独立的两个发明者。

古腾堡不仅自己印刷，还收了许多学生，这些学生带着他的印刷机走遍欧洲，不到20年，欧洲就迅速接受了这项新技术。

由此可见，虽然毕昇的活字印刷术是印刷行业的技术革命，可如果缺乏后续的更新和迭代，再好的技术也很难走入千家万户。因而近代的活字印刷术主要来自古腾堡的发明。

文 / 夏眠

科技著作《梦溪笔谈》

要是提到我国古代的科学家，一定少不了沈括！

有人夸赞他是旷世奇才，是科学界难得的全能型人才，可谓上知天文，下知地理，学问广博。而由他精心著作的《梦溪笔谈》，也同样令人称赞不绝。

如此值得赞誉的沈括和《梦溪笔谈》，究竟有何独特魅力呢？

“在庆历年间，平民毕昇发明了活字版，其做法是用胶泥刻字，像铜钱的边沿那样厚薄，每个字做成一个印，用火烧过使它变得结实……活字印刷通常要做两块铁板，一版在印刷时，另一版已开始排字……”

这段对于四大发明之一——印刷术中活字印刷工艺过程的描述，正出自这本书。在让后人了解这项发明的同时，也是世界上最早的活字印刷术的可靠史料。

其实，读完这本书，我们还有更多不一样的收获。

作为北宋科学家、政治家的沈括，一生曾多次被委以重任。11 世纪末，晚年归退的他就住在现今的镇江。

他将自己平生的所见所闻、科学实践等汇集于《梦溪笔谈》，并称创作的出发点是“山间木荫，率意谈噱”。

书名，就来自他安度晚年时的居处“梦溪园”的园名。书的内容涉及广泛，包括中国古代的自然科学、工艺技术、社会历史现象等。

全书分《笔谈》《补笔谈》《续笔谈》三部分。《笔谈》26 卷，分为 17 门；《补笔谈》3 卷，包括《笔谈》中的11门；《续笔谈》1卷。

全书的609条笔记中，涉及了多个学科的知识，包括天文、历法、地理、地质、物理、化学、生物、数学、建筑、水利、医药、文学、军事、法律等。

其中有诸多关于自然科学知识的记述，这样的内容在笔记类的著作中十分罕见。

例如有小孔成像、日食和月食、潮汐现象、声音的共振现象、人工磁化的方法、地磁偏角的发现……他通过对自然现象的观察、记录，提出了一些特别的见解，在一定程度上推动了当时的科学研究。

同时，一些重要的科技发明、科技人物也依靠《梦溪笔谈》的记载才让世人熟知。

例如，令人印象深刻的是沈括在书中反复提到了盐，有解州盐池、食盐产销和陵州盐井。

作为生活必需品的盐，也是国家的重要战略物资。他将几十种盐进行了较为科学的归纳分类，还记述了陵州盐井的结构以及修复盐井时利用“雨盘”来制服井中的有毒废气，这种方法也是我们现代工业中经常使用的。

他让我们了解到，在冶铜时除了用火冶炼，还可以使用“胆水浸铜法”，就是用铁从硫酸铜溶液中把铜置换出来，这可是世界上最早的湿法冶金技术。

沈括还在书中分享了自己曾路过金陵，见到过一支玉臂钗。

它的两头可以设置机关，可弯曲、伸直，甚至可以合成圆形，看不出有缝，为九条龙所环绕，这制作可是堪比鬼斧神工。

古人能制作出这般精美的玉器，离不开我国独特的琢玉技艺。

在古代，科学家沈括用自己广博的学识编写出内容丰富、翔实的科技巨著《梦溪笔谈》，向世人展现了我国北宋及其之前的时代自然科学所取得的辉煌成就。

英国科学史学家李约瑟曾评价《梦溪笔谈》为“中国科学史上的坐标”。

手抚如此伟大的科技著作，让人感受到的，是满满的古代中国人民的伟大与智慧！

文 / 徐亚楠

附录：中国古代科技大事年表

衣食住行

- 陶器：距今约 20000 年
- 水稻栽培：距今 10000 多年
- 粟的栽培：距今约 10000 年
- 谷物酿酒：距今 9000~7000 年
- 猪的驯化：距今约 8500 年
- 大豆栽培：距今约 7500 年
- 养蚕：距今 5000 多年
- 缫丝：距今 5000 多年
- 制盐：距今 5000~4000 年
- 酿醋：夏商时期
- 竹子栽培：距今 3000 多年
- 制糖：人工糖，西周时期
- 茶树栽培：周朝
- 柑橘栽培：不晚于东周
- 分行栽培/垄作法：不晚于春秋
- 《周礼·考工记》：春秋战国时期
- 温室栽培：不晚于公元前 1 世纪
- 提花机：不晚于公元前 1 世纪
- 水碓：不晚于西汉末期
- 船尾舵：不晚于东汉
- 扇车：不晚于 1 世纪
- 《汉书·地理志》：东汉
- 翻车/龙骨车：2 世纪
- 瓷器：成熟于东汉
- 制图六体：不晚于 3 世纪
- 《齐民要术》：6 世纪三四十年代
- 隋代大运河：7 世纪初贯通
- 布达拉宫：始建于 7 世纪，重修于 17 世纪中叶
- 水密隔舱：不晚于唐朝
- 苏州园林：沧浪亭始建于 910 年前后
- 《营造法式》：1103 年初刻
- 大风车：不晚于 12 世纪
- 京杭大运河：1293 年贯通
- 郑和航海：1405—1433 年
- 紫禁城：建成于 1420 年
- 岩溶地貌考察：1613—1639 年

天文历法、生物医药、数理化等

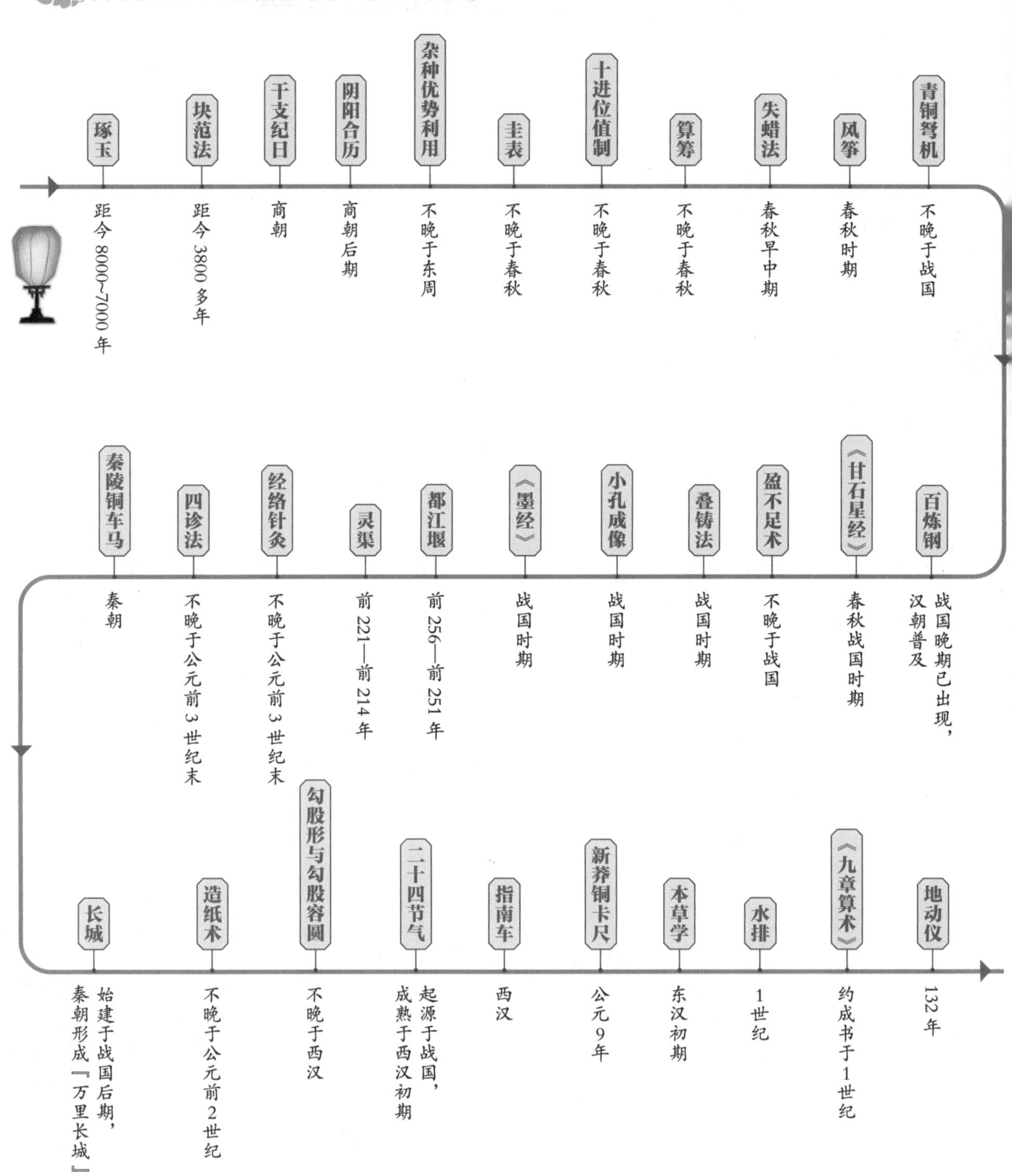

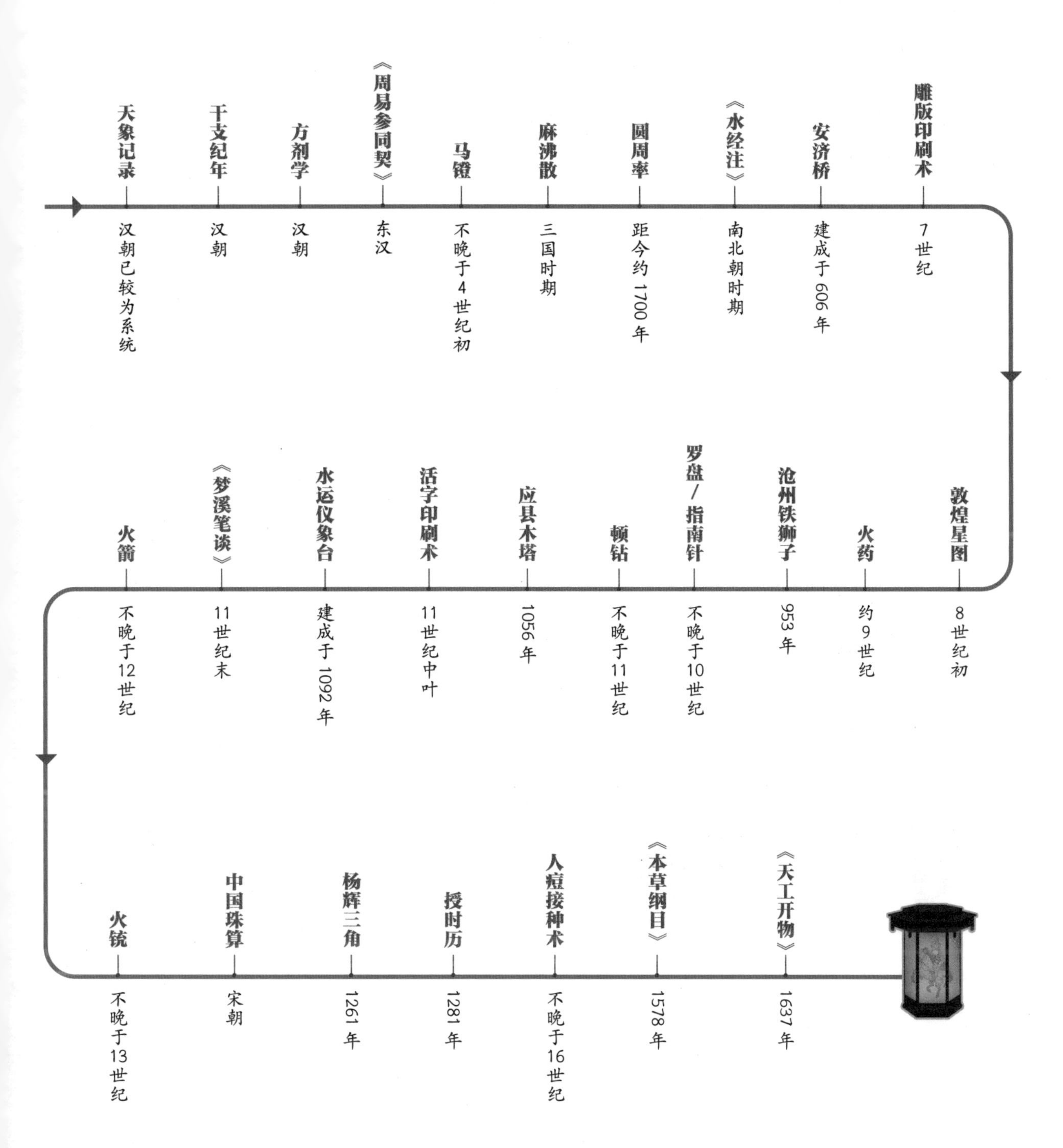

天象记录
汉朝已较为系统
干支纪年
汉朝
方剂学
汉朝
《周易参同契》
东汉
马镫
不晚于4世纪初
麻沸散
三国时期
圆周率
距今约1700年
《水经注》
南北朝时期
安济桥
建成于606年
雕版印刷术
7世纪
敦煌星图
8世纪初
火药
约9世纪
沧州铁狮子
953年
罗盘/指南针
不晚于10世纪
顿钻
不晚于11世纪
应县木塔
1056年
活字印刷术
11世纪中叶
水运仪象台
建成于1092年
《梦溪笔谈》
11世纪末
火箭
不晚于12世纪
火铳
不晚于13世纪
中国珠算
宋朝
杨辉三角
1261年
授时历
1281年
人痘接种术
不晚于16世纪
《本草纲目》
1578年
《天工开物》
1637年